95
100
105
110
115
120
125
130
135
140
145
45
40
35
30
25
20
Gulian
Mangui
Mordaga
Jagdaqi
Hailar
Wuyiling
Manzhouli
Beian
Hegang
Hulin
Qiqihar
Jiamusi
Suihua
Harbin
Baichengzi
Mudanjiang
Jus Hua
Jilin
Tum
Changchun
Tongliao
Erenhot
Chifeng
Shenyang
Bayan Obo
Hohhot
Jinzhou
Dandong
Baotou
Beijing
Datong
Tangshan
Tianjin
Dalian
Yuanping
Yinchuan
Shijiazhuang
Yantai
Wuwei
Taiyuan
Dezhou
Handan
Jinan
Qingdao
Xining
Lanzhou
Zhengzhou
Lianyungang
Baoji
Xuzhou
Xi'an
Bengbu
Yangpingguan
Ankang
Nanjing
Hefei
Xiangfan
Wuhu
Shanghai
Chengdu
Jingmen
Huangshi
Hangzhou
Wuhan
Ningbo
Noijiang
Chongqing
Nanchang
Changsha
Yingtan
Xichang
Zhuzhou
Huaihua
Nanping
Anshun
Hengyang
Guiyang
Fuzhou
Taibei
Kunming
Guilin
Shaoguan
Xiamen
Liuzhou
Litang
Guangzhou
Sanshui
Gaoxiong
Taidong
Hekou
Nanning
Pingxiang
Jiulong
Zhanjiang
Basuo
Huangliu
Sanya
100
105
110
115
120
125
130

DIE LOKOMOTIVEN

Zhou Xiaobiao
Huang Zhongyi
Li Jiangtian
Zhao Qi

中国铁路机车
DER CHINESISCHEN EISENBAHNEN

unter Mitarbeit
von Wolfgang Stoffels

Birkhäuser Verlag
Basel · Boston · Stuttgart

CIP-Kurztitelaufnahme der Deutschen Bibliothek

Die Lokomotiven der chinesischen Eisenbahnen/Zhou Xiaobiao ... Dt. Bearb. Wolfgang Stoffels. – Basel; Boston; Stuttgart: Birkhäuser, 1987.
Gemeinschaftsausg. mit: China Railways Publ. House
ISBN 3-7643-1747-7
NE: Zhou. Xiaobiao [Mitverf.]; Stoffels, Wolfgang [Bearb.]

Das vorliegende Buch ist eine Coproduktion des China Railways Publishing House und des Birkhäuser Verlages.

Konzept und Buchgestaltung: Albert Gomm, Basel
Printed in Germany

ISBN 3-7643-1747-7

Vorwort

Ziel dieses Buches ist es, Eisenbahnfreunden aus aller Welt China näherzubringen. All denjenigen, die sich von Berufs wegen oder auch in ihrer Freizeit für Lokomotiven interessieren, möchte das vorliegende Buch einen Überblick über Vergangenheit, Gegenwart und absehbare Zukunft der chinesischen Eisenbahn geben.
Der Eisenbahnbau fing in China vor etwa einem Jahrhundert an, fast ein halbes Jahrhundert später als in den europäischen Ländern. In den ersten siebzig Jahren wurden die Lokomotiven verschiedener Typen fast ausschließlich aus dem Ausland importiert, was China für den Lokomotivenliebhaber besonders interessant macht.
Bedauerlicherweise legte man im alten China nur wenig Wert auf technische Dokumentation, zahlreiche Unterlagen sind deshalb verlorengegangen. In den Kriegswirren von der Quing-Dynastie bis zur Gründung des neuen China wurden nicht nur viele Lokomotiven sondern auch unersetzliche Dokumentationen zerstört. Schließlich gingen auch in den zehn Jahren der Kulturrevolution (1966–1976) noch zahlreiche Zeichnungen, Fotos und andere Unterlagen über die früheren Lokomotiven verloren. In diesem Sinne ist eine lückenlose Dokumentation der alten Lokomotiven nicht möglich gewesen.
Neben den öffentlichen Bahnen gibt es in China viele Anschluß-, Industrie- und Provinzbahnen, deren gemeinsame Netzlänge etwa ein Drittel der heutigen Staatsbahnnetzlänge erreicht. Bei diesen in Normal- und Schmalspur angelegten Bahnen sind ebenfalls zahlreiche Lokomotiven im Dienst, welche teilweise von der Staatsbahn abgegeben wurden, teilweise auch neu aus eigener Fabrikation oder Importen zu diesen Bahnen kamen. Die Lokomotiven dieser weiteren Bahnen sind in diesem Buch nicht behandelt.
Wir würden uns freuen, wenn Lokomotivenhersteller, Eisenbahnfreunde, Sammler und andere Interessenten uns helfen würden, mit ihren Unterlagen und Informationen diese Lücken aufzufüllen und damit zu einer Ergänzung des vorliegenden Bandes beizutragen.

Die Verfasser

Inhaltsverzeichnis

1 Überblick über die Chinesischen Eisenbahnen

1.1 Der «Eiserne Drache» kam in der Heimat der Drachen an

Der Drache wurde als ein übernatürliches Wesen in der Sage von der chinesischen Nation verehrt. Man sah in ihm den höchsten Gott, weil der Drache launisch und unabschätzbar sei, Wind und Regen herbeizaubern, der Fauna und Flora Gutes tun und der Menschheit Glück bringen sollte. Die feudalen Kaiser verschiedener Dynastien in China bezeichneten sich als «Himmelssohn – Wahrer Drache», der im Auftrag des Gottes auf die Erde kam, um die Volksmassen zu beherrschen und die Staatsangelegenheiten zu erledigen. Die Nachkommen von Yan und Huang bezeichneten sich als «Nachkommen der Drachen», die im Osten der Welt, wo sie ein gutes materielles Leben und eine hochentwickelte geistige Zivilisation mit Klugheit und Fleiß schufen, die Geschichte des chinesischen Volkes niederschrieben. Alles, was von Chinesen verehrt wurde oder ihnen gefiel, wurde mit dem Wort «Long» (Drache) geschildert bzw. mit dieser Bezeichnung versehen. Man nannte in China das moderne Verkehrsmittel Eisenbahn «eiserne Drachen», sobald sie hierzulande erschienen. Denn ihre beiden glänzenden Schienen verliefen in vielen Windungen wie ruhig liegende große Drachen, und die von Lokomotiven gezogenen Eisenbahnwagen brausten mit Dampf- und Rauchwolken rasch über Flachland und durch Gebirgsgegenden, über Brücken und durch Tunnels wie große schlängelnde Drachen.
Aber zu welcher Zeit kam der «eiserne Drache» in China – Heimat der Drachen – an? Und woher?
Im Jahre 1840 erlitt die korrupte Regierung der Qing-Dynastie im ersten Opiumkrieg zwischen China und Großbritannien eine Niederlage. Das Reich im Osten mußte zwangsweise die «verschlossene Tür» öffnen, wodurch Kapitalien der imperialistischen Länder im Westen nacheinander auf den chinesischen Markt drangen, vor allem Kapital aus England. Sie errichteten in China Fabriken, betrieben Bergbau, trieben um des Profits willen Handel und begannen einen großen Raubzug. Um noch mehr und schneller den Reichtum Chinas auszuplündern, stand ihnen das Lösen des Verkehrsproblems unmittelbar bevor.
Im Jahre 1865 wurde zur Demonstration eine erste Bahn im Lande mit leichten Schienen und einer Länge von 0,5 km außerhalb des Beijinger Stadttors Xuanwu, der damaligen Hauptstadt der Qing-Dynastie, vom englischen Kaufmann Durante gebaut, um die Einstellung der Regierung der Qing-Dynastie zu sondieren. Die törichte Qing-Regierung betrachtete dieses moderne Verkehrsmittel als Überschwemmung und böse Tiere und schickte einen Kommandanten der Infanterie mit Mannschaft, um diese Strecke abbauen zu lassen.
Im Jahre 1876 hatte die englische Firma Jardin, Matheson & Co hinter dem Rücken der Qing-Regierung in Shanghai die 14,5 km lange Wusong-Bahn mit der Spurweite von 2,5 ft (762 mm) und mit dem Schienengewicht von 26 lb/m (13 kg/m) angelegt. Am 3. August desselben Jahres wurde ein Soldat totgefahren, als er die Schienen überquerte. Das war der erste Verkehrsunfall auf der Eisenbahn in China. Aufgrund des Protestes der Volksmassen kaufte die Qing-Regierung diese Bahn und ließ sie dann abbauen. Diese beiden Strecken bildeten den Auftakt zur Aufkunft des «eisernen Drachen» in der Heimat der Drachen – in China.
Veraltete Arbeitsmethoden müssen durch neue, fortgeschrittene ersetzt werden. Im Jahre 1803 baute Richard Trevithik die erste Dampflokomotive, und in England entstand 1825 die erste dampfbetriebene, öffentliche Eisenbahn der Welt durch George Stephenson, die eine neue Epoche für moderne Verkehrsmittel einleitete. 56 Jahre später, nämlich 1881, wurde die dritte Eisenbahn in China – die Strecke Tangxu (Tangshan–Xugezhuang) in Schmalspur mit einer Länge von 9,7 km und einem Schienengewicht von 27 kg/m durch die Qing-Regierung gebaut. Am Anfang durften laut Befehl der Qing-Regierung nur Pfer-

Die durch Pferde geschleppten Waggons fahren auf der Strecke Tangxu.

de die Eisenbahnwagen ziehen. Bis zum 8. November desselben Jahres, als die Eröffnungszeremonie veranstaltet wurde, durfte die Lokomotive «Drache» mit dem an der Zeremonie teilnehmenden Zug mit einer Geschwindigkeit von 20 mph (32 km/h) zwischen Tangshang und Hetou fahren. Von da an schlug der «eiserne Drache» in seiner Heimat Wurzeln.

Die erste chinesische Dampflokomotive wurde von den Eisenbahnarbeitern unter Verwendung eines alten Kessels von dem Kaiping-Kohlenbergwerk gebaut. Mit Hilfe einiger Entwurfspläne, die der englische Ingenieur C. W. Kinder den Handwerkern gegeben hatte, gelang es ihnen, am 9. Juni 1881 diese Lokomotive fertigzustellen. Mr. Kinder schlug vor, ihr den Namen «Rocket of China» zu geben. Zur Verehrung der Drachen brachten die Arbeiter außerdem zu beiden Seiten der Lokomotive je einen in Bronze gegossenen fliegenden Drachen an. Darum wurde diese mit der Benennung «Drache» versehen. Sie war die erste von China selbst hergestellte Lokomotive.

Nach der Fertigstellung der Strecke Tangxu begann die fast ein halbes Jahrhundert andauernde «Eisenbahnbau-Euphorie in China», die eigentlich von den imperialistischen Ländern ausging. Um China unter sich aufzuteilen, kamen sie nacheinander nach China. Sie bearbeiteten die Qing-Regierung und die Militaristen in Nordchina (1912–1927) sowie die Guomindang-Regierung mit Hilfe von Zucker und Peitsche, um den Eisenbahnbau und dessen Verwaltung an sich zu reißen. Vor dem «Zwischenfall der Marco-Polo-Brükke» hatten sich folgende Staaten mit Investitionen bzw. Verwaltung der Eisenbahn beteiligt: England (4400 km), Frankreich (1154 km), Belgien (1634 km), Rußland (4516 km), Deutschland (1004 km) und Japan (9811 km), wobei der später hinzugekommene japanische Imperialismus die Vorhergehenden übertraf. Die Plünderung und Gegenplünderung in China bestanden immer nebeneinander. Aus der Aggression der Imperialisten hatten die integren und weitsichtigen Persönlichkeiten Chinas die Lehre gezogen, daß China auf eigenen Füßen stehen und die Eisenbahn mit eigenen Kräften bauen sollte. Schon im Jahre 1886 appellierte man an die Öffentlichkeit: «Man sollte besser die Chinesen Eisenbahnen bauen lassen und nicht die Ausländer; und besser das Volk und nicht die Regierung.» Der Kaiserhof der Qing-Dynastie spaltete sich auch in zwei Gruppen: die eine bestand darauf, «sich das Beispiel am Westen zu nehmen», und die andere trat dafür ein, «am nationalen System festzuhalten». So entstanden zwei Gruppierungen: Anhänger der «Verwestlichungsbewegung» und «Konservative». Mit Unterstützung der Anhänger der Verwestlichungsbewegung wurden 1872 im Namen der Qing-Regierung 120 zwölf- bis fünfzehnjährige Schüler nach den Vereinigten Staaten von Amerika geschickt, um dort verschiedene wissenschaftliche Fächer einschließlich Eisenbahntechnik – die moderne angewandte Wissenschaft – zu studieren. Ein Hervorragender darunter war Ingenieur Zhan Tianyou.

1.2 Zhan Tianyou– Vorläufer der chinesischen Eisenbahnbauer

«Die Schienenbahn mit viel Stolz liegt am Jong-Paß, das Denkmal mit viel Ruhm steht an der Qinglong-Brücke.» Wenn man mit dem Zug von Beijing nach Zhangjiakou an der Großen Mauer vorbeifährt, fällt einem eine erhabene Statue aus Bronze ins Auge. Das ist das Denkmal für Zhan Tianyou, den ersten hervorragenden Ingenieur des chinesischen Eisenbahnbaus.

Der Stammort der Familie von Zhan Tianyou war im Kreis Wuyuan der Provinz Anhui (in der jetzigen Provinz Jiangxi). Er wurde am 26. April 1861 in dem Kreis Nanhai der Provinz Guangdong geboren. Im Jahre 1872, als er zwölf Jahre alt war, besuchte er den von Ronghong abgehaltenen Vorbereitungskurs für das Auslandsstudium der Schüler. Zhan war einer von den 120 Kindern, die von der Qing-Regierung nach Amerika geschickt wurden. Er lernte fleißig und absolvierte mit guten Leistungen die Mittelschule New Haven in den USA. 1878 wurde er von der Yale-Universität aufgenommen und studierte dort die Eisenbahntechnik. Als er 1881 in die Heimat, und zwar nach Shanghai, zurückkam, hatte der Bau der ersten Eisenbahnstrecke zwischen Tangshang und Xugezhuang erst angefangen. Aber seine Kenntnisse konnten unter der törichten Qing-Regierung nicht angewandt werden. Erst 1888 trat Zhan Tianyou eine Stelle bei der Eisenbahn an. Er hat mit seiner Begabung ein neues Kapitel in der Geschichte der chinesischen Eisenbahn aufgeschlagen und wurde ein berühmter Vorläufer des chinesischen Eisenbahnbaus. Er war an den Eisenbahnbauprojekten innerhalb und außerhalb des Shanghaiguan-Passes beteiligt und leistete einen großen Beitrag, insbesondere zum Bau der großen Eisenbahnbrücke über den Luan-He-Fluß. Im Jahre 1905 faßte die Qing-Regierung einen Beschluß, die Eisenbahnstrecke zwischen Beijing und Zhangjiakou zu bauen. Diese Strecke hatte eine Gesamtlänge von 200 km, verband die Gebiete innerhalb und außerhalb der Großen Mauer, schlängelte sich durch die Bergkette des Yanshan-Gebirges. Am Juyong-Paß mußte eine Tunnel mit einer Länge von 1 km gebaut werden. Das war wirklich ein beispielloses und außerordentlich schwieriges Bauwerk. Damals glaubten die Ausländer nicht, daß die Chinesen in der Lage sind, diese Strecke mit eigenen Kräften zu bauen. Sie behaupteten: Chinesen, die die Strecke Jingzhang bauen könnten, dürften noch nicht geboren sein. Die chinesische Nation verfügt über die Fähigkeiten, inmitten der Nationen der Welt auf eigenen Füßen zu stehen. Das chinesische Volk hatte in seiner Geschichte viele bedeutende Erfindungen und Schöpfungen gemacht und für die Wissenschaft und Technik hervorragende Beiträge geleistet. Wie könnte das chinesische Volk vor dieser Eisenbahnstrecke Jingzhang zurückschrecken!

Die erste in China gebaute Lokomotive «Drache». 1881.

Bronzestatue für Zhan Tianyou.

Das Bild von Herrn Zhan Tianyou in der Qing-Dynastie. Durch die Wahl der langen Rampe wurden die Bauaufwendungen in Grenzen gehalten und die Bauzeit verkürzt. Zur Sicherstellung einer ausreichenden Zugkraft der Dampflokomotiven auf den Steigungsstrecken suchte er nach der Inbetriebnahme dieser Strecke mit allen Kräften nach einer Lösung. Zuerst hatte er in England drei Mallet-Lokomotiven mit der Radanordnung 0–6–6–0 und anschließend in Amerika drei Shay-Lokomotiven gekauft, die mit sechs Triebachsen ausgerüstet und von einer Dampfmaschine mit drei stehenden Zylindern angetrieben wurde. Nachdem er die Stelle bei der Jingzhang-Eisenbahn verlassen hatte, wurden aus den USA grössere Lokomotiven vom Typ «Mallet» eingeführt, womit das Problem ausreichender Zugkraft für die Steigungsstrecken endlich gelöst war.

>>

Porträt von Dr. Sun Yatsen.

Da trat Zhan Tianyou hervor und stellte sich zur Verfügung, diese schwere Aufgabe zu erfüllen, was ein großes Echo in der Öffentlichkeit fand. Die Qing-Regierung hatte keine andere Wahl und mußte Zhan Tianyou zum Chefingenieur und Vizedirektor ernennen. Die Bauarbeit, die die Aufmerksamkeit der Welt auf sich zog, begann unter seiner Leitung im Oktober 1905.

Bei der Trassierungsplanung löste er geschickt das außerordentlich schwierige Problem hinsichtlich der Gleisverbindung zwischen dem Ende einer langen Rampe und einem langen Tunnel, indem er eine zickzackförmige Linienführung mit Spitzkehren auswählte. Beim späteren Ausbau dieser Strecke auf Doppelgleis mußte man erneut eine weitere Trasse mit Spitzkehren bauen. Daraus ist ersichtlich, von welch hohem Niveau diese von Zhan Tianyou entsprechend den örtlichen Gegebenheiten entworfene Linienführung war.

Zum Bau der Strecke Jingzhang hatte Zhan Tianyou entschieden, die Standardspurweite 1435 mm anzuwenden. Die eingeführten Fahrzeuge waren alle mit automatischer Mittelpufferkupplung und selbststätiger Druckluftbremse ausgerüstet, während die europäische Schraubenkupplung und die Saugluftbremse von ihm konsequent abgelehnt wurden. Die Entscheidung über diese technischen Fragen erwies sich als vollständig richtig und war für die Nachkommen wegweisend, insbesondere für den Eisenbahnbau aus eigener Kraft und für die Vereinheitlichung der technischen Normung.

Die unter der Leitung von Zhan Tianyou gebaute Eisenbahnstrecke Jingzhang war die erste Strekke, welche vom chinesischen Volk, unabhängig und selbständig und mit eigener Kraft, angelegt wurde. Trotz den möglichen Mängeln, die infolge der damaligen Gegebenheiten entstanden, verkündigte sie feierlich: Chinesen, die in der Lage

Die Spitzkehren-Strecke beim Bahnhof Qinglongqiao.

sind, die Eisenbahnstrecke Jingzhang zu bauen, sind schon seit langem geboren. Diese unleugbaren Tatsachen versetzten den «Ausländern», die das chinesische Volk verspottet hatten, eine Ohrfeige.

Zhan Tianyous große Verdienste fanden Anerkennung bei den Nachkommen. Kurz nach seinem Tod wurde ihm zu Ehren eine Bronzestatue errichtet. Im Jahre 1984 hat sich das Eisenbahnministerium entschlossen, eine Gedenkhalle für Zhan Tianyou beim Bahnhof Badaling zu errichten, um seine Verdienste hervorzuheben.

1.3 Hunderttausendmeilenstrecken – der Plan von Dr. Sun Yatsen

Dr. Sun Yatsen war der große Vorläufer der demokratischen Revolution Chinas. Er stürzte durch jahrzehntelange Bemühungen endlich die Qing-Dynastie und rief die Republik ins Leben. Er wurde dann zum ersten interimistischen Präsidenten.

Dr. Sun Yatsen war nicht nur ein großer Politiker, sondern auch der große Initiator der Entwicklung der Chinesischen Eisenbahn. Nachdem er von seinem Amt als interimistischer Präsident hatte zurücktreten müssen, empfahl er sich selbst zum Generaldirektor der Chinesischen Eisenbahn und verfaßte das Buch «Der materielle Aufbau (Unternehmungsplan)» mit mehr als siebzigtausend Wörtern, dessen erstes Kapitel den Titel «Eisenbahn von hunderttausend Meilen» trug. Seiner Ansicht nach sollten für große Eisenbahnsysteme mit einer Gesamtlänge von 100 000 Meilen (englische Landmeile = 1609 m) in Nordwest-, Zentral-, Nordost-, Südost- und Südwestchina bzw. in Verbindung mit einer Hochebenenbahn im Tibet und in der Provinz Qinghai usw. errichtet werden. Man solle dabei mit der Entwicklung der «drei großen Seehäfen» am

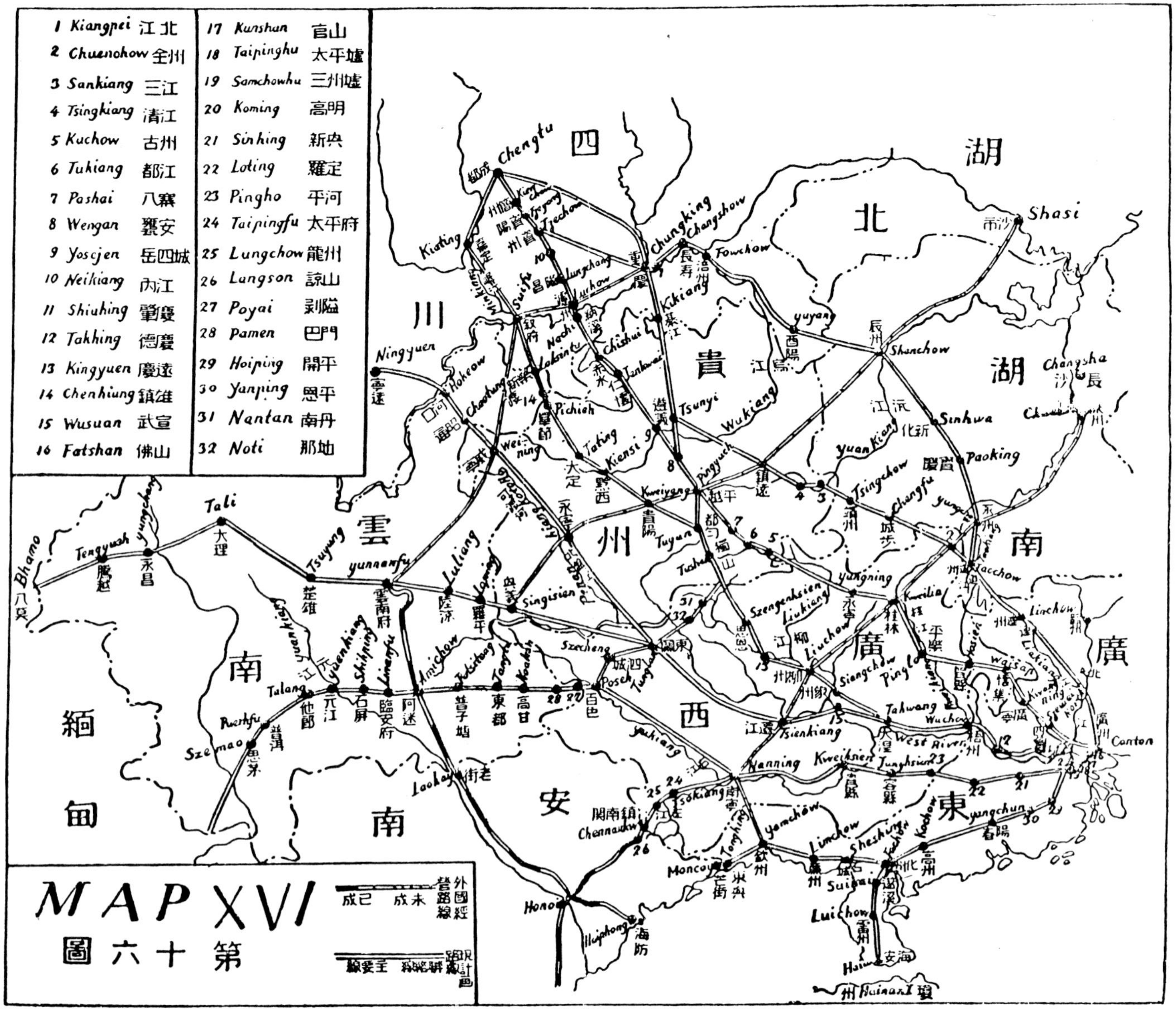

Darstellung des von Dr. Sun Yatsen geplanten Eisenbahnsystems in Südwestchina.

Meeresgolf im Norden, am Hangzhou-Golf im Osten und an der Mündung des Perlen-Flusses bei Guangzhou (Canton) am südchinesischen Meer anfangen. Dieser großartige Plan beinhaltete mehr als 100 Haupt- und Nebenstrecken. Dr. Sun sagt:
«Dieses Buch gilt nicht nur als die grundlegende Richtlinie für den Unternehmungsplan, sondern auch als die grundlegende Politik für die Wirtschaft Chinas. Die Durchführung des detaillierten Plans muß nach Untersuchungen von Experten und unter Nachweis der wissenschaftlichen Praxis erfolgen ...» Die Nachkommen sollen aus dem Geist von Dr. Sun Yatsen lernen, der Praxis Beachtung zu schenken und Untersuchungen durchzuführen.
Der Hunderttausendmeilenstreckenplan (das sind 160 000 km Strecken) wurde gerade in den Jahren ausgearbeitet, in denen der Erste Weltkrieg eben endete, China blieb noch halbfeudal und halbkolonial, die Separatregimes der Militaristen herrschten, die Flammen des Krieges loderten hoch auf, finstere Regimes trieben ihr Unwesen, das Land war schwach und das Volk arm. Es war deshalb unmöglich, den 100 000-Meilenplan von Dr. Sun Yatsen zu verwirklichen. Aber

dieser war doch keine «Phantasie», wie gewisse mittelmäßige Nichtskönner gemeint hatten.
China ist ein Festland mit einer Flächenausdehnung von 9,6 Millionen Quadratkilometern. Für so ein großes Land reichen 100 000 Meilen Eisenbahnstrecken auch nicht aus, die ausgedehnten Gebiete mit einem Eisenbahnnetz zu verbinden. Nach der Gründung der VR China hat sich das Eisenbahnwesen in größerem Maßstab entwikkelt. Die Chinesische Eisenbahn steht schon an fünfter Stelle in der Betriebslänge in der Welt. Aber im Vergleich zu der Flächenausdehnung steht sie an der 68. Stelle in der Netzdichte (52,6 km/1000 km^2), und im Vergleich zur Bevölkerungszahl steht sie nur an der 102. Stelle in der Welt (0,51 km/10 000 Einwohner). Wie sollte man die Hunderttausendmeilenstrecken als zu viel betrachten?
Seit den letzten Jahren vertreten Fachleute die Ansicht, daß das Eisenbahnnetz in China erst dann Gestalt annehmen wird, wenn in China bis zum Ende dieses Jahrhunderts 100 000 km Strekken gebaut werden. Um den Bruttoproduktionswert der Volkswirtschaft zu vervierfachen, sind 100 000 Meilen (160 000 km) auch nicht viel. «Hunderttausendmeilenstrecken» ließ der Weitblick von Dr. Sun Yatsen voraussehen.

1.4 Die Volkseisenbahn und Teng Daiyuan, Minister für das Eisenbahnwesen

Am 1. Oktober 1949 wurde die Volksrepublik China gegründet. Das chinesische Volk ist aufgestanden. Die Eisenbahn ist in den Schoß des Volkes zurückgekommen. Damit fing die neue Epoche für die Volkseisenbahn an.
Teng Daiyuan – der erste Minister für das Eisenbahnwesen, arbeitete nach der einheitlichen Planung der Zentralen Regierung fleißig und gewissenhaft für die Entwicklung der Volkseisenbahn und leistete einen großen Beitrag dazu.
Wie war die Eisenbahn, die das neue China von der Guomindang-Regierung übernommen hatte? Die Guomindang-Regierung gab die Eisenbahn mit einer Betriebslänge von mehr als 21 000 km bekannt (die Eisenbahn in der Provinz Taiwan

Am 1. Juli 1952 verlieh Eisenbahnminister Teng Daiyuan von der Zentralen Volksregierung allen Beschäftigten der Verwaltung für Eisenbahnbau in Südwestchina die bestickte Fahne mit der Widmung vom Vorsitzenden Mao: «Glückwunsch zur Eröffnung der Eisenbahnstrecke Cheng Yu und Erwartung auf weitere Bemühungen zum Bau der Strecke Tian Chen.»

nicht inbegriffen). Aber infolge der Zerstörung durch langjährige Kriege und wegen Korruption und moralischen Verfalls sowie unfähiger Verwaltung und nicht zuletzt wegen der rückständigen Ausrüstungen und unterschiedlichen Normen waren kurz vor der Gründung des neuen China nur wenige Strecken befahrbar. Tunnels waren eingestürzt, Brücken in Stücke gesprengt, Bahnkörper zerstört, Schienen verlorengegangen, Signal- und Fernmeldeanlagen nicht mehr funktionsfähig, Lokomotiven außer Betrieb gesetzt, Waggons beschädigt – wie von tausend Plagen heimgesucht. Alles war verfallen und unbrauchbar – so eine chaotische Unordnung hat das neue China übernommen.

Dank der Unterstützung der Volksmassen brachten die Eisenbahner unter der Führung von Teng Daiyuan mit allen Anstrengungen nur innerhalb eines Jahres alle damals bestehenden Eisenbahnstrecken wieder in Ordnung, und die Betriebslänge erreichte 21 949 km. Danach legten die Eisenbahner, geführt von Teng Daiyuan, durch harten Kampf und mit Fleiß und Genügsamkeit die Eisenbahnstrecke Cheng Yu (Chengdu–Chungqing) mit einer Länge von 504 km, die Strecke Baolan (Baotou–Lanchou) mit einer Länge von 979 km, die Strecke Lan Xin (Lanchou–Wulumugi) mit einer Länge von 1892 km, die Strecke Bao Cheng (Baoji–Chengdu) mit einer Länge von 669 km, die Strecke Ying Sha (Yingtan–Shamen) mit einer Länge von 888 km und die Strecke Lizhan (Litang–Zhanjiang) mit einer Länge von 658 km (die Strecke zwischen Litang und Pingjiang inbegriffen) nacheinander an. Mit dem Bau der obengenannten neuen Strecken nahm die Betriebslänge um 5590 km zu. Abgesehen vom Tibet, sind die Hauptstädte aller Provinzen und autonomen Gebiete durch die Eisenbahnstrecken mit der Hauptstadt Peking/Beijing verbunden. Inzwischen wurden auch die große Brücke über den Yangtzejiang-Fluß bei Wuhan und die neue Brücke über den Gelben Fluß fertiggestellt.

In den fünfziger Jahren entfaltete sich unter der Leitung von Minister Teng Daiyuan eine Bewegung «Vollast, Schwerlast, 500 Zugkilometer/Lok-

Die große Brücke über den Yangtzejiang-Fluß bei Hankow-Wuhan. Inbetriebnahme am 15. Oktober 1957 als Ersatz für eine Fährverbindung.

Tag» bei der Chinesischen Eisenbahn, was verschiedene Dienststellen wie Bahnhöfe, Bahnbetriebswerke, Bahnbetriebswagenwerke, Bahnmeistereien und die Signal- und Fernmeldemeistereien mobilisierte und eine große Rolle bei der Verwirklichung der Losung «mehr transportieren bei höherer Geschwindigkeit» und bei der Erhöhung der Transportleistung spielte.
Die alte Chinesische Eisenbahn stand den Imperialisten und der Kompradorenbourgeoisie zur Verfügung und wurde daher von der Bevölkerung «eiserne Yamen» (Gerichts- und Amtssitz im feudalen China) genannt. Die neue Chinesische Eisenbahn ist die Eisenbahn des Volkes. «Dem Volk dienen» ist ihr einziger Grundsatz. Kurz nach der Gründung der Volksrepublik wurde das Eisenbahnzeichen konstituiert, das die Volkseisenbahn symbolisiert. Der obere Teil des Symbols ist eigentlich das chinesische Schriftzeichen «Menschen», nämlich das Volk; der untere Teil «J» ist eigentlich das Schienenprofil, und zwar die Strecke. Beide zusammen bedeuten «Volkseisenbahn». Das ganze Bild auf dem Abzeichen sieht auch wie die Stirnseite einer Dampflokomotive aus.
Das Abzeichen symbolisiert die Volkseisenbahn, und Minister Teng Daiyuan praktizierte auch den guten Arbeitsstil «mit Leib und Seele dem Volke dienen» beim Eisenbahnwesen. Im Jahre 1983 stellte das Ministerium für das Eisenbahnwesen wieder die Losung «Volkseisenbahn für das Volk» auf, um den guten Arbeitsstil bei der Eisenbahn wieder einzuführen, der durch die «Viererbande» zerstört wurde. Zugleich war das auch eine wichtige Maßnahme für die Beseitigung des seit hundert Jahren hinterlassenen schlechten Stils des «eisernen Yamens».
1985 verfügt die Chinesische Eisenbahn über eine Betriebslänge von mehr als 52 000 km. Auf den Hauptbahnlinien von Osten nach Westen und von Süden nach Norden fahren Züge ungehindert, und die Hauptteile eines Eisenbahnnetzes existieren schon. Mehr als drei Millionen Arbeiter und Angestellte bei der ganzen Eisenbahn sind dabei, mit allen Kräften und durch intensive Bemühungen für die Verwirklichung des hohen Ziels zu kämpfen, den Bruttoproduktionswert der Industrie und der Landwirtschaft bis zum Jahre 2000 zu vervierfachen. Dabei denken alle Eisenbahner an den Gründer der neuen Chinesischen Eisenbahn – Minister Teng Daiyuan.

Abzeichen der Volkseisenbahn.

1.5 Die Schmalspurbahn

Die Eisenbahnstrecke Kun He ist heute die einzige Schmalspurbahn unter der Verwaltung des Eisenbahnministeriums. Sie liegt in der Provinz Yunnan im Süden zur Grenze nach Vietnam. Die ursprüngliche Schmalspurbahn mit dem Namen «Tianyue-Eisenbahn» war eigentlich das Ergebnis der Okkupation Vietnams durch Frankreich und seiner Expansion in China. Die Strecke von Kunming bis Hekou hat eine Gesamtlänge von 464,2 km und die Spurweite von 1000 mm. Man nannte sie deshalb «Meterspurbahn». Von Cauba bis Gujiu liegt eine 72,8 km lange Eisenbahnstrecke mit einer Spurweite von 600 mm, auch «Kleinbahn» genannt. Die Bahnen wurden auf der über mehr als 2000 m liegenden Hochebene gebaut, und deren Strecken verlaufen mitten durch hohe Berge mit tiefen Tälern, überhängenden Felsen, steilen Abhängen, engen Biegungen und durch zahlreiche Tunnels sowie über viele Brücken. Die Strecken wurden nach der Gründung der Volksrepublik China instand gesetzt und stehen weiterhin in Betrieb. Zur Zeit wird die Strecke zwischen Kunming und Hekou auf Dieseltraktion umgestellt. Für die Kleinbahn werden immer noch die Dampflokomotiven mit der Radanordnung 0–10–0 verwendet.
Entsprechend der Reform der Wirtschaftsstruktur sind verschiedene Provinzen, Städte und autonome Gebiete gerade dabei, ihre eigenen Lokalbahnen zu bauen, meistens Schmalspurbahnen. In manchen Provinzen wurden sogar Werke für Lokomotiv- und Waggonbau errichtet, um die

Auf der Strecke Kun He fährt ein von einer Diesellok bespannter Zug gerade über die neue Brücke über den Fluß Xiaolongtan.

Lokomotive beim Holztransport auf einer Waldbahn.

Kleinbahnen auszurüsten. Obwohl die Transportkosten dieser Lokalbahnen teurer als die bei den vom Eisenbahnministerium betriebenen Bahnen sind, kommen sie bei den regionalen Bergbau- und Industrieunternehmen sehr gut an. Das bedeutet, daß die Entwicklung der Lokalbahnen glänzende Zukunftsaussichten hat.

1.6 Die Eisenbahn in Taiwan

Taiwan ist eine chinesische Insel und ein unabtrennbarer Teil des Territoriums Chinas. Die Landsleute an beiden Ufern der Taiwan-Meeresstraße sind Nachkommen von Yan und Huang, Nachkommen von Drachen. Aus von Menschen geschaffenen Gründen sind die beiden Landesteile noch nicht vereinigt. Aber der Tag, an dem beide Seiten wieder vereinigt werden, wird kommen. Die Eisenbahngeschichte Taiwans ist ein Bestandteil der chinesischen Eisenbahngeschichte.

Taiwan zählte zu den Provinzen in China, die relativ früh Eisenbahnen gebaut hatten. Mit dem

Bau der ersten Eisenbahnstrecke von Jilong nach Xinzhu mit einer Spurweite von 1067 mm und einer Gesamtlänge von 101,3 km wurde 1887 begonnen und diese 1893 dem Verkehr übergeben. Während der Okkupation Taiwans durch den japanischen Imperialismus nach dem Jahre 1895 wurde die Strecke im Norden von Taibei bis Danshui im Süden von Xinzhu bis Gaoxiong und Pingdong verlängert. Der Küste des ostchinesischen Meeres entlang wurde eine Strecke mit der Spurweite von 762 mm zwischen Hua lian und Yuli zur selben Zeit fertiggestellt. Nach dem Ersten Weltkrieg erstreckte sich die westliche Strecke bis Fangliao im Süden und die östliche Strecke bis nach Taidong. Die Länge des Eisenbahnnetzes betrug insgesamt 919 km. Nach der Kapitulation Japans wurden die Eisenbahnen in Taiwan vom Kuomintang-Regime übernommen. In den vergangenen 40 Jahren hat sie die Kuomintang-Regierung hauptsächlich instand gesetzt und ausgebessert und daneben einige Nebenstrecken gebaut. Von 1973 an wurden die Strecken mit der Spurweite 762 mm in die Spurweite von 1067 mm umgebaut. Voraussichtlich wird die Betriebslänge 1112,7 km erreicht, wenn die Rekonstruktions- und Neubauaufgaben für die Ringbahnstrecke bis 1985 erfüllt sein werden.
Die Elektrifizierung war eine weitere technische Erneuerung der Eisenbahn. Man fing ab 1958 mit der Projektierung der Elektrifizierung an und fasste 1971 den Beschluß, das Industriewechselstromsystem (60 Hz/25 kV) einzuführen, welches mit dem Bahnstromsystem auf dem Festland übereinstimmt. Bis zum Jahre 1979 wurde die Strecke zwischen Jilong und Gaoxiong mit einer Länge von 408,5 km doppelgleisig elektrifiziert. Seit dem Jahre 1960 fing man mit der Dieseltraktion an. Die Diesellokomotiven mit 1430 PS wurden zuerst von Japan eingeführt und dann amerikanische Diesellokomotiven mit 1650 PS eingesetzt. Nach der Elektrifizierung wurden die von der amerikanischen Firma General Electric-G. E. gelieferten 2800 kW elektrischen Lokomotiven mit der Achsanordnung Co-Co eingesetzt, deren Höchstgeschwindigkeit 110 km/h erreicht. Auch von England wurden 2100 kW elektrische Lokomotiven mit der Achsanordnung Bo-Bo und fünfteilige elektrische Triebzüge importiert, deren Höchstgeschwindigkeit 120 km/h erreichen können.

1.7 Die Lokomotive – ihre Hauptrolle im Eisenbahnverkehr

Die Lokomotiven gehören zu den kostspieligen Teilen des Anlagevermögens der Eisenbahn und sind zugleich das Symbol des Eisenbahntransports. Eine chinesische Redensart lautet: «Ertönt die Lokomotivpfeife, werden zehntausend Tael Gold verdient.» Die wirtschaftlichen Effizienzen werden erst dann wirksam, wenn die Eisenbahnzüge in Fahrbetrieb gesetzt werden.
Der Bestand an Lokomotiven und die Güter- und Personenbeförderungsmenge pro Lokomotive stehen im Zeichen des Betriebs- und Verwaltungsniveaus der Eisenbahn eines Staates.
In der Tabelle 1.1 werden in Umrissen die Lokomotivzahl und Güter- und Personentransportleistungen (im Jahre 1980) von einigen wichtigen Staaten angegeben. Die Lokomotivzahl ist die Gesamtzahl der Güterzug-, Personenzug- und Rangierlokomotiven. Zwar ist die Gesamtzahl

Die elektrifizierte Strecke auf Taiwan.

der Lokomotiven pro 1000 km in China im Verhältnis zu den anderen Ländern nicht klein, aber die Stückzahl der Lokomotiven pro 10^8 Tonnenkilometer (Gütertransportleistung) ist verhältnismäßig gering.

Tabelle 1.1 Lokomotivbestand einiger Länder 1980

	USA Hauptbahn	Sowjetunion	BRD	Frankreich	Indien	China
Betriebslänge (in 1000 km)	288,0	141,8	28,5	33,9	60,9	51,5
Bestand der Lokomotiven	28041	37602	7058	6060	11068	10525
Lokomotivzahl/1000 km	97,4	265,2	247,6	178,7	182,0	204,3
Güterbeförderungsleistung (10^8 tkm)	13406	34398,6	637,2	688,2	1445,6	5707
Lokomotivzahl/10^8 tkm	2,09	1,09	11,1	8,8	7,6	1,84

Weil China mehr Dampflokomotiven hat und die Dampflokomotiven in verschiedenen hochentwikkelten Industrieländern ins Eisenbahnmuseum gewandert sind, kann man den Vergleich nur aufgrund früherer statistischer Angaben machen, wie Tabelle 1–2 zeigt.

Tabelle 1.2 Dampftraktion in einigen Ländern

	USA	Sowjetunion	BRD	Frankreich	Indien	China
Zugförderungsleistung (10^4 tkm/Lok-Tag)	16 (1950)	80 (1974)	8,1 (1970)	11,9 (1973)	3,34	75
Laufleistung (km/Lok-Tag)	118 (1964)	300 (1969)	218 (1960)	183 (1970)	121,2	408
Ausbesserungsstand (%)	16 (1955)	–	9,0 (1965)	8,0 (1969)	14 (1972)	7
Prozentualer Leerlauf der Lokomotiven (%)	–	–	9,4 (1951)	10,6 (1950)	4,2	3

Anmerkung: Bei den in Klammern stehenden Angaben handelt es sich um das Jahr mit dem höchsten bisher erreichten Stand.

Die Angaben in der Tabelle zeigen, daß die Tagesbeförderungsleistung der sowjetischen und chinesischen Eisenbahnen verhältnismäßig hoch und die der europäischen Eisenbahnen verhältnismäßig niedrig sind. Aber die Beförderungsleistung der Sowjetischen Eisenbahn ist doppelt so groß wie die der Chinesischen Eisenbahn. Was ist der Grund dafür? Die Sowjetische Eisenbahn soll gewöhnlich Doppeltraktion einsetzen, und in der Statistik sollten zwei oder drei Einheiten als eine Lokomotive betrachtet werden. Wenn es wirklich so wäre, sollte die durchschnittliche Beförderungsleistung der Chinesischen Eisenbahn am höchsten sein, weil bei ihr die einzelnen Lokomotiven in der Statistik durchgezählt werden.

Gegenwärtig verfügt die Chinesische Eisenbahn über mehr als 2700 Diesellokomotiven mit einer durchschnittlichen Leistung von 2372 PS, welche im Vergleich zu den amerikanischen und sowjetischen Eisenbahnen kleiner ist. Selbst zur Leistung der Lokomotiven vertreten Spezialisten in China zwei Auffassungen: Nach den einen sollte die Leistung einer Lokomotive bis zu 4800 PS oder noch mehr erhöht werden, um das sogenannte Programm «ein Zug, eine Lokomotive, ein Dieselmotor» zu verwirklichen; nach den anderen sollte die Leistung für Einzellokomotiven bis zu 4000 PS beschränkt werden, damit die Schwerlastzüge durch Doppeltraktion oder Mehrfachtraktion bespannt werden könnten. Die Praxis wird zeigen, wer recht hat.

Die elektrischen Lokomotiven haben gegenwärtig in China nur einen kleinen Anteil. Obwohl die Chinesische Eisenbahn erfreuliche Errungenschaften, wie die Tagesbeförderungsleistung bis $83{,}7 \times 10$ tkm, die technische Geschwindigkeit bis 48,6 km/h und einen Energieverbrauch von 129,8 kWh/10^4tkm, erzielt hat, begann sie erst vor kurzem mit dem E-Lok-Betrieb. Es ist für die Chinesische Eisenbahn noch zu früh, einen Vergleich mit den anderen Ländern in dieser Hinsicht zu ziehen.

Beim Betrieb der Lokomotiven ist die Chinesische Eisenbahn gerade im Begriff, «lange Lokomotivdienststrecken» und «schichtweise Lokomotivbesetzungen» einzuführen. Für Diesel- und elektrische Lokomotiven sind Durchläufe bis 400 km erreicht, der längste davon bis 651 km. Das begünstigt die Erhöhung der Kennziffer für den Lokomotivbetrieb.

Bei den Angaben in Klammern in Tabelle 1.2 handelt es sich um das Jahr mit dem höchsten Stand in der Geschichte. Für Indien und China sind die Angaben von 1980. Die in der Tabelle ste-

henden Angaben zeigen, daß die chinesische Eisenbahn beim Betrieb der Dampflokomotiven vorn liegt. Infolge der niedrigen Kohlenpreise haben die Brennstoffkosten nur einen Anteil von 15 % an den Gesamtkosten der Eisenbahn, davon entfallen 9,8 % auf die Kosten der für die Lokomotiven verbrauchten Kohle, während die Güter- und Personenbeförderungsleistungen durch die Dampftraktion einen Anteil von 79,9 % haben.
Die Situation der Diesellokomotiven sieht aber anders aus. Erstens haben die Diesellokomotiven in China einen kleinen Anteil am gesamten Lokomotivbestand; zweitens ist die durchschnittliche Leistung der Einzellokomotive verhältnismäßig niedrig. Deshalb ist die Beförderungsleistung pro Lok-Tag der Diesellokomotiven niedriger als die der Dampflokomotiven. In Tabelle 1.3 ist der Vergleich der Eisenbahnen verschiedener Länder für das Geschäftsjahr 1980 angegeben.

Tabelle 1.3 Dieseltraktion in einigen Ländern

	USA	Sowjetunion	BRD	Frankreich	Indien	China
Beförderungsleistung der Lokomotiven (10^4 tkm/Lok-Tag)	28,48	120 (1974)	3,77	6,39	34,05	58
Laufleistung (km/Lok-Tag)	105,5	415,3	209	192,6	338,9	443
Ausbesserungsstand (%)	4,5	–	6,0	6,9	14,2	11,9
Prozentualer Leerlauf der Lokomotiven (%)	–	–	6,7	12,1	5,2	2,8

1.8 Die Fahrzeugumgrenzung der Chinesischen Eisenbahn

Im alten China gab es keine einheitliche Fahrzeugumgrenzung und auch keine Lichtraumumgrenzung. Nach der Gründung der VR China wurden im Jahre 1950 die einheitlichen Bestimmungen für die Fahrzeug- und Lichtraumumgrenzung in den «Verwaltungsvorschriften für die Eisenbahnbautechnik» festgelegt. Im Jahre 1983 wurden die neuen Begrenzungsnormen GB 146-1-83 als staatliche Normen erlassen.
Die Fahrzeugumgrenzung der Chinesischen Eisenbahn ist etwas größer als die der UIC-Normen. Diese Vergrößerung der Begrenzung ist vorteilhaft für die Anordnung und Instandhal-

Die chinesische Fahrzeugumgrenzung.

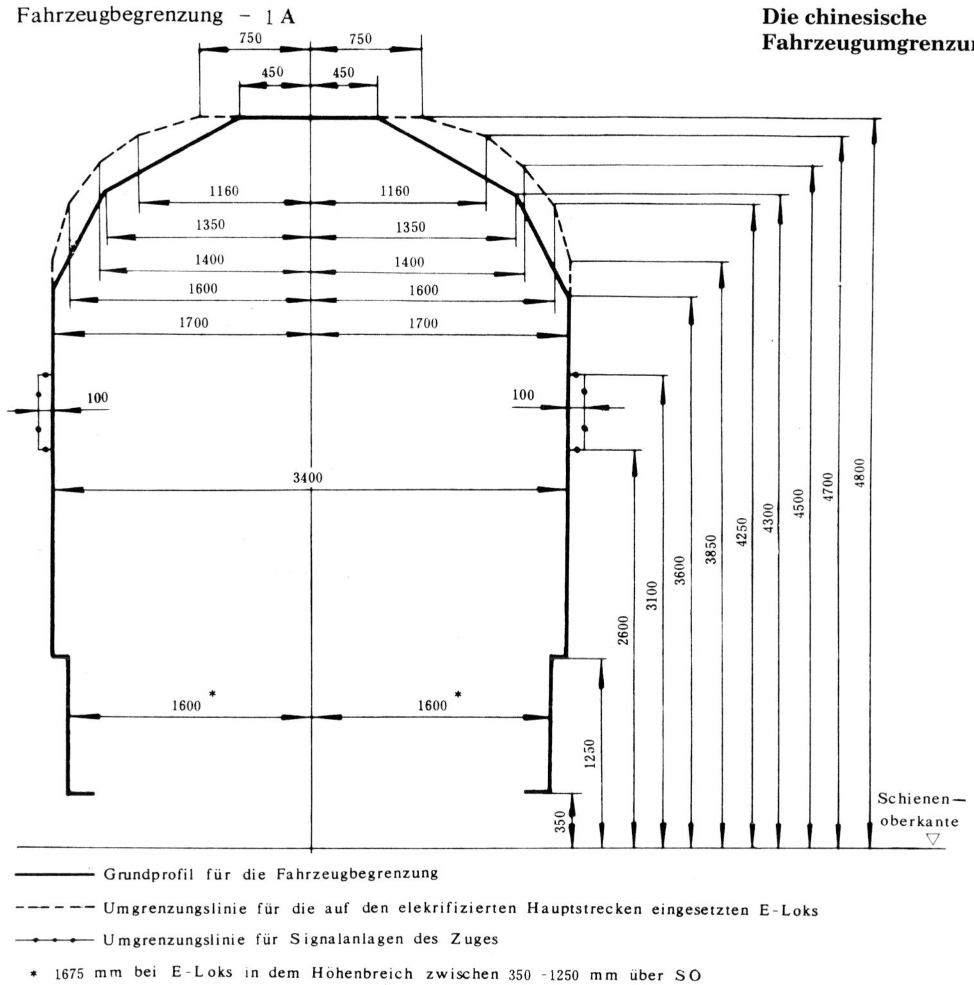

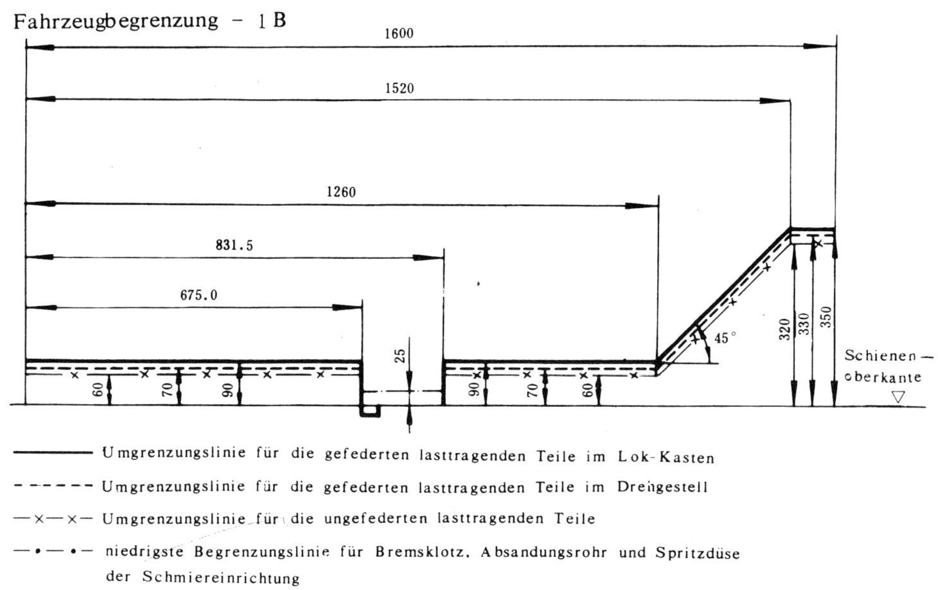

tung der Lokomotiven, auch günstig für die Vergrößerung des Laderaums sowie für den Transport von großvolumigen und langen Gütern.

1.9 Die Dampflokomotiven der fünfziger Jahre

Das neue China hat erst spät mit der Lokomotivbauindustrie angefangen. Anfang der fünfziger Jahre wurden mit Rücksicht auf die Standortverteilung der Lokomotivfabriken und deren Arbeitsteilung die Ver- und Zusammenlegung der bestehenden Fabriken, deren Modernisierung sowie Umgestaltung realisiert und die Bauvorbereitung für die neuen Fabriken getroffen. 1952 bis 1954 befand sich der Lokomotivbau in der Phase, den ausländischen Lok-Vorbildern nachzueifern. Vom Jahre 1955 an begann die Zeit der Projektierung aus eigener Kraft.

Im Jahre 1949, kurz nach der Gründung der Volksrepublik, stand der Eisenbahn die Hauptaufgabe bevor, die Eisenbahnstrecken wieder in Betrieb zu setzen. Damals waren viele Lokomotiven durch Kriegszerstörung unbrauchbar wie «tot». Alle Eisenbahner wurden durch das Eisenbahnministerium mobilisiert, die «toten Lokomotiven» so schnell wie möglich zu reparieren, damit diese «von den Toten auferstehen» konnten. Dabei wurden auch die vor dem Ersten Weltkrieg hergestellten Lokomotiven in Ordnung gebracht und wieder in Betrieb gesetzt. China hatte damals nur 4069 Lokomotiven (einschließlich 600 reparierte «tote Lokomotiven»). Die Zugkraft war verhältnismäßig niedrig, und die Anhängelast betrug im Durchschnitt nur 1245 t, was den Bedarf der Entwicklung der Volkswirtschaft bei weitem nicht decken konnte. Deshalb brauchte die Eisenbahn ganz dringend schwere Lokomotiven.

Im Juli 1952 wurde in der Lokomotivfabrik Sifang die erste Güterzuglokomotive mit einer Radanordnung 2–8–2 und einer Achslast von 20 t nachgebaut, deren Bauteile, außer den in der japanischen Besatzungszeit hergestellten Barrenrahmen, von China selbst hergestellt wurden. Dies galt als der erste erfreuliche Schritt der Lokomotivbauindustrie der Chinesischen Eisenbahn. 1954 bis 1955 wurden in der Lokomotivfabrik Sifang die Zeichnungen für die Dampflokomotive der Baureihe SL vervollkommnet und die Konstruktionsverbesserung durchgeführt und 1956 die erste Dampflokomotive der Baureihe SL für den Personenzugdienst probeweise hergestellt.

Weil die Lokomotivfabrik Sifang infolge begrenzter Kapazität nicht in der Lage war, die Herstellung der Güter- und Personenzuglokomotiven zu übernehmen, kam ihr nur die Aufgabe für die Herstellung von Personenzuglokomotiven zu. Die Aufgabe für die Herstellung der Güterzugloko-

Verschiedene moderne Dampflokomotiven der Baureihe QJ.

motiven wurde einer anderen Fabrik in der Hafenstadt Dalian zugeteilt. In der Lokomotivfabrik Dalian wurden zuerst die Dampflokomotiven der Baureihe JF rekonstruiert, die Lokomotive der Baureihe JS projektiert und 1957 die erste Musterlokomotive probeweise hergestellt. Im selben Jahr wurden die Lokomotiven der Baureihe SL rekonstruiert und die Lokomotive der Baureihe RM projektiert, von der 1958 die erste Musterlokomotive durch die Lokomotivfabrik Sifang probeweise produziert wurde.
Die Lokomotivfabrik Dalian konstruierte selbst die Lokomotive der Baureihe HP mit der Radanordnung 2–10–2 und stellte die erste Musterlokomotive im Oktober 1956 her. Wegen ungenügender Dampferzeugungskapazität des Kessels konnte aber die vorgesehene Zugkraft nicht erreicht werden, und die Produktion dieser Lokomotivbaureihe wurde nicht aufgenommen.
Bis zum Jahre 1959 wurden insgesamt 1400 Lokomotiven von den Lokomotivfabriken Sifang und Dalian (auch die Lokfabriken Qishuyan und Changxindian inbegriffen) hergestellt. Entsprechend dem zunehmenden Güter- und Personentransport durch die Entwicklung der Volkswirtschaft und wegen der Ausmusterung alter Lokomotiven benötigte die Chinesische Eisenbahn noch mehr Lokomotiven. Deshalb wurden von der Sowjetunion 1000 gebrauchte Lokomotiven eingeführt, um den Mangel an Lokomotiven zu beheben. Zur Beschleunigung der Lokomotivproduktion ließ das Eisenbahnministerium im Jahre 1957 eine neue Fabrik für den Dampflokomotivbau im Kohlenzentrum Datong in der Provinz Shanxi errichten. Sie begann 1959 mit der Lokomotivprojektierung und produzierte 1964 die verbesserte Lokomotive der Baureihe HP mit erhöhter Heizflächenbelastung, ihre Zuglast erreichte 3500 t auf ebenen Strecken. Diese Lokomotive bekam die Benennung Baureihe QJ (Qian Jin). Bis zum Jahre 1983 wurden schon 4378 Dampflokomotiven von dieser Baureihe hergestellt, die auf Hauptstrecken im ganzen Lande eingesetzt sind.

Eine andere alte Fabrik für den Industrie- und Grubenlokomotivbau, die Lokfabrik Tangshan, war eigentlich die erste Lokfabrik in China, in der seit mehr als 100 Jahren, mit Unterbrechungen, einige Dutzend Lokomotiven mit drei Triebachsen und Blechrahmen hergestellt wurden. Nach der Gründung der VR China begann sie mit der Produktion von Lokomotiven mit vier Triebachsen, Radanordnung 2–8–2, und mit der Benennung Baureihe SY (Shang You). Die Lokomotiven dieser Baureihe werden heute noch in kleinen Serien hergestellt und sind auf den Anschlußbahnen der Industrie- und Bergbaubetriebe sehr beliebt.

1.10 Die Diesellokomotiven in den sechziger Jahren

Früher wurde China von manchen westlichen Spezialisten als «ölarmes Land» bezeichnet. Kurz nach der Befreiung gab es in China nur das einzige Yumen-Ölfeld am Rand der nordwestchinesischen Sandwüste mit geringer Ölproduktion, die sogar den Bedarf der wenigen vorhandenen Autos an Benzin nicht decken konnte. Damals wagte keiner in China, an die Verdieselung zu denken. Man fand Ende der fünfziger Jahre in China das Daqing-Ölfeld und erschloß anschließend ei-

Gesamtansicht Lokomotivfabrik Datong.

ne Reihe von Ölfeldern in Dagang, Shengli, Liaohe Renqiu, Zhongyuan usw., so daß die chinesische Erdölindustrie eine neue Entwicklung erfuhr. Die Zeit, in der China «ausländisches Erdöl» importieren mußte, war vorbei. China konnte nicht nur sich selbst mit Erdöl versorgen und es exportieren, es trat auch in die Reihe der wichtigen Erdölindustrieländer der Welt ein. Da wurde die Verdieselung der Eisenbahn auf die Tagesordnung gesetzt, und damit begann in China die Zeit der Herstellung der Diesellokomotiven.

Die Produktion der Dieselmotoren für Lokomotiven wurde als ein wichtiges Schlüsselprojekt in den Staatsplan eingestuft, aber die Produktion verzögerte sich. So empfahl das Eisenbahnministerium, die Dieselmotoren selbst zu bauen. Der Lokomotivfabrik Dalian wurde die Hauptaufgabe zugewiesen, in Kooperation mit den Lokomotivfabriken Sifang, Cishuyan, Tianjing, Nankou und dem Signalwerk in Xian die Entwicklungsarbeit mit dem Ziel der Serienproduktion von dieselelektrischen Lokomotiven auszuführen. In der Hauptverwaltung für die Eisenbahnindustrie des Eisenbahnministeriums wurde die «Sektion für die Entwicklung der elektrischen und Diesellokomotiven» gegründet, welche für Planung, Versuche, Werkzeugmaschinen, Montageanlagen, Koordinierung sowie für das Entwicklungstempo der Produktion zuständig war. Dadurch wurde die technische Grundlage geschaffen und die Qualität der Erzeugnisse durch die Technologie gewährleistet. Zur Lösung der Schlüsselprobleme des Motorenbaus bezüglich des Kraftstoffeinspritzsystems, des Drehzahlreglers, der Spülpumpe, der Kurbelwelle, der Lagerschalen usw. wurden technische Kräfte konzentriert eingesetzt. Im Jahre 1964 begann die Serienproduktion von 1000 dieselelektrischen Lokomotiven der Baureihe DF1 und DF2 (Dong Feng Ostwind).

Weil die Funktion der nachgebauten Zweitakt-Dieselmotoren mit gegenläufigen Kolben, Typ 10L 207, nicht so ideal und die Leistung dieser Lokomotive auch zu klein war, begab man sich von 1965 an mit dem Ziel ans Werk, Viertakt-Dieselmotoren des Typs 16V 240 in V-Anordnung mit einer Leistung von 4000 PS/2944 kW für Diesello-

Diesellokomotiven der Baureihe DF im Bezirk Jajeda.

komotiven mit größerer Leistung zu entwickeln. Wegen Störungen durch die «Kulturrevolution» wurde die erste Musterlokomotive der Bauart Co-Co erst bis zum Jahre 1969 hergestellt und 1974 in Serienproduktion genommen. Bis 1983 wurden gegen 800 Diesellokomotiven der Baureihe DF4 hergestellt. Die Diesellokomotive DF4 hat eine installierte Leistung von 3300 PS, bzw. 2430 kW bei 1100 U/min, eine Zuglast in der Ebene von 3500 t, eine Höchstgeschwindigkeit von 100 oder 120 km/h und eine Verfügbarkeit von 90 %. Sie bildet gegenwärtig den Haupttyp der Diesellokomotiven für den Gütertransport bei der Chinesischen Eisenbahn und hat die Transportaufgaben auf den Hauptstrecken zu tragen. Voraussichtlich wird die Produktionszahl der Lokomotiven DF4 in 2–3 Jahren auf das Mehrfache ansteigen. Ein anderes Erzeugnis aus dieser Typreihe ist die Rangierlokomotive der Baureihe DF5 mit einem Dieselmotor des Typs 8L 240, der eine Leistung von 1600 PS bzw. 1177 kW bei 1100 U/min hat. Diese Lokomotive wird auch probeweise hergestellt.

Verladung der dieselhydraulischen Lokomotiven der Baureihe DFH1 (TZ) für die Tansanisch und Sambische Eisenbahn auf ein Überseeschiff.

Übrigens importierte die Chinesische Eisenbahn dieselelektrische Lokomotiven und zwar 210 Stück von der Baureihe ND_2 aus Rumänien (Lizenz SLM/Sulzer/BBC), 50 Stück von der Baureihe ND4 aus Frankreich (Alsthom) und vor kurzem 420 Stück von der Baureihe ND5 aus Amerika (General Electric), um den Prozeß der Verdieselung zu beschleunigen.

Die Produktion der Diesellokomotiven mit hydraulischer Transmission benötigte jedoch einen speziellen Entwicklungsprozeß. In den fünfziger Jahren wurde in England eine heftige Debatte über die zwei Arten von Übertragungssystemen geführt. Diese führte zur Ablehnung der Weiterentwicklung der hydraulischen Übertragung in England. Unserer Ansicht nach kann eine große Menge Kupfer durch die Anwendung der hydraulischen Kraftübertragung eingespart werden, weil dabei die Fahrmotoren entfallen, deren Leistung zweimal so groß wie die des Dieselmotors ist. Kupfer ist sehr knapp in der Welt. Bei der Herstellung erfordern die mechanischen Bauteile der hydraulischen Übertragung eine größere Präzision. Aber die Chinesen sind auf dem Gebiet des Kunsthandwerks sehr begabt. Es gibt in China viele tüchtige und geschickte Handwerker für Schnitzerei und Stickerei. Mit Hilfe der «tüchtigen und geschickten Handwerker» kann die vorübergehend nicht so große Präzision der Werkzeugmaschinen vervollkommnet werden. In den letzten Jahren haben fünf Fabriken bei der Chinesischen Eisenbahn Beiträge zur Produktion der hydraulischen Getriebe geleistet. Im Jahre 1959 hat die Lokomotivfabrik Sifang als erste eine Serie von 2 × 300 PS/220 kW Rangierlokomotiven der Baureihe DFH hergestellt, die den Namen «Xiaohongxing» bekamen. Nach der proportionalen Vergrößerung dieser Lokomotiven wurden in dieser Fabrik 100 Stück dieselhydraulischen Lokomotiven von 2 × 900 PS/660 kW für den Personenzugdienst von der Baureihe DFH1 hergestellt, die bis jetzt noch auf manchen Hauptstrecken als Schnellzuglokomotiven eingesetzt werden. In den siebziger Jahren lieferte die Lokomotivfabrik Sifang der mit Hilfe von China gebauten Tansanisch und Sambischen Eisenbahn mehr als 100 Diesellokomotiven für Schmalspurbahnen. Das waren die ersten von China exportierten Diesellokomotiven.

Inzwischen wurden Diesellokomotiven der Baureihe NY5, NY6 und NY7 aus der Bundesrepublik Deutschland (Thyssen-Henschel) eingeführt, die der Chinesischen Eisenbahn als Beispiel bei der

Entwicklung schwerer dieselhydraulischer Lokomotiven gedient haben. Aber die Erfahrungen aus dem Einsatz dieser Lokomotiven zeigten, daß die Lokomotive NY7, obwohl sie eine Motorleistung von 5400 PS/3974 kW erreicht, nur ein Reibungsgewicht von 138 t aufweist, was für anhaltend starke Steigungen nicht ausreichend ist, so daß ihre nutzbare Leistung nicht immer voll zur Geltung gebracht werden kann.

Hinsichtlich der Anpassung der hydraulischen Getriebe an mittelschnellaufende Dieselmotoren wurden in China auch positive Erfahrungen gesammelt. Die Personenzuglokomotive der Baureihe «Beijing» (BJ) mit einer installierten Leistung von 2700 PS/1987 kW wurde in der Beijinger Lokomotivfabrik «7. Februar» erfolgreich entwickelt und hergestellt. Ihre Höchstgeschwindigkeit beträgt 120 km/h. Im Vergleich zu den Lokomotiven DF4 erreicht sie eine höhere Geschwindigkeit und verbraucht weniger Kraftstoff. Mehr als 200 Lokomotiven der Baureihe «Beijing» sind schon bei den Eisenbahndirektionen Beijing und Zhengzhou beheimatet und haben sich gut bewährt. Das hydraulische Geschwindigkeitswechselgetriebe, welches von dieser Fabrik in die Lokomotive eingebaut wurde, benötigt innerhalb einer Hauptausbesserungsperiode überhaupt keine Kontrolle, was die «Garantie für zwei Jahre» in der Werbung der Firma Voith überschritten hat. Die sechziger Jahre standen im Zeichen der Entwicklung der Diesellokomotiven in China und der großen Erfolge der chinesischen Maschinenbauindustrie.

1.11 Die elektrischen Lokomotiven in den achtziger Jahren

Schon in den fünfziger Jahren begann die Chinesische Eisenbahn mit der Elektrifizierung. Erst ab den achtziger Jahren wurde das Entwicklungstempo der Elektrifizierung beschleunigt. Dies ergab sich aus den chinesischen Verhältnissen. In den fünfziger Jahren war die Kapazität der Stromerzeugung in China noch klein und die Basis der Energiewirtschaft zu schwach. Die Energieindustrie konnte für die Elektrifizierung der Eisenbahn nicht so viel Strom liefern. Übrigens beanspruchte die Elektrifizierung der Eisenbahn große Investitionssummen auf einmal, und die finanziellen Möglichkeiten des Staates reichten nicht aus, die Elektrifizierung im großen Ausmaß zu entwickeln. Sie konnte nur Schritt für Schritt vorangehen.

Gleich am Anfang der Einführung der Elektrifizierung in China wurde das 25 kV/50 Hz-Einphasenwechselstromsystem gewählt. Diese technische Entscheidung erwies sich als vollständig richtig. Die Richtigkeit dieser Entscheidung wurde besonders dadurch bewiesen, da die Leistung und Zuverlässigkeit der Elektrolokomotiven wesentlich erhöht wurden, nachdem die Quecksilbergleichrichter durch Siliziumgleichrichter in den sechziger Jahren ersetzt wurden.

Die erste elektrifizierte Strecke der Chinesischen Eisenbahn ist der Abschnitt zwischen Baoji und Fengzhou an der Strecke Bao Cheng (Baoji-Chengdu). Dieser Abschnitt mit einer Reihe von Tunnels hat eine Steigung von 30 ‰ und führt als eine der Hauptstrecken durch das Qinling-Gebirge in die Provinz Sichuan, die als «das Land des Reichtums und der Fülle» bezeichnet wird. Von der Qing-Dynastie an (221 Jahre v. Chr.) war diese Provinz schon bekannt für ihre hochentwickelte Landwirtschaft und den florierenden Handel sowie ihr reichhaltiges Angebot an Produkten. Heute beträgt ihre Bevölkerungszahl 100 Millionen. Sichuan ist von Bergen umgeben und man konnte früher nur gegen den reißenden Strom der «drei Schluchten» vom Yangtze-Fluß in das Provinzinnere gelangen. Einen anderen Weg gab es überhaupt nicht. Der schwierige und gefährliche Treidelpfad durch das Qinling-Gebirge war weltbekannt und führte als ein Landweg in die Provinz Sichuan. Der große Dichter Li Bai der Tang-Dynastie schrieb in einem Gedicht: «Den Treidelpfad nach Sichuan zu gehen, ist schwieriger, als den Himmel zu erreichen.» Deshalb war Sichuan von jeher durch ungünstige Verkehrsbedingungen von der Außenwelt abgekapselt. Aber heute sind die Wege nach Sichuan eben und offen, weil neben der elektrifizierten Strecke Bao Cheng auch noch drei andere Eisenbahnstrekken, nämlich Xiang Yu (Xiangfan–Chongqing), Cheng Kung (Chengdu–Kunming) und Chuan Qian (Chongqing–Guiyang), in die Provinz führen.

Zur Elektrifizierung bestehen sowohl im Inland als auch im Ausland zwei Auffassungen. Nach der einen sollten die Eisenbahnstrecken im Bergland zuerst elektrifiziert werden, d. h. «Bergland-

Elektrifizierungs-Auffassung». Nach der andern sollten die Eisenbahnstrecken auf dem Flachland vorrangig elektrifiziert werden, d. h. «Flachland-Elektrifizierungs-Auffassung». Beide Auffassungen haben ihre eigene theoretische Grundlage. Die erste meinte, daß die Voraussetzungen für die Elektrifizierung der Eisenbahn in Gebirgsgegenden verhältnismäßig günstig sind, weil das Bergland normalerweise über Wasserkraftressourcen verfügt und die Bahnen dort viele Tunnels und steile Neigungen haben, und die letztere behauptet, daß große Transportvolumen auf den Hauptlinien im Flachland mehr wirtschaftlichen Nutzen bringen können. Ob die Strecken vorerst im Bergland elektrifiziert werden sollten oder ob die auf dem Flachland, da muß man von den realen Verhältnissen eines betreffenden Landes ausgehen, und zwar auf die Bedürfnisse und die Möglichkeiten. Eine Chinesische Redensart besagt: «Von der Tatsache ausgehen». Entsprechend dem wirklichen Bedürfnis hat man heute bei der Elektrifizierung der chinesischen Eisenbahn den Schwerpunkt auf das Schlüsselproblem der Kohlenförderung von der Provinz Shanxi nach außen gelegt. Neben den im Betrieb stehenden Strecken Shi Tai (Shijiazhuang–Taiyuan) und zwischen Fengtai, Shacheng und Datong werden als nächster Schritt die Strecke Jing Qin (Beijing–Qinhuangdao) und die Strecke Da Qin (Datong–Qinhuangdao) elektrifiziert. Die oben genannten Strecken zählen zu den Eisenbahnstrecken auf dem Flachland mit größeren Transportvolumen, und ihre Elektrifizierung steht in Übereinstimmung mit der «Flachland-Elektrifizierungs-Auffassung». Und parallel dazu wurden die Strecken von Baoji bis Lanzhou, von Chengdu bis Chongqing und von Xiangfan bis Chongqing, die in den Gebieten mit Energieressourcen und Tunnels liegen, schon nacheinander elektrifiziert. Und die Elektrifizierung der Strecken Tian Qian (Kunming–Guiyang), Chuan Qian (Chongqing–Gumiyang) und Xiang Qian (Changsha–Guiyang) steht aufgrund der Wasserkraftressourcen vom Wujiang-Fluß auch im Programm. Dies steht auch im Einklang mit der «Bergland-Elektrifizierungs-Auffassung». Die Elektrifizierung der Hauptstrecke zwischen Beijing und Guangzhou (Canton) ist ein noch kühneres Projekt. Man beabsichtigt, mit dem Bau des 14,4 km langen Tunnels mit Doppelgleis anzufangen und sich auf die Wasserressourcen für die

Eine E-Lok fährt durch die Tunnels auf der Strecke zwischen Xiangfan und Chongqing.

Stromerzeugung im Süden der Provinz Hunan zu stützen, um vorerst die Strecke von Hengyang bis Guangzhou und dann die ganze 2313 km lange Strecke von Beijing bis nach Guangzhou zu elektrifizieren. Selbstverständlich wird das alles erst nach dem Jahre 1990 geschehen.

Die Entwicklung der Elektrolokomotivindustrie in China ist abhängig von dem Entwicklungstempo der Elektrifizierung der Eisenbahnstrecken. Schon in den fünfziger Jahren wurde in Zhuzhou, der Provinz Hunan, eine Fabrik extra für den Elektrolokomotivbau errichtet. Im Jahre 1958 entwickelte diese Fabrik versuchsweise die erste 3410-kW-Elektrolokomotive, deren Leistung später bis auf 3780 kW erhöht wurde. Bis 1983 wurden insgesamt 355 solcher Lokomotiven hergestellt. Weil die Eisenbahnstrecken im großen Ausmaß elektrifiziert werden, muß die Produktion der Elektrolokomotiven den Rückstand schnell aufholen. Nach dem Plan werden jährlich

Eine Elektrolokomotive vom Typ SS1 bei der Montage in der Lokfabrik Zhuzhou.

200 Elektrolokomotiven hergestellt. Dieses Produktionstempo kann dem Entwicklungstempo der Elektrifizierung vermutlich nicht entsprechen. Deshalb ist es nicht ausgeschlossen, daß eine Menge Elektrolokomotiven aus dem Ausland beschafft werden muß. Man kann sagen, daß die achtziger Jahre im Zeichen der raschen Entwicklung der Elektrolokomotiven in China stehen werden.

1.12 Die Entwicklung der chinesischen Lokomotivbauindustrie

Die Lokomotivbauindustrie im neuen China hat sich auf der Grundlage der Ausbesserung (Instandsetzung) von Dampflokomotiven schrittweise entwickelt. Gegenwärtig ist ein komplettes System für die Herstellung und Ausbesserung der Lokomotiven, Personen- und Güterzugwagen sowie ihrer Ersatzteile vorhanden.
Im Jahre 1949, kurz nach der Gründung der VR China, waren nur 25 Ausbesserungswerke für die Fahrzeugreparatur vorhanden, die den verschiedenen Eisenbahndirektionen unterstellt waren. In den größeren Werken arbeiteten zwei- bis dreitausend und in den kleineren nur einige hundert Beschäftigte. 1953 wurde ein neues System eingeführt, nämlich die größeren Werke unter die Leitung des Eisenbahnministeriums zu stellen. Gleichzeitig wurden die kleineren zusammengefaßt und einige neue Werke errichtet. Heute gibt es insgesamt 36 dem Eisenbahnministerium unterstellte Fabriken, 17 davon spezialisieren sich auf die Herstellung und Ausbesserung der Lokomotiven: zwei Fabriken für den Dampflokomotivbau, vier Fabriken für Diesellokomotivbau, eine für Elektrolokomotivbau, neun Ausbesserungswerke für Dampflokomotiven und drei Ausbesserungswerke für Diesellokomotiven. In absehbarer Zeit werden die Ausbesserungswerke für Dampflokomotiven Chengdu, Quishuyan, Shenyang, Luoyang und Tangshan zu Ausbesserungswerken für Diesel- und das Werk Taiyuan für Elektrolokomotiven umgebaut.
Seit mehr als dreißig Jahren hat der Staat großen Wert auf die Lokomotivbauindustrie der Eisenbahn gelegt. Für den Neubau der Werkhallen und die Beschaffung der Maschinenanlagen wurden erhebliche Investitionen vorgenommen. Der Gesamtwert des Anlagevermögens der Schienenfahrzeugbauindustrie des ganzen Landes betrug im Jahre 1952 520 Millionen Yuan (RMB) und erreichte 1980 2,73 Milliarden Yuan (RMB), d. h., er stieg um das Vierfache. Die vom Staat beschafften Anlagen waren verhältnismäßig modern und unentbehrlich für die Produktion der Fahrzeuge, wie z. B. die Werkzeugmaschinen für Zahnradbearbeitung, hydraulische Pressen für 3600 t, Werkzeugmaschinen für die Einspritzpumpen- und Einspritzdüsenbearbeitung, präzise Meß- und Prüfeinrichtungen usw. Entsprechend der raschen Entwicklung der chinesischen Wirtschaft werden die Investitionen dafür noch weiter vermehrt und neue technische Ausrüstungen vom Ausland eingeführt, um die Produktionskapazitäten für Schienenfahrzeuge weiter zu erhöhen.
Was die Betriebsführung betrifft, wird in China eine Politik der niedrigen Profitrate betrieben. Die Profitrate für den Verkauf im Jahre 1980 betrug 12,35 %. Zum Beispiel: Eine dieselelektrische Lokomotive der Baureihe DF4 mit einer installierten Leistung von 3300 PS kostet 1,4 Millionen Yuan (600 000 US-Dollar), während der Importpreis für eine dieselelektrische Lokomotive der Baureihe ND4 mit ähnlicher Leistungsgröße fast doppelt so teuer wie eine DF4 war.
Die Qualität der in China hergestellten Lokomo-

tiven verbessert sich von Jahr zu Jahr. Im Vergleich zu den fortgeschrittenen Ländern hat China noch einen weiten Weg vor sich. Selbst Dampflokomotiven produziert China, als das letzte Land auf der Welt, immer noch weiter. Der Gesamtwirkungsgrad der von China gebauten Dampflokomotiven kann den Spitzenwert von 10 %, den die Europäer mit dem Bau der Heißdampflokomotiven mit normalem 20-bar-Kessel und Zylinder mit zweistufiger Dampfdehnung aufstellten, noch nicht erreichen. Die Dampflokomotive der Baureihe QJ zählt zu den leistungsfähigeren Dampflokomotiven mit verhältnismäßig moderner Konstruktion, deren Gesamtwirkungsgrad zur Zeit nur 8 % beträgt und voraussichtlich durch Verbesserungen über 9 % erreichen kann. Die Produktion der Diesellokomotiven begann erst in den sechziger Jahren und hat in bestimmten Bereichen einen relativ hohen Stand erreicht. Aber es bestehen auch noch gewisse Mängel, wie die geringere Beständigkeit der Verschleißteile, zu kurze Hauptausbesserungszyklen usw. Was die Diesellokomotiven mit der elektrischen Übertragung betrifft, besteht die Möglichkeit, die Isolationsklassen für Generatoren und Fahrmotoren noch zu erhöhen. Die Zusatzmittel für verschleißfeste Öle der Dieselmotoren, die Öl- und Wärmebeständigkeit der Dichtungsmaterialien sowie die Bauelemente für die elektrische Steuerung haben das fortgeschrittene Weltniveau noch nicht erreicht. Um diese Mängel zu beheben, hat der Staat Programme für wissenschaftliche Forschungsarbeit ausgearbeitet und die technische Entwicklungsarbeit verstärkt. In absehbarer Zeit kann die Qualität der von China hergestellten verschiedenartigen Lokomotiven den fortgeschrittenen Weltstandard bestimmt erreichen.

1.13 Die Ausbildung der Fachleute für Schienenfahrzeuge und Forschungs- und Entwicklungsarbeit für neue Produkte

Nach der Gründung der VR China legte man noch nie so große Aufmerksamkeit auf die Hochschulbildung und wissenschaftliche Forschungsarbeit auf dem Gebiet des chinesischen Eisenbahnwesens wie heute. Gegenwärtig verfügt das Eisenbahnministerium im ganzen Lande über drei Verkehrshochschulen, vier Fachhochschulen, zwei medizinische Hochschulen und eine pädagogische Hochschule für das Eisenbahnwesen. Neben der dem Eisenbahnministerium unterstehenden Akademie für Eisenbahnwissenschaften bestehen noch vier Forschungsanstalten, die der Hauptverwaltung für Schienenfahrzeugindustrie unterstellt sind.

Ende des 19. Jahrhunderts erkannte die damalige chinesische Regierung, daß China bei der Entwicklung des Bergbaus und der Eisenbahn von den westlichen Ländern lernen und eigene Fachleute im Inland ausbilden lassen sollte. So wurden die Fachschulen für die Eisenbahn- und Bergbautechnik sowohl im Norden als auch im Süden Chinas eingerichtet. Im Jahre 1886 wurden die Nanyang-Schule in Shanghai und anschließend zwei Verkehrshochschulen in Tangshan und Beijing errichtet, in denen derzeitig die Fakultäten für Bau- und Ingenieurwesen, Maschinenbau, Fernmeldetechnik, Betriebs- und Verwaltungstechnik eingerichtet wurden. In den 55 Jahren der Errichtung der obengenannten drei Hochschulen bis zu der Befreiung des ganzen Landes im Jahre 1949 wurden weniger als 10 000 Fachleute ausgebildet. Nach der Befreiung entwickelte sich die Hochschulbildung der Eisenbahn ganz schnell. Jährlich gab es etwa 2500 Ab-

Komplexversuchsring der Akademie für Eisenbahnwissenschaften. Rangierbahnhof des Versuchsrings.

Herstellung einer faserflußgeschmiedeten Kurbelwelle.

solventen verschiedener Fachrichtungen. Selbst die Zahl der in den letzten 30 Jahren ausgebildeten Fachleute für Schienenfahrzeuge lag mehr als zehnmal höher als die in den 55 Jahren vor der Befreiung ausgebildeten.

Der Akademie für die Eisenbahnwissenschaften des Eisenbahnministeriums untersteht ein 9 km langer Versuchsring für Komplexversuchszwekke im östlichen Vorort der Stadt Beijing und Forschungsinstitute für verschiedene Fachrichtungen der Eisenbahntechnik, darunter auch das Institut für Schienenfahrzeuge. Dieses Institut spezialisiert sich auf die Forschungsarbeit für Schienenfahrzeuge neuer Typen und auf die Grundlagentheorie. Außerdem sind der Hauptverwaltung für Schienenfahrzeugindustrie auch noch vier Forschungsanstalten unterstellt, in denen Forschungsarbeiten auf dem Gebiet der Produktion und der Technologien durchgeführt wird.

Die Versuchs- und Forschungsanstalt für Diesellokomotiven befindet sich in der Stadt Dalian und ist in der Nähe der Lokomotivfabrik Dalian gelegen. Früher war hier die in der japanischen Besatzungszeit gegründete Versuchs- und Forschungsanstalt für Dampflokomotiven. Sie besitzt heute einen festen Prüfstand für Lokomotiven mit sechs Triebachsen, auf dem man Betriebszustände unter höheren Außentemperaturen oder in hoch liegenden Gegenden simulieren kann, so daß man die verschiedenen technischen Daten für die Betriebseigenschaften der Lokomotiven noch schneller und genauer als bei Probefahrten auf den Strecken bekommen kann. Dieser Prüfstand ist mit einer Datenverarbeitungsanlage ausgerüstet und für verschiedene Spurweiten zwischen 1000 und 1524 mm geeignet. Das soll der einzige Prüfstand in Asien sein. Solche Prüfstände sind auch in europäischen Ländern eine Seltenheit.

Die Versuchs- und Forschungsanstalt für Elektrolokomotiven ist der Fabrik für Elektrolokomotivbau in Zhuzhou benachbart. In Zusammenarbeit mit dieser Fabrik entwickelte sie verschiedene Bauelemente für Elektrolokomotiven. Sie zählt auch zu den Institutionen, die sich als erste mit der Versuchsarbeit für leistungsfähige Siliziumgleichrichter zu beschäftigen hatte. Heute verfügt sie über eine supersaubere Werkstatt, wo man 500-A-Dioden sowie die 300-A-Siliziumbauelemente herstellen kann, deren Qualität nach der IEC-Norm die gleichartigen Produkte anderer Hersteller überschritten hat. Sie ist maßgebend für die hohe Zuverlässigkeit der Siliziumgleichrichteranlagen der Diesel- und Elektrolokomotiven.

Die Versuchs- und Forschungsanstalt für Waggonbau in Sifang ist eine Forschungsinstitution für Güter- und Personenzugwagen und Bremstechnik.

Die Versuchs- und Forschungsanstalt für die Technologie des Schienenfahrzeugbaus ist der Fabrik für Schienenfahrzeugbau in Qishuyan benachbart und spezialisiert sich auf die Forschungs- und Untersuchungsarbeit auf dem Gebiet der Kälte- und Wärmebehandlung bei der Herstellung und Ausbesserung von Schienenfahrzeugen sowie auf die Betriebs- und Verwaltungstechnik. In den zwanzig Jahren seit ihrer Gründung wurden schon viele fortgeschrittene Technologien entwickelt und in der Produktion eingesetzt. Zum Beispiel: Die neue Technologie für die Herstellung der faserflußgeschmiedeten Kurbelwelle für Dieselmotoren wurde von dieser Anstalt in Zusammenarbeit mit der Fabrik erfolgreich entwickelt.

1.14 Die Entwicklungsperspektive der chinesischen Lokomotiven

1.14.1 *Die Diskussion über drei Traktionsarten*

Über den Vergleich der Dampf-, Diesel- und Elektrotraktion war auf technischem Gebiet schon längst ein endgültiges Urteil gefällt worden. Aber in China zählen die Diesel- und die Elektrotraktion noch zu den neuen Dingen, und es ist zurzeit noch nicht möglich, die alte Dampftraktion sofort in den Ruhestand zu setzen. Daraus ergeben sich Meinungsverschiedenheiten. Seit 1829 herrschten die Dampflokomotiven weltweit 100 Jahre vor. Ihre Vorteile sind durch einfache Konstruktion, Robustheit sowie niedrige Herstellungkosten bekannt. Aber wegen des niedrigeren Wirkungsgrades, der Energievergeudung und Umweltverschmutzung müssen sie mit Bestimmtheit aussondiert werden. Weil China über reiche Kohlenvorkommen verfügt, die Kohlenpreise niedrig und die Brennstoffkosten für die Dampftraktion am niedrigsten sind, vertreten manche Leute die Ansicht, daß der Einsatz von Dampflokomotiven noch eine Zeitlang weiter andauern sollte. Der Strom ist natürlich die sauberste Energie. Aber die Gleichstrom-Elektrotraktion konnte früher wegen der Beschränkung der Stromversorgung nur für eine kurze Entfernung nicht im großen Ausmaß entwickelt werden. Nach der erfolgreichen Entwicklung der französischen Einphasenwechselstrom-Elektrolokomotive im Jahre 1955 und der nachfolgenden Entwicklung der Siliziumgleichrichtungstechnik wurde das Entwicklungstempo der Elektrifizierung der Eisenbahnstrecken in der ganzen Welt erheblich beschleunigt. Deshalb sind manche Leute der Meinung, daß man von der Dampftraktion sofort ohne Dieseltraktion zur Elektrotraktion übergehen sollte. Seit dem Aufschwung der Dieseltraktion in den USA ab 1934 waren die Diesellokomotiven Günstlinge für eine Generation. 44 000 Dampflokomotiven des ganzen Landes wurden durch 28 000 Diesellokomotiven ersetzt, wobei allerdings zu berücksichtigen ist, daß wegen des vorangegangenen 2. Weltkrieges sich der Ersatz stark verzögert hat und zahlreiche ältere und kleinere Loks noch wegen des großen Bedarfs länger in Dienst gehalten wurden, als es sonst üblich gewesen wäre und sich wegen des Rückganges der Verkehrsleistungen in den USA

Der feste Prüfstand der Versuchs- und Forschungsanstalt für Diesellokomotiven in Dalian.

nach dem Kriege der Bedarf an Lokomotiven verminderte. Im Gegensatz zur Elektrifizierung bringt die Dieseltraktion nicht so viel Probleme mit sich wie große Investitionen und genügende Stromversorgung. In Betrieb sind die Diesellokomotiven jedoch so freizügig wie die Dampflokomotiven, während ihr Gesamtwirkungsgrad viel höher ist als derjenige der Dampflokomotiven. Aus diesen Gründen führten vor allem die kohlenarmen Länder eifrig die Dieseltraktion ein, weil sie der Meinung waren, daß die Verdieselung der kürzeste Weg für die Umstellung der Traktionsart sei.

Wir meinen, daß China über reiche Erdölvorkommen verfügt. Obwohl Erdöl fünfmal so teuer ist wie Kohle, kann aber eine Tonne Dieselöl zehn Tonnen Steinkohle ersetzen. Im Vergleich zur Steinkohle kann man bei Brennöl den Aufwand für den Transport der Kohle zu den Verbrauchsstellen und für die Entfernung von Kohlenasche und -schlacke einsparen. Allein in dieser Hinsicht ist die Dieseltraktion der Dampftraktion überlegen, selbst wenn die Dieseltraktion noch andere Vorteile wie bessere Beschleunigung, Erhöhung der Streckendurchlaßleistung usw. aufweist. Die Elektrifizierung braucht hingegen große Investitionen, längere Bauzeit und größeren Kupferbedarf. In Anbetracht der Investitionen ist China zur Zeit noch nicht in der Lage, so wie die Schweiz die Eisenbahnstrecken hundertprozentig zu elektrifizieren. Auch kann China nicht wie Frankreich ein Drittel der Eisenbahnstrekken elektrifizieren und dadurch vier Fünftel der Transportleistung bewältigen. Deshalb bin ich der Meinung, daß sich die Dieseltraktion bei der chinesischen Eisenbahn kurzfristig noch weiter in großem Ausmaß entwickeln muß, um die Dampftraktion zu ersetzen; und die Elektrotraktion soll sich mit der Elektrifizierung der jeweiligen Strecken ausdehnen. Aus dieser Diskussion ergibt sich, daß man noch nie so große Aufmerksamkeit auf die Elektrifizierung gelegt hat, die Erhöhung der Produktionskapazität der Diesellokomotiven plant und die Herstellung der Dampflokomotiven, als Ersatz der ausgemusterten veralteten Baureihen, fortsetzt.

1.14.2 *Die Entwicklung der Traktionsart aus der Sicht der Energiepolitik*

China zählt zwar zu den kohlenreichsten Ländern der Welt, aber der durchschnittliche Pro-Kopf-Vorrat der Kohle ist gering, wenn das ganze Vorkommen durch den Nenner der Bevölkerungszahl von einer Milliarde geteilt wird. Die Erdölfelder auf dem Festland produzieren jährlich 100 Millionen Tonnen, und Chinas Festlandsockel läßt noch viel erwarten. Die Wasserkraftressourcen in China stehen nach der theoretischen Schätzung an erster Stelle auf der Welt. Die chinesische Regierung hat erklärt, den Bruttoproduktionswert der Industrie und der Landwirtschaft bis zum Ende dieses Jahrhunderts zu vervierfachen, aber die Energieproduktion kann dabei nur verdoppelt werden. Weil die Eisenbahn ein großer Energieverbraucher ist, ist es wichtig, daß sie ihren Energieverbrauch auf ein Minimum beschränkt.

Das Energieverbrauchsverhältnis zwischen der Dampf-, Diesel- und Elektrotraktion beträgt etwa 10 : 3 : 3. Vom genannten Verhältnis ausgehend, soll natürlich der Anteil der Dampftraktion herabgesetzt und der Anteil der Elektrotraktion durch Energieerzeugung aus Wasserkraft erhöht werden, um Energie zu sparen. Dabei soll die Dieseltraktion als Zwischenglied die Rolle der Regulierung spielen. Aber das alles muß entsprechend den konkreten Verhältnissen der Energieentwicklung geschehen. Auf lange Sicht muß die Elektrotraktion selbstverständlich entwickelt werden. Dazu braucht man nicht nur die Elektrolokomotiven, sondern auch die elektrifizierten Strecken sowie die entsprechende Energieversorgung. Laut Entwicklungsprogramm der Eisenbahn wird die Länge der elektrifizierten Strekken bis zum Jahre 1990 etwa ein Zehntel der ganzen Betriebslänge ausmachen. Manche Leute hoffen, daß bis zum Ende dieses Jahrhunderts 20 % der gesamten Strecken mit 50–55 % der ganzen Transportleistungen elektrifiziert werden. Es gibt in China einige Eisenbahngütertransportzentren, wie die industriell und landwirtschaftlich hochentwickelten Gebiete in Nord- und Mittelchina und an der Küste in Südostchina, aber die Wasserkraftressourcen sind meistens in Westchina zu finden. Zwar ist der Staudamm in den drei Schluchten des Yangtsee-Flusses geplant, das gegenwärtig in der Welt größte Wasserbauprojekt, aber es ist vermutlich schwer, diesen Plan vor dem Ende dieses Jahrhunderts zu realisieren. Mit der Entwicklung der Energieerzeugung durch thermische Kraftwerke einschließlich der Kernkraftwerke kann der Bedarf an Energie in kurzer Zeit auch nicht voll gedeckt werden. Deswegen wird die Elektrotraktion bis zum Ende dieses Jahrhunderts noch nicht die Hauptrolle spielen. Möglicherweise wird sie erst im nächsten Jahrhundert als Hauptkraft auftreten.

Zur Zeit gibt es in China 7500 Dampflokomotiven, die im Jahre 1984 70 % der Güterbeförderungsleistungen Eisenbahn erbracht haben und im Jahre 2000 schätzungsweise noch einen Viertel der Beförderungsmengen tragen müssen. Etwa ein Drittel bis zwei Fünftel der Beförderungsleistungen werden durch Diesellokomotiven gefahren, d. h., der Dieselkraftstoffverbrauch wird um das Drei- bis Vierfache steigen. Von der Energiepolitik ausgehend, sollte, man die Elektrifizierung noch mehr anpacken, die energieaufwendigsten Dampflokomotiven möglichst verringern und entsprechend dem Bedarf mehr Diesellokomotiven einsetzen.

1.14.3 *Die Frage der Traktionsart aus der Sicht der Güter- und Personenbeförderung*

Zur Zeit ist der Güter- und Personentransport der Chinesischen Eisenbahn durch «mehr transportieren, langsam fahren» gekennzeichnet. China ist ein großes Land, in dem verhältnismäßig wenige Eisenbahnstrecken vorhanden sind, so daß die Eisenbahn sehr stark belastet ist. Das Eisenbahnministerium entfaltete die Bewegungen «Vollast, Schwerlast, 500 Zugkilometer/Lok-Tag» und forderte die Eisenbahner auf, mehr zu transportieren und schneller zu fahren. Aber in Wirklichkeit wurde nur das Zuggewicht wesentlich erhöht, die Fahrgeschwindigkeit hingegen nur wenig. Hinsichtlich der Erhöhung der Gütertransportleistung kann auch das Zuggewicht unter den Faktoren Fahrgeschwindigkeit, Verkehrsdichte und Zuggewicht am leichtesten Erfolge zeitigen. In Tabelle 1.4 stehen die repräsentativen Angaben einiger Jahre.

Tabelle 1.4

Jahr	Durchschnittliches Zuggewicht (t)	Zugleistung/Tag (10^4 tkm)	Geschwindigkeit (km/h)	Zugkilometer pro Tag
1952	1245	43,4	36,5	397
1960	1882	68,7	40,2	392
1970	1953	72,0	44,6	405
1980	2062	75,0	43,7	408

Die in der Tabelle stehenden Angaben beziehen sich auf die Dampftraktion. Aus ihr ist zu ersehen, daß von 1952 bis 1980 das durchschnittliche Zuggewicht um 65% und die Zugleistung pro Tag um 70% erhöht wurde, während sich die mittlere Fahrgeschwindigkeit um 20% und die Tageskilometer nicht viel erhöhten.

Beim Personentransport sieht es ähnlich aus (siehe Tabelle 1.5). Die Anzahl der planmäßigen Personenzüge wurde von 1952 bis 1980 um das Vierfache gesteigert und die Personenbeförderung pro Zug fast verdoppelt, die mittlere Geschwindigkeit stieg in dieser Zeit um 34%.

Durch das Transportaufkommen im Personen- und vor allem im Güterverkehr ist die Kapazität des bestehenden Streckennetzes ständig voll ausgelastet. Es müßen deshalb alle Möglichkeiten genutzt werden, mit den vorhandenen Strecken und Fahrzeugen maximale Transportleistungen zu erbringen. Die Planungen auf dem Gebiet der Betriebsführung bis zum Ende dieses Jahrhunderts legen hinsichtlich des Gütertransports mehr Wert auf die Erhöhung der Zuggewichte und der Zugdichte und hinsichtlich der Geschwindigkeit auf die Erhöhung der Leistungsfähigkeit der Rangierbahnhöfe mit Verkürzung der

Tabelle 1.5

Jahr	Planmässige Personenzüge (Züge/Tag)	Personenbeförderung (10^4 Pers.)	Personenbeförderung pro Zug (10 Pers.)	Beförderungsleistung (10^8 P/km)	Geschwindigkeit (km/h)	
					alle Züge	Dieseltraktion
1952	373	10297	27,6	130,01	40,8	
1960	1008	61822	60,3	674,02	47,7	37,7 (1963)
1970	1099	51646	47,0	715,94	52,2	57,3
1980	1813	91246	50,3	1380,37	54,2	60,0

Zugumbildungszeit anstatt der Erhöhung der Fahrgeschwindigkeit (momentan etwa 60 km/h). Es wäre sonst erfolglos, wenn sich «die Fahrzeit auf den Strecken verkürzt, aber die Haltezeit auf den Bahnhöfen durch Stauung verlängert». Deshalb ist die Höchstgeschwindigkeit für den Gütertransport auf 100 km/h festgesetzt. Zwischen Gütertransport- und Personentransportgeschwindigkeit darf es keinen großen Unterschied geben, weil bei der Chinesischen Eisenbahn mehr gemischter Verkehr vorherrscht und viele höhengleiche Kreuzungen mit Wegen in den ländlichen Gebieten vorhanden sind. Außerdem würden 1,3 bis 2 Güterzüge weniger in Betrieb sein, wenn ein planmäßiges Personenzugpaar mehr in Betrieb stehen würde. Deswegen ist es unmöglich, die Zahl der planmäßigen Personenzüge zu erhöhen. Zur Zeit wurde eine andere Maßnahme getroffen, nämlich die Zahl der Wagen für einen Personenzug von 13 oder 15 auf 18 oder 20 oder noch mehr zu erhöhen und die Höchstgeschwindigkeit bis auf etwa 120 km/h zu beschranken. Auf diese Weise ist der Personentransport auch durch «mehr Transport bei beschränkter Geschwindigkeit» gekennzeichnet. Mit einem Wort, die Entwicklung für Güter- und Personentransport fordert eine Traktionskraft, die mehr Transportaufgaben erfüllen kann.

1.14.4 *Die Versuche mit Schwerlastzügen*

Für die Entwicklung der Eisenbahntechnik verschiedener Länder sind heutzutage einerseits die modernen technischen Ausrüstungen notwendig und anderseits die Erhöhung der Transportleistungen und wirtschaftlicher Nutzen erforderlich. Von der hohen Geschwindigkeit ist heute in China nicht die Rede. Um einen Durchbruch bezüglich wesentlich höherer Streckenleistungen zu erzielen, muß man das Kernproblem der Schwerlastzüge anpacken. Der Grund dafür besteht darin, daß die Kohlenbeförderung den größten Teil des Gütertransports bildet, nämlich 67% der Gesamtbeförderungsmenge. Die durchschnittliche Transportentfernung beträgt 426 km, was günstigste Voraussetzungen für die Schwerlastzugbildung bietet. Durch die Entwicklung des Schwerlastzugverkehrs kann die Modernisierung der Be- und Entladungsanlagen der Kohlenbergwerke und Häfen, Lager- und Transportausrüstungen vorangetrieben werden. Dadurch können verschiedene Abteilungen des Eisenbahnwesens veranlaßt werden, neue technische Maßnahmen wie die Erhöhung der Beladung der Güterwagen und die Bildung von Schwerlastzügen zu ergreifen. Schwerlastzugbildung an die erste Stelle zu stellen, ist nicht nur eine wichtige Maßnahme für die Leistungserhöhung der bestehenden Strecken, sondern auch ein wirksames Mittel zur Verringerung der Investitionen für den Bau neuer Strecken. Als Ziel der Schwerlastzugbildung sind gegenwärtig Bruttozuggewichte von 5000 bis 6000 t und langfristig bis 10 000 t oder noch mehr vorgesehen. Für die Traktion kann man zwei oder drei Lokomotiven einsetzen.

Die Chinesische Akademie für die Eisenbahnwissenschaften führte im Jahr 1984 Versuche durch mit einem 10 000-t-Schwerlastzug auf dem Versuchsring und im selben Jahre mit einem 6000-t-Schwerlastzug in der Lastrichtung auf der Strekke zwischen Datong und Qinhuangdao. Dabei wurde jeweils eine Lokomotive vorn am Zug und eine in der Mitte angeordnet. Die Ergebnisse der Versuche bewiesen, daß 6000-t-Schwerlastzüge mit vorhandenen Triebfahrzeugen bespannt werden können. Der Betrieb der 10 000-t-Schwerlastzüge ist noch problematisch sowohl hinsichtlich der Kupplungsfestigkeit, der nicht ausreichenden Bremskraft und der Nutzlänge der Gleise (bisher 850 m) der meisten Bahnhöfe. Um die vorgenannten Probleme zu lösen, plant die Chinesische Eisenbahn gerade, die Dämpfungseinrichtung für die Kupplung mit höchster Stärke und die ABDW-Güterzugbremsen aus den USA einzuführen. Hinsichtlich der Verlängerung der Bahnhofgleise bis 1050 m sind noch viele konkrete Aufgaben zu erledigen, und dazu braucht man noch eine längere Zeit.

Beim Personentransport wird die Chinesische Eisenbahn noch mehr belastet. Die Bevölkerungszahl Chinas nahm in den fünfziger Jahren von 550 Millionen auf 660 Millionen zu (die Bevölkerung in der Provinz Taiwan nicht inbegriffen), und die Pro-Kopf-Reisehäufigkeit stieg von 0,28mal auf 0,93mal. Die Bevölkerungszahl beträgt jetzt eine Milliarde, und die Beförderungsleistung müßte um 50% erhöht werden, wenn die Pro-Kopf-Reisehäufigkeit 0,93mal gleich bleibt. Die Zahl der planmäßigen Personenzüge erhöhte sich schon von 373 im Jahre 1952 auf 1813 im Jahre 1980. Zur Zeit ist es unmöglich, die Zahl der Personenzüge erheblich zu erhöhen. Man kann nur bei der Zusammenstellung von langen Personenzügen etwas erreichen. Gegenwärtig fahren auf manchen Hauptstrecken der Chinesischen Eisenbahn Personenzüge mit 20 Wagen.

2 Die Dampflokomotive

2.1 Die Lokomotiven des alten China – eine Sammlung von Dampflokomotiven aus aller Welt

Betrachtet man den Bahnbau als den Anfang einer Eisenbahngeschichte, so ist die in Betrieb genommene Eisenbahnstrecke eine Schaubühne verschiedener Typen von Lokomotiven. Nicht nur in England, dem Ursprungsland der Eisenbahn, läßt sich das sagen, es gilt vielmehr auch für alle Länder der Welt.
Zwar ist diese große Schaubühne – die alte Chinesische Eisenbahn – eine «Ausstellungshalle» heimischer Lokomotiven, genauer gesagt aber ist sie eine «Messe verschiedener Dampflokomotiven aus aller Welt». Weshalb sie zu Recht so genannt werden konnte, dafür gab es einen besonderen historischen Grund, nämlich, daß ausländisches Kapital sich von Anfang an mit Gewalt in das Eisenbahnwesen Chinas eingemischt hatte.
Wenn auch die Eisenbahnstrecken von Chinesen selbst gebaut wurden, mußte man sich dabei doch auf ausländische Technik stützen. Natürlich war es auch für die Lokomotiven keine Ausnahme – sie kamen hauptsächlich aus dem Ausland. Sobald ausländische Unternehmer bei den chinesischen Behörden sich «grünes Licht» erworben hatten, strömten Lokomotiven aus verschiedenen Ländern und von verschiedenen Firmen, sowohl gute als auch mangelhafte, nach China.
In den fünfziger Jahren, nach der Gründung der Volksrepublik China, kam auf diplomatischem Wege ein greiser Oberingenieur einer ungarischen Lokomotivfabrik mit Unterlagen zu geschäftlichen Verhandlungen. Diese Fabrik sollte früher für China Lokomotiven produziert haben. Aber man konnte weder die Jahreszahlen noch die genaue Lokomotivbaureihe nennen. Später ermittelte man, es dürfte vor dem Ersten Weltkrieg, in der Zeit der österreichisch-ungarischen Monarchie, geschehen sein:
Aus diesem Grunde ist die folgende Aussage nicht übertrieben: Vor dem «Zwischenfall an der Marco-Polo-Brücke» im Jahre 1937 hatten fast alle bedeutenden Lokomotivfabriken der Welt ihre Lokomotiven an China verkauft. Nachstehend sind einige Bilder von Lokomotiven abgedruckt, deren Herkunft der Verfasser nicht bestimmen kann. Sollten Sie, verehrter Leser, dazu in der Lage sein, geben Sie bitte dem Verfasser Informationen darüber.

Wenn man damals in Europa eine Reise von Lissabon nach Moskau machte, mußte man mit der Eisenbahn durch sechs oder sieben Länder fahren. Es war kein Wunder, daß man in jedem Land mit jeweils eigenen Dampflokomotiven die Züge bespannte. Aber wenn man im alten China die etwa gleichlange Reise von Hongkong nach Manchouli machen wollte, so mußte man über die mit Anleihen von Großbritannien gebaute Strecke Guang Jiu (Guangzhou-Jiulong), über die mit Anleihen der USA gebaute Strecke Yue Han (Guangzhou-Hankou), über die mit Anleihen von Frankreich und Belgien gebaute Strecke Lu Han (Lugouqiao-Hankou), über die mit Anleihen von Großbritannien und Deutschland gebauten Strekken Jin Lu (Tianjin-Lutai) und Jin Yu (Tianjin-Shanhaiguan), über die mit Anleihen von Japan gebaute Strecke Xin Fung (Changchun-Shenyang) und über die von Rußland und Japan gebauten und betriebenen Strecken der Nan-Man-Eisenbahn und der Zhong-Chang-Eisenbahn fahren. Im Vergleich dazu war es zwar nur die Hälfte Chinas, aber man mußte auf Eisenbahnstrekken fahren, in deren Bau und Betrieb sich acht Staaten eingemischt hatten, und die Vielfalt der Lokomotivarten und ihrer Herkunft war nicht geringer als in den sechs europäischen Ländern.
Die Methoden der Zusammenstellung der Lokomotivgeschichte europäischer Länder, wie z. B. die Methode der Chronik, Einordnungen nach Fabriken, Eisenbahnverwaltungen oder Firmen, kann China schwer nachahmen. Wegen der Verschiedenheit und Vielfalt der Lokomotivbaureihen und -bauarten in China sieht man sich veranlaßt, die Lokomotivgeschichte Chinas wie im folgenden darzustellen:

Tabelle 2.0
Ausländische Hersteller von Lokomotiven für China

Land	Herstellerfirmen
Belgien	John Cockerill, Searing Société Anonyme des Forges, Usines et Fonderie Haine St. Pierre Les Ateliers Metallurgiques Nivelles Tubize et la Sambre
Deutschland	August Borsig, Berlin Maschinenfabrik Esslingen ME Hanomag, Hannover Richard Hartmann, Chemnitz Henschel & Sohn, Kassel Hohenzollern AG, Düsseldorf Fried. Krupp, Essen Orenstein & Koppel, Berlin Berliner Maschinenbau AG vorm. Louis Schwartzkopff VEB Lokomotivbau – Elektronische Werke „Hans Beimler", Henningsdorf LEW
Frankreich	Société Générale de Constructions Electriques et Mécaniques Alsthom Société de constructions des Locomotives Batignolles, Paris Elsässische Maschinenbaugesellschaft Grafenstaden Compagnie de Fives-Lille pour Constructions Mécaniques et Entreprises, Fives Société Anglo-Franco-Belge
Groß-britannien	Armstrong, Whitworth & Co., Newcastle W. G. Bagnall Ltd., Stafford Beyer Peacock & Co. Ltd., Manchester Dübs & Co., Glasgow Hawthorn, Leslie & Co., Newcastle The Hunslet Engine Co. Ltd., Leeds Kerr, Stuart & Co. Ltd., Stoke on Trent Nasmyth, Wilson & Co., Particroft North British Locomotive Co., Glasgow NBL Ransome and Rapier, Ipswich

Land	Herstellerfirmen
Groß-britannien	Robert Stephenson & Co. Ltd., Darlington Sentinel Works, Shrewsbury Vulcan Foundry Co., Newton le Willows
Niederlande	Werkspoor NV, Amsterdam und Utrecht
Österreich	
Polen	Pierwsza Fabryka Lokomotyw Polska SA., Chrzanów
Rumänien	Uzinele Electroputere, Craiova Uzinele de Fier şi Domeniile din Reşiţa S.A. Uzinele 23 August Bucureşti
Schweiz	Schweizerische Industrie Gesellschaft, Neuhausen SIG Schweizerische Lokomotiv- und Maschinenfabrik Winterthur SLM
Tschecho-slowakei	Śkoda-Werke, Pilsen
Ungarn	Ganz-MAVAG, Budapest
Rußland	Lokomotivfabrik Charkow, Voroshilowgrad
Japan	Hitachi Ltd., Tokyo Kawasaki Heavy Industries Kisha Seizo Kaisha Ltd., Osaka Mitsubishi Heavy Industries Nippon Shaaryoo Seizo Kaisha
USA	American Locomotive Company New York ALCO Baldwin Locomotive Works, Philadelphia, Pa BLW Brooks Locomotive Co Davenport Besler Corp., Davenport/Iowa Lima Locomotive Works, Lima/Ohio Porter Company Pittsburgh Rogers Vulcan Iron Works, Wilkes Barre General Electric Co., Erie, Pa GE

a) Die kleinen Lokomotiven beim Beginn des chinesischen Eisenbahnbaus;
b) die von China gekauften verschiedenen Lokomotiven für selbstgebaute Eisenbahnstrecken, hauptsächlich für die Strecke Jing Zhang (Beijing-Zhangjiakou);
c) die der Lokomotiven, Typ Compound, aus Frankreich und Belgien und der Lokomotive, Bauart JF_2, mit drei Dampfzylindern auf der Strecke Jing Han (Beijing-Hankou) (ehem. Peking-Hankow-Bahn) ähnlichen Lokomotiven;
d) die Lokomotiven auf der 1-m-Schmalspurstrecke Hang Jiang (Hangzhou-Jiangshan) mit besonders leichten Schienentypen;
e) die Lokomotiven auf der Strecke Jing Fung (Beijing-Shenyang) (ehem. Peking-Mukden-Bahn);
f) die Lokomotiven der Zhong-Dong-Eisenbahn (ehem. Ostchinesische Bahn);
g) die Lokomotiven anderer Eisenbahnen.

Nach einer früheren statistischen Angabe wurden die Lokomotiven Chinas von über 40 Firmen in 10 Ländern hergestellt. Bezüglich der mehr als 20 Lokomotivbaureihen gab es britische, französische, deutsche, russische, amerikanische, japanische, belgische, tschechische, schweizerische und andere Ausführungen. Jede davon unterschied sich von den anderen in der Bauart. Vor der Befreiung waren bei der Chinesischen Eisenbahn zusammen rund 5000 Lokomotiven aus etwa 160 Baureihen in Gebrauch. Das war wirklich für eine «Messe verschiedener Dampflokomotiven aus aller Welt» geeignet.

Tabelle 2.1
Dampflokbestand der 7 Hauptbahnen 1937

Ursprüngliche Bahngesellschaft

Eisenbahnstrecke	Herkunftsländer der Lokomotiven und gelieferte Stückzahlen								
	Großbritannien	USA	Deutschland	Frankreich	Belgien	Japan	China	Unbekannt	Total
Peking-Hankow (Belgisch-Französisch)									
Jing Han (Beijing–Hankou)	10	49	1	64	89	–	6	–	219
Tientsin-Pukow (Britisch-Deutsch)									
Jing Pu (Tianjin–Pukou)	45	49	50	–	–	–	3	–	147
Chinesische Staatsbahn / Lianyungang-Baoji									
Long Hai (Haizhou–Lanzhou)	4	23	6	10	38	–	12	–	93
Peking-Mukden (Britisch)									
Jing Fung (Beijing–Shenyang)	67	68	–	–	–	–	26	2	163
Chinesische Staatsbahn / Peking-Kalgan									
Jing Sue (Beijing–Baotou)	9	90	1	–	–	–	9	–	109
Takao-Tsingtua (Britisch)									
Dao Qing (Daokou–Qinghua)	12	2	1	–	–	–	1	–	16
Schantung-Bahn (Deutsch)									
Jiao Ji (Jinan–Qingdao)	–	43	54	–	–	4	–	–	101
Insgesamt Total	147	324	113	74	127	4	57	2	848

Tabelle 2.1 zeigt den Dampflokomotivbestand der sieben Haupteisenbahnstrecken in Nordchina vor dem «Zwischenfall an der Marco-Polo-Brükke» im Jahre 1937, den Herstellungsländern nach eingeordnet.
Tabelle 2.2 zeigt den Dampflokomotivbestand der Eisenbahnverwaltung im Ping-Jin (Beijing-Tianjing)-Bezirk im Jahre 1946 nach dem Zweiten Weltkrieg, eingeordnet nach den Herstellungsländern. Schon aus den vorangehenden Tabellen erhält man eine Übersicht über die Lokomotiven im alten China.

Lokomotive, Typ «Pioneer», gebaut 1876 von Ransomes and Rapier Waterside Works, Ipswich, Großbritannien.

2.1.1 *Die kleinen Lokomotiven am Beginn des chinesischen Eisenbahnbaus*

Die erste Lokomotive wurde im Juli 1865 in China vorgestellt. Es war die britische Firma Duland, die außerhalb Xuan Wu Men, Beijing, eine 500 m lange Schienenstrecke als «Ausstellungsbahn» verlegte, um ihre Lokomotive zu präsentieren.
Im Jahre 1876 verlegte die britische Firma «Jardin, Matheson & Co» die Song-Hu-Strecke (Wusongkou-Shanghai) mit 762-mm-Spur und importierte drei Schmalspurlokomotiven aus Großbritannien. Die eine erhielt den Namen «Pioneer», mit ihr wurde die erste Probefahrt durchgeführt. Diese Lokomotive hatte die Radanordnung 0-4-0, ein Gewicht von 1,5 t und eine maximale Fahrgeschwindigkeit von 32 km/h. Die anderen wurden «Celestial Empire» und «Flowery Land» genannt. Sie hatten die Radanordnung 0-4-2, ein Gewicht von 9 t, eine maximale Fahrgeschwindigkeit von 40 km/h und einen Triebraddurchmesser von 27 in. (685,8 mm).
Diese beiden Eisenbahnstrecken wurden ohne Genehmigung der Qing-Regierung gebaut und schon kurz danach demontiert. Deshalb vertreten sie nicht den Anfang der Eisenbahngeschich-

Die Abfahrt eines Kohlenzuges auf der Strecke Tang Xu.

te Chinas, sondern nur eine «schnell verblühte Ouvertüre».
Erst die Lokomotive namens «Drachen», die man am 8. November 1881 bei der feierlichen Eröffnungszeremonie der 9,7 km langen Strecke Tang Xu (Tangshan-Xugzhuang) einsetzte, war die

Lokomotive «Null». Radanordnung 0-4-0, Triebraddurchmesser 2 ft 8 in. (812,8 mm), Gesamtheizfläche 161,59 ft² (15,01 m²), Zugkraft 2380 lbf (1079,5 kp).

Tabelle 2.2
Lokbestand des Bezirks Ping-Jin 1946

	Liefer-Länder								
Lokomotivtypen	Großbritannien	Deutschland	USA	Belgien	Frankreich	Japan	Tangshan-Eisenbahnwerk (China)	Dalian-Eisenbahnwerk (China)	Total
American 4-4-0	–	–	3	–	–	–	–	–	3
10-Wheeler 4-6-0	–	7	–	–	–	–	1	–	8
Pacific 4-6-2	2	–	4	1	–	56	–	2	65
Northern 4-8-4	2	–	–	–	–	–	–	–	2
Mogul 2-6-0	3	2	8	–	1	–	11	–	25
Prärie 2-6-2	23	1	20	10	–	–	2	–	56
Consolidation 2-8-0	3	–	4	–	–	10	–	–	17
Mikado 2-8-2	6	5	24	–	–	232	–	4	271
Articulation 0-6-6-0	3	–	–	–	–	–	–	–	3
Articulation 2-4-4-2	–	–	3	–	–	–	–	–	3
Articulation 2-8-8-2	–	–	14	–	–	–	–	–	14
Total	42	15	80	11	1	298	14	6	467

echt erste Lokomotive Chinas. Der Kessel der Lokomotive «Drachen» stammte von einer fahrbaren Winde des Kaiping-Kohlenbergwerks, der umgebaut worden war. Der Rahmen wurde aus Profileisen des Schachtgerüstes Nr. 1 des Kohlenbergwerks hergestellt. Die Zylinder wurden aus Gußeisen und die Räder aus Roheisen gegossen, und die Kupplung bestand aus einem Kettenkupplungshaken. Die Konstruktion der Lokomotive war zwar ziemlich einfach, aber hiermit wurde das Kapital der chinesischen Eisenbahngeschichte eröffnet, und hier lag der Beginn des großen Beitrags, den die chinesischen Eisenbahner schöpferisch leisteten.
Die Lokomotive «Drachen» übernahm auf der Strecke Tang Xu die Aufgabe, Kohlenzüge zu ziehen. Sie war etwa ein Jahr im Dienst.
Im Oktober 1882 kaufte das Kaiping-Kohlenberg-

werk zwei Lokomotiven namens «Null» von der Firma «Robert Stephenson» in Großbritannien. So hatte die Lokomotive «Drachen» ihre historische Aufgabe erfüllt, die Kohlenzüge aus dem Kohlenbergwerk zu befördern; seitdem wurde sie speziell für den Transport von Schotter und für den Rangierdienst auf dem Bahnhof eingesetzt.
Der Kessel der Lokomotive «Null» wurde auf dem Blechrahmen gelagert, und auf der Stirnseite des Kessels wurde ein schmaler Schornstein angebracht. Oberhalb und seitlich des Kesselkörpers stand der Wasserkasten. In der Mitte der Wasserkastendecke wurde der Wassereinlauf eingebaut. Unter dem linken und rechten Seitenfenster des Führerhauses wurde je ein Eisenkasten für Kohle befestigt. Hinten unter dem Eisenkasten befand sich die Öffnung für die Entnahme der Kohle. Der Kessel hatte eine genietete Konstruktion mit einer Schiebefeuertür aus Stahl.
Oberhalb der Feuerbüchstür befand sich ein Reglerventil, um den in den Schieberkasten eintretenden Dampf zu steuern. Der Dampf trat erst von beiden Seiten der Rauchkammer vor dem Kesselkörper in den Schieberkasten innerhalb und dann in die Zylinder außerhalb des Blechrahmens.
Am hinteren Zylinderdeckel und dem kleinen Gleitplattentraggerüst wurden die Ober- und Untergleitbahnen befestigt. Der Kreuzkopf war doppelseitig geführt und wurde durch einen Flachkeil mit der Kolbenstange verbunden. Die Kreuzkopfbewegung wurde durch eine Triebstange auf die zweite Triebachse übertragen und trieb durch eine Kuppelstange die Triebräder der ersten Achse an, die dann synchron liefen. Der Querschnitt der Triebstange war rechteckig. Der Kurbelzapfenkopf der Triebstange und der gabelförmige Triebstangenkopf waren quadratförmig. Auch die Kuppelstange hatte einen Quadratquerschnitt und besaß Kupferlagerbuchsen.
Als Rahmen wurde ein Blechrahmen verwendet. Jede Seite wurde durch zwei Satz Blattfedern aufgehängt, das Unterteil der Federn stützte sich durch einen Rundstab auf die Achslagergehäuse.

Lokomotive, Typ «Mogul», Nr. 10 Radanordnung 2-6-0, im Nan Kou Werk.

Tenderlokomotive, Typ «Prärie», Radanordnung 2-6-2. Die Lokomotive bespannte einen gemischten Zug auf dem Xi-Zhi-men-Bahnhof in Peking (Beijing), dem Anfangspunkt der damaligen Peking-Mentougou-Branch-Line – P. M. B. L. –.

Die auf der Strecke Jing Feng benutzte Satteltank-Lokomotive Nr. 9, Radanordnung 2–6–2.

Die Achslagerführung war mit dem Blechrahmen zusammengenietet.
Im Radstern wurde ein Ausgleichsgewicht gegossen. An der Stehkesselrückwand wurden der Wasserstandsanzeiger und andere Anzeigevorrichtungen angebracht. Das Bremssystem dieser Lokomotive bestand aus einer handbetätigten Kurbel mit Gewindespindel am unteren Ende, dem Bremsgestänge und den Radbremsklötzen.
Durch eine Schraubenmutter wurde der lange Bremswellenhebel nach oben und unten bewegt, so daß der innere kurze Bremswellenhebel mit dem Bremsgestänge sich hin und her bewegte. Durch diese Bewegung wurde der hintere Bremsbalken mit der Zugstange gezogen, um somit die Bremsklötze anzulegen. In der Mitte des hinteren Bremsbalkens war eine Zugstange angeordnet, die gleichzeitig den vorderen Bremsbalken zog und die Bremsklötze nach hinten anlegte. Es war eine Einklotzbremse, deren Bremsklötze an den Vorderseiten der 4 Triebräder angebracht waren.
Die damalige Qing-Regierung war politisch stupid und korrupt, verschwendete und vergeudete große Gelder. So fuhr die Kaiserwitwe Ci Xi mit einem zweiteiligen Luxuszug, bespannt mit der Lokomotive «Null», zwischen Beijing und Beidaihe, um der Hitze zu entgehen. Außerdem verlegte man vor dem heutigen Zhi-Guang-Pavillon im Zhong Nan Hai eine Bahnstrecke von etwa 2 km, die im Süden von Ying Xiu Men in Zhong Hai bis Jin Qing Zhai im Norden verlief, und ein kaiserlicher Sonderzug wurde speziell aus Deutschland importiert, damit der Kaiser ihn geniessen konnte.
1887–1893 wurde in der Provinz Taiwan die Eisenbahnstrecke von Jilun bis Xinzhu gebaut, insgesamt 99 km mit einer Spurweite von 1067 mm. Auf dieser als ersten eröffnete Strecke zwischen Jilong und Xinzhu der Taiwan-Eisenbahn verwendete man 4 Dampflokomotiven namens «Teng Yun», «Yu Feng», «Chao Cheng» und «Che Dian».

2.1.2 *Die von China gekauften Lokomotiven beim Bau der Strecke Jing Zhang*

Die 200 km lange Normalspurstrecke Jing Zhang

Lokomotivdepot der Fabrik in Tangshan.

Die ersten und die später in China hergestellten Lokomotiven.

von Beijing westwärts über den Nankow-Paß nach Kalgan war die erste selbst gebaute Eisenbahn in China. Nach der Eröffnung dieser Strecke verwendete man verschiedene Lokomotiven mit 6 Trieb- und Kuppelrädern. Der wichtigste Abschnitt der Strecke Jing Zhang war derjenige von Guan Gou zwischen den Bahnhöfen Nan Kou und Qing Lun Qao. Dieser Abschnitt weist ein anhaltend starkes Gefälle von 33,3 ‰ auf, deshalb war die Fahrt in beiden Richtungen für die Züge mit großen Schwierigkeiten verbunden. Die Lokomotiven, die ursprünglich zwischen Fung Tai und Nan Kou fuhren, konnten die Transportaufgaben wegen dieses starken Gefälles kaum

Lokomotive, Typ «Mallet I», Nr. 23, Radanordnung 0-6-6-0. 1908 von der Lokomotivfirma North British Locomotive Co. hergestellt.

Lokomotive, Type «Mallet» (ML^3), Nr. 94, Radanordnung 2-8-8-2, produziert im Jahre 1914 von der American Locomotive Company (ALCO).

bewältigen. Die Hauptursache lag am ungenügenden Reibungsgewicht der Lokomotive. So wurden folgende Lokomotiven beschafft:

1. 1907 wurden 4 Lokomotiven für den Güterzugdienst mit der Radanordnung 0-6-6-0 von England gekauft und «Mallet» genannt (Bezeichnung ML_1). Diese Lokomotive hatte eine Zweifachexpansionsdampfmaschine und stammte von der North British Locomotive Co.
2. 1910 wurden 4 Lokomotiven mit der Radanordnung 2-4-4-2 von der Firma Baldwin aus den USA gekauft und «Mallet II» genannt (Bezeichnung ML_2), ebenfalls mit Zweifachexpansion.
3. Nach dem Kauf der obengenannten zwei Lokomotiventypen stellte man fest, daß diese Lokomotiven die Steigung des Abschnitts Guan Gou auch nur schwer bewältigten. Deshalb kaufte man im Jahre 1919 von der American Locomotive Company (ALCO) in den USA die 4 Lokomotiven Typ «Kleine Mallet» (Bezeichnung ML_3), mit der Radanordnung 2-8-8-2. Es gab zwei Bauarten von dieser Lokomotive, die eine mit Zweifachexpansion und einer max. Zugkraft von 22 960 kp, die andere mit 4 direkt vom Kessel versorgten Zylindern und einer max. Zugkraft von 27 051 kp.
4. Im Jahre 1922 importierte man zum zweiten Mal von der Firma ALCO, und zwar die sogenannte Lokomotive Typ «Große Mallet», mit der Radanordnung 2-8-8-2 (Bezeichnung ML_4). Insgesamt waren es sieben Stück mit den Betriebsnummern 201 bis 207, ebenfalls Zweifachexpansions-Lokomotiven.

Diese sieben Lokomotiven waren die schwersten

Tabelle 2.3
Mallet-Lokomotiven der Jing-Zhang-Bahn

Baureihe	ML_1	ML_2	ML_3		ML_4
Radanordnung	0–6–6–0	2–4–4–2	2–8–8–2		2–8–8–2
Arbeitsverfahren	Verbund	Verbund	Verbund	Zwilling	Verbund
Lieferjahr	1907	1910	1919		1922
Hersteller	NBL	BLW	ALCO		ALCO
Anzahl	4	4	2	2	7
Bahn-Nr.	21–24				201–207
Max. Zugkraft (kp)	18 000	10 500	22 960	27 051	38 000
Dienstgewicht (t)	98,044	73,933	131,4		202,276
Länge über Puffer (mm)	21 654	20 663	26 035	26 035	28 905
Kesselüberdruck (kp/cm²)	14	14	14	14	15
Rostfläche (m²)	4,19	2,63	5,54	5,54	8,84
Gesamtheizfläche (m²)	240,95	182,18	296,76	296,76	647,6
Zylinderbohrung:					
Hochdruckzylinder (mm)	457	381	508	508	610
Niederdruckzylinder (mm)	730	584	813	–	965
Kolbenhub	711	559	660	660	711
Triebraddurchmesser (mm)	1295	1450	1270	1270	1270
Kohlenfüllung des Tenders, 4 Achsen (t)	5,588	10,16	10,16	10,16	16,256
Wasserfüllung des Tenders (m³)	15,147	18,934	22,721	22,721	37,868

NBL = North British Locomotive Co.
BLW = Baldwin Locomotive Works
ALCO = American Locomotive Co.

Lokomotive, Typ «Mogul», Nr. 6, Radanordnung 2-6-0, in Xiang Shui Bao Dongshangou.

unter den Lokomotiven, die die USA exportierte. Da sie alle die amerikanische Standardachslast hatten, mußte der Streckenabschnitt zwischen Nan Kou und Kong Zhuang nach dem Import dieser sieben Lokomotiven auf schwere Schienen umgebaut werden, damit sie die Lokomotiven mit solcher Achslast tragen konnten. Nach damaliger Angabe konnte diese Lokomotive acht Personenwagen oder einen Zug von 500 t ziehen bei einer Geschwindigkeit am Gipfel der Steigung von 16 km/h. Aber später verwendete man doch lieber zwei Lokomotiven für die Steigungsstrecke, die eine zog vorn, die andere schob von hinten, um Unfälle zu vermeiden.

Nach dem Zwischenfall an der Marco-Polo-Brükke im Jahre 1937 und bevor die japanischen Aggressoren Beijing okkupierten, stellten die chinesischen Eisenbahner fünf dieser Lokomotiven in den Tunnel Badaling und ließen dann von beiden Enden des Tunnels je eine Lokomotive mit Höchstgeschwindigkeit in den Tunnel hineinrasen, um auf diese Weise die Lokomotiven zu zerstören, damit sie nicht den Feinden in die Hände fallen würden. Aber nachdem die japanischen Aggressoren Beijing besetzt hatten, wurden die Lokomotiven wieder herausgezogen, ausgebessert und erneut in Betrieb genommen, bis zur Kapitulation der japanischen Imperialisten im Jahre 1945.

Erst nach der Befreiung wurden diese Lokomotiven, inzwischen sehr alt und störanfällig geworden, aus dem Dienst genommen. Die Lokomotiven, Typ «Mallet», auf der Strecke Jing Zhang sind so weltberühmt wie die Große Mauer Chinas. Ihre wichtigsten Kenndaten sind in Tabelle 2.3 aufgeführt.

5. Um 1910, als man sich über den Mangel entsprechender Lokomotiven für das anhaltend starke Gefälle des Abschnitts Guan Gou Gedanken machte, erfuhr man, daß es im Ausland Lokomotiven gab, deren Nutzungsfaktor des Reibungsgewichts besser waren. Deshalb kaufte man von der Firma Lima in den USA drei Dampflokomotiven, Bauart «Shay», mit stehenden Zylindern. Die drei Zylinder befanden sich an der Seite der Lokomotive, die Zylinderbohrung und der Kolbenhub betrugen 381 × 132 mm. Das Triebwerk bestand aus dem Kurbel- und Ge-

Lokomotive, Typ «Mallet» (ML_4), Nr. 201, Radanordnung 2-8-8-2, produziert im Jahre 1922 von der American Locomotive Company (ALCO).

lenkwellenantrieb mit Kegelradgetrieben an jeder Achse. Das große Kegelzahnrad war auf der Achse und das Kegelritzel auf der Triebwelle aufgesetzt. Der Triebraddurchmesser betrug 1016 mm. Nach Augenzeugenberichten konnte diese Lokomotive beim Schneewetter sehr schwer anfahren. Man mußte den Rädern sogar mit Brechstangen anfahren helfen. Das kann man natürlich nicht ernst nehmen. Tatsache war, daß auch diese Lokomotiven auf dem Abschnitt Guan Gou große Schwierigkeiten mit dem Zug hatten.
Zusammenfassend kann man sagen, daß nach der Eröffnung der Strecke Jing Zhang die Durchlaßfähigkeit des Abschnitts Guan Gou ein schwer zu lösendes Problem darstellte. Damals gab es verhältnismäßig wenig chinesische Techniker, die die Zugkraftberechnungstheorie beherrschten. Deshalb und wegen anderer Ursachen gab man Millionen Tael von Silber für die Auswahl der Lokomotivtypen aus. Die Lokomotiven wurden eigentlich zur Erprobung beschafft. Erst nach mehrmaligen Erprobungen wurden die geeigneten Lokomotivtypen für den Abschnitt Guan Gou gefunden.

2.1.3 *Auf der Strecke Jing Han eingesetzte Lokomotiven der Typen «Compound» und MA_2 aus Frankreich und Belgien*

Als die ganze Strecke Jing Han im Jahre 1906 (im Guan-Xu-Jahr 32 der Qing-Dynastie) eröffnet wurde, zählte der Lokomotivbestand nur 89 Stück. Mit der Steigerung des Transportbedarfs wurden später 32 4-Zylinder-Lokomotiven, Typ «Compound» aus Frankreich und Belgien importiert, speziell für den Personenverkehr. Diese 32 Lokomotiven wurden in zwei Serien mit jeweils 16 Lokomotiven von der Maschinenfabrik Jiangan zusammengebaut. Diese Lokomotiven mit der Radanordnung 4-6-0 wurden in Frankreich im Jahre 1903 hergestellt. Die Betriebsnummern dieser Lokomotiven begannen mit Nr. 201.
Die Feuerbüchsen dieser Lokomotiven waren aus Kupfer. Am Anfang wurde Sattdampf angewandt und später auf Heißdampf übergegangen. Der Kesseldruck betrug 13 kp/cm^2. Die Hochdruckzylinder (Bohrung 300 mm) waren an der Außenseite, die Niederdruckzylinder (Bohrung 600 mm) an der Innenseite des Rahmens angebaut. Der Kolbenhub betrug 660 mm. Die Schieber wurden von einer außen angeordneten Stephenson-Steuerung angetrieben.
Die Umsteuereinrichtung wurde von Hand betätigt. Der Triebraddurchmesser betrug 1830 mm, Blechrahmen und Stellkeile für die Einstellung der Achslagergehäuse kamen zur Verwendung. Die Achslagerschalen waren von rechteckiger Form und nicht eingepreßt. Die Bremseinrichtung bestand aus einer durchgehenden Druckluftbremse mit einem Kompressorsatz. Die Lokomotive mit einem dreiachsigen Tender zog normalerweise sechs Personenwagen.
Der südliche Abschnitt der Strecke Jing Han zwischen Lijiazhai und Donghuandian war eine

Die auf der Strecke Jing Han benutzte Lokomotive, Typ «Compound», Radanordnung 4-6-0 (mit Heißdampfbetrieb) aus Frankreich.

2-8-2 Lokomotive Baureihe JF_2 Nr. 2525 ursprünglich als Baureihe MA 2 für die Südmandschurische Bahn ab 1924 von ALCO in 5 Stück und in 23 Stück von KSK und Kawasaki gebaut.

Die Lokomotive Nr. 2525, Bauart JF_2 (MA_2).

Technische Daten:		Kesseldruck	12,7 kp/cm^2
Radanordnung	2–8–2	Rostfläche	6,35 m^2
Höchstgeschwindigkeit	80 km/h	Gesamtheizfläche	461,71 m^2
Zugkraft	29 820 kp	Zylinderbohrung	570 mm
Dienstgewicht	115,8 t	Kolbenhub	660 mm
Reibungsgewicht	84,25 t	Kohlenfüllung des Tenders (vierachsig)	10 t
Triebraddurchmesser	1370 mm	Wasserfüllung des Tenders	24 m^3
Leergewicht der Lok	104,71 t	Bauart der Rostbeschickungsvorrichtung:	
Gesamtlänge der Lok mit Tender	22 340 mm	Typ Jiu Pong	

<
Die Außenzylinder der Lokomotive, Typ JF_2 (MA_2).

< <
Der Mittenzylinder der Lokomotive, Typ JF_2 (MA_2) direkt unter dem Kessel.

Die auf der Strecke Hang Jiang benutzte Lokomotive Nr. 302, Radanordnung 2–10–0 für 1-m-Spur.

Die auf der Strecke Hang Jiang benutzte Lokomotive Nr. 32, Radanordnung 2–6–0 für 1-m-Spur.

Steilstrecke. Normale Lokomotiven hatten mit schweren Güterzügen nicht nur bei der Bergfahrt Probleme, sondern auch die Talfahrt war sehr gefährlich. Nach der Untersuchung des Problems kam man zu der Meinung, daß die Gelenklokomotive, Bauart du Bousquet der französischen Nordbahn-Gesellschaft für diese Steilstrekke geeignet sein könnte. Man bestellte deshalb 1908 10 Stück dieser Lokomotiven, davon 6 Stück in Frankreich und 4 Stück in Belgien. Alle 10 Loks wurden im Maschinenwerk Jiangan zusammengebaut. Die Radanordnung dieser Lokomotiven war 0-6-2 + 2-6-0, sie waren für die Güterzüge auf der Strecke zwischen Xinyang und Guangshue eingesetzt.

Nach der Gründung der Republik China mangelte es auch wegen des ständig steigenden Transportbedarfs an Personenzuglokomotiven. Im Jahre 1913 beschaffte man weitere 15 Lokomotiven, Typ «Compound» (Betriebsnummern 250-264), und 2 Berglokomotiven. 1917 kaufte die Jing-Han-Eisenbahndirektion von der Firma Lima Co und den Baldwin-Werken in den USA sowie von Belgien 10 Lokomotiven, Typ «Consolidation» (2-8-0). 1919 10 Lokomotiven, Typ «Prärie», Radanordnung 2-6-2 und 1921 noch 30 Stück dazu. Nun besaß die Jing-Hyan-Eisenbahndirektion insgesamt 229 Lokomotiven mit einer Gesamtzugkraft von 2 732 553 kp und gehörte zu den Di-

Die auf der Strecke Jing Feng benutzte Lokomotive Nr. 119, Radanordnung 4–6–0, auf der Drehscheibe.

Die auf der Strecke Jing Feng benutzte Lokomotive Nr. 102, Radanordnung 2–6–0.

Die auf der Strecke Jing Feng benutzte Lokomotive Nr. 32, Radanordnung 2–6–0.

Die auf der Strecke Jing Feng benutzte Lokomotive Nr. 193, Radanordnung 4–6–2.

Die auf der Strecke Jing Feng benutzte Lokomotive Nr. 221, Radanordnung 2–8–2.

rektionen im damaligen China, die über einen größeren Lokomotivbestand verfügten. Später wurde der Lokbestand wegen der ständigen Kriege immer geringer. Bei der Eröffnung der Strekke Lu Bao, später der Strecke Jing Han, verwendete man eine in England hergestellte Lokomotivbauart, Radanordnung 2-6-0.
Neben den obengenannten Lokomotiven wurden auf den chinesischen Eisenbahnen noch die Dreizylinderlokomotive, Bauart JF_2 (früher MA_2), benutzt. Diese Lokomotive, Bauart JF_2 wurde zwischen 1924 und 1932 von den USA (ALCO) und Japan (KSK, Kawasaki) gebaut. (Bilder Seite 47)
Charakteristisch für diese Lokomotive sind ihre drei Zylinder. Die Bohrung der drei Zylinder war gleich, zwei davon befanden sich an der Außenseite und einer war in der Mitte des Hauptrahmens. Die Triebachse hatte die Form einer Kurbelwelle. Nach dem Entwurf sollte bei einer Kesselleistung von 15 000 kg/h die größte indizierte Leistung 2 319 PS, die Zugkraft 7 909 kp und die Geschwindigkeit 75,8 km/h erreichen.

2.1.4 *Die auf der Strecke Hang Jiang mit leichten Schienen benutzten Lokomotiven*

Was die chinesischen Eisenbahnstrecken mit Schmalspur (1000 mm) betrifft, kann man sagen, daß die Strecke Hang Jiang, früher als Tungpu-Bahn benannt, deren Bau nur so viel gekostet hatte wie der Bau einer Landstraße, unter den Strecken mit leichten Schienen einen Rekord aufgestellt hatte. Auf dieser Eisenbahnstrecke wurden leichte Schienen von 35 Pf./yd (17,5 kg/m) verlegt. Erst 1937, nach dem «Zwischenfall an der Marco-Polo-Brücke», ließ die Kuomintang-Regierung die Schienen dieser Strecke gegen schwere Schienen austauschen, um schnell Rohstoffe und Waren von Shanghai nach Hunan und Guangxi hinter der Front zu transportieren.
Die Lokomotiven, die auf der Strecke Hang Jiang eingesetzt wurden, waren Produkte von Henschel und Krupp, Deutschland. Die Lokomotive mit der Radanordnung 2–10–0 war die größte auf der Strecke Hang Jiang mit leichten Schienen (Bilder Seite 48)

2.1.5 *Die auf der Strecke Jing Feng benutzten Lokomotiven*

1907 (im Guang-Xu-Jahr 33 der Qing-Dynastie) wurde die ganze Strecke Jing Feng eröffnet, damals unter britischer Regie als Peking-Mukden-Railway (PMR). Damals gab es auf dieser Strecke 168 Lokomotiven in verschiedenen Baureihen (Bilder Seiten 49 und 50).

2.1.6 *Die Lokomotiven der Zhong-Dong-Eisenbahn*

Ursprünglich wurde die Zhong-Dong-Eisenbahn Dong Qing genannt, auch die «Eisenbahn für die Provinzen im Osten Chinas», ehemals Ostchinesische Bahn, erbaut unter russischer Regie. Sie war ein «T»-förmiges Eisenbahnnetz im Nordosten Chinas und dehnte sich mit Harbin als Zentrum nach Westen bis Manzhouli, nach Osten bis zum Shui Fen He und nach Süden bis Dalian aus, mit einer Gesamtlänge von 2500 km. Die ganze Strecke wurde am 1. Juli 1903 fertiggestellt und besaß 367 Lokomotiven, als sie dem Betrieb übergeben wurde.

Die bei der «Eisenbahn für die Provinzen im Osten Chinas» benutzte Lokomotive, Typ O^a, Nr. 718.

Diese Lokomotive wurde in den Jahren 1900/01 im Werk Briansk des zaristischen Rußland für die «Eisenbahn für die Provinzen im Osten Chinas» hergestellt, wurde später aber nicht weiter beschafft. Sie war eine Zweizylinder-Verbundlokomotive für den Personenverkehr. Radanordnung 4–6–0, Triebraddurchmesser 1730 mm, Reibungsgewicht 50,2 t, Rostfläche 2,8 m².

Die bei der «Eisenbahn für die Provinzen im Osten Chinas» benutzte Lokomotive mit der Radanordnung 2–8–0.

Die sogenannte Nan-Man-Eisenbahn, ehemals Südmandschurische Bahn, umfaßte die meisten Strecken der Zhong-Dong-Eisenbahn im Süden, nämlich die Strecken zwischen Chang Chun, Dalian und Lüshuen. Im Krieg zwischen Japan und Rußland erlitten die russischen Imperialisten im Jahre 1905 ihre Niederlage. Nach dem Puzmautz-Vertrag bemächtigten sich die japanischen Imperialisten des südlichen Abschnitts der Zhong-Dong-Eisenbahn. Nach der Abtretung dieses Abschnitts an die japanischen Imperialisten wurde das breitspurige Gleis von 5 ft (1524 mm) der Zhong-Dong-Eisenbahn in Normalspur von 1435 mm umgebaut, und gleichzeitig wurden 240 Lokomotiven von den USA gekauft. So war sie eine verhältnismäßig gut ausgebaute Eisenbahn im damaligen Asien.
Während der Zeit der «Eisenbahn für die Provinzen im Osten Chinas» wurden viele russische Lokomotiven eingesetzt. Die damaligen Lokomotivtypen waren recht mannigfaltig, wovon folgende Bilder einen Eindruck vermitteln.

0–6–0 Tenderlokomotive der Ostchinesischen Bahn Nr. A1–A12, gebaut 1898, in 12 Stück von Hanomag Fabrik-Nr. 3051–3062 für den Rangierdienst an der russisch-chinesischen Grenze ausgerüstet mit in verschiedener Höhe doppelt angebauten Zug- und Stoßeinrichtungen.

Die bei der «Eisenbahn für die Provinzen im Osten Chinas» benutzte 4–6–0-Lokomotive Nr. 3689.

Um 1942 beabsichtigte Japan, in das Einflußgebiet der UdSSR im Norden einzudringen, und produzierte in der damaligen Lokomotivfabrik zwei Dampflokomotiven vom Typ JF_9 (MA_9), die sowohl für die Normal- als auch für die Breitspur geeignet waren. Technische Daten: Raddurchmesser 1450 mm, Höchstgeschwindigkeit 85 km/h, Reibungszugkraft 21400 kp, Zylinderbohrung und Kolbenhub 580 × 710 mm, Kesseldruck 13 kp/cm², Rostfläche 4,71 m², Gesamtheizfläche 170,88 m², Überhitzerfläche 59,92 m², Achslast 18 t.
Eine andere Besonderheit dieser Lokomotive war die Wasserwiedergewinnung. Im Tender wurden 18 Sätze von Kondensatoren eingebaut, um den Abdampf in Wasser zu verwandeln und wieder in den Kessel einzuführen. Für den Kesselsaugzug wurde eine Abdampfturbine verwendet, die den Saugzuglüfter antrieb. Der Abdampf

Diese Lokomotive wurde in den Jahren 1916/17 von den russischen Imperialisten in Dienst gestellt. Radanordnung 2–10–0, gebaut in den USA Höchstgeschwindigkeit 70 km/h, Dienstgewicht 91,2 t, Reibungsgewicht 80,3 t, Leergewicht 81,4 t, Länge über Puffer der Lokomotive und dem Tender 21 518 mm, Kesseldruck 12,7 kp/cm², Gesamtheizfläche 309,4 m², Zylinderbohrung 635 mm, Kolbenhub 711 mm, Triebraddurchmesser 1320 mm, Leergewicht des vierachsigen Tenders 25,2 t, Kohlenfüllung 16 t, Wasserfüllung 28 t.

Die bei der «Eisenbahn für die Provinzen im Osten Chinas» benutzte 2–8–0-Lokomotive Nr. 2341. Diese Lokomotive wurde 1902 von den russischen Imperialisten für die damalige Zhong-Dong-Eisenbahn hergestellt und hatte eine Zweizylinder-Verbunddampfmaschine, betrieben mit Sattdampf. Triebraddurchmesser 1300 mm, Reibungsgewicht 61,3 t, Gesamtheizfläche der Feuerbüchse mit den kleinen Rauchrohren 206,5 m², Rostfläche 2,8 m².

Diese Lokomotive wurde 1896 von der früheren Braza-Caucasus-Eisenbahn des zaristischen Rußland bestellt, mit der Radanordnung 2–8–0. Sie war eine Vierzylinder-Verbundgüterzuglokomotive, Bauart Vauclain, Triebraddurchmesser 1270 mm. Die gleiche Bauart kam als Typ X zur Ostchinesischen Bahn, wovon das Bild die Lok Nr. 181 darstellt, gebaut 1898 von Baldwin, USA

Die bei der «Eisenbahn für die Provinzen im Osten Chinas» benutzte 2–8–0-Lokomotive.

Die bei der «Eisenbahn für die Provinzen im Osten Chinas» benutzte Lokomotive, Typ E^A, Nr. 1145 aus US-Lieferungen während des 1. Weltkrieges an Rußland.

dieser Turbine wurde dann in drei Dampfturbinen im Tender eingeführt, um das Kühlluftgebläse anzutreiben. Auf diese Weise wurde der Dampf zu Wasser kondensiert und zurück in den Kessel gepumpt.

2.1.7 *Die Lokomotiven anderer Eisenbahnen*

Bei den anderen Eisenbahnen, zum Beispiel auf der Strecke Yue Han, damals Canton–Hankow, wurden auch Lokomotiven vom Typ Eight-Wheel-Switcher eingesetzt. Ein Bild zeigt den Eröffnungszug der Strecke Yue Han. Bei der Wu-Song-Eisenbahn (Shanghai–Wusongkou) wurden Lokomotiven mit der Radanordnung 2–8–2 eingesetzt. Diese Lokomotiven unterschieden sich von den oben genannten.

Zusammenfassend gesagt, waren die Lokomotivtypen im alten China mannigfaltig und unterschieden sich sehr voneinander. Deshalb hatte man große Schwierigkeiten sowohl beim Betrieb als auch bei der Ausbesserung. Wenn eine Lokomotive einer bestimmten Eisenbahn auf einer Strecke einer anderen Eisenbahn fuhr, so konnte sie bei Notwendigkeit einer Ausbesserung oder beim Ersatzteilwechsel oft nicht sofort wiederhergestellt werden. Wenn große Ersatzteile repariert und gewechselt werden mußten, konnten noch größere Schwierigkeiten entstehen. Das waren die schlimmen Folgen des langfristigen Monopols der Eisenbahnmacht Chinas durch die imperialistischen Länder. Bei einzelnen Eisenbahnen verwendete man sogar noch eigene Standards, z. B. das «niedrige Kupplungssystem» der Lokomotiven auf der Strecke Hang Jiang, so daß durchgehender Eisenbahnverkehr gar nicht für ganz China durchgeführt werden konnte.

Die Vielfalt der Normen und Standards bei den Eisenbahnen im alten China war erstaunlich groß. Man kann verallgemeinernd sagen, daß von

Auf der Yue-Han-Bahn benutzte Eight-Wheel-Switcher Nr. 501.

dem Land, oder mit dessen Anleihen, das die Eisenbahnstrecke baute, auch die Normen und Standards eingeführt wurden. Nehmen wir als Beispiel den grundlegendsten und wichtigsten Standard der Eisenbahn: die Spurweite. Man konnte sie im alten China auch nach Lust und Laune beliebig ausführen. Auf der «Eisenbahn für die Provinzen im Osten Chinas», die vom zaristischen Rußland gebaut wurde, kam die russische Breitspur (1524 mm) zur Anwendung. Nachdem das zaristische Rußland die Strecke Changchuen–Dalian der Nan-Man-Eisenbahn den japanischen Imperialisten abgetreten hatte, wurde sie für eine gewisse Zeitspanne in dieapanische Spur (1067 mm) umgebaut. Die Strecke Dian Yue (Kun Ming–Vietnam), die von Frankreich gebaut wurde, war meterspurig. Obwohl einige Hauptstrecken Chinas die heute allgemein eingeführte Normalspur (1435 mm) besaßen, z. B. die Strekken Jiao Ji, Jing Feng, Long Hai, Jing Han, Jing Pu, Hu Ning (Shanghai–Nanjing) usw., konnte man wegen der verschiedenen Spurweiten diese Strecken mit anderen Bahnen nicht verbinden. Die wichtigste technische Basis für die Bildung eines Eisenbahnnetzes war nicht überall vorhanden.

Was die Schienenmaße betrifft, so ist auch sie ein wichtiger technischer Standard für die Eisenbahn und bestimmt direkt Zuggewicht, Wagentragfähigkeit und Zuggeschwindigkeit. Im alten China wurden die Schienen meist importiert, mit mannigfaltigen Typen, aus verschiedenem Werkstoff, mit ungleichen Längen und uneinheitlichen Standards. Wenn man die Schienen nach Typen ordnet, so gab es im alten China 174 verschiedene Typen. Dem Schienenprofil nach gab es Schienen mit folgenden Gewichten:

lb/yd:	35	60	65	70	75	76	80	85	90	110
kg/m:	13,36	29,76	32,24	34,72	37,2	37,7	39,7	42,16	44,64	54,56

Die Unterschiede der Schienenwerkstoffe und Profile waren noch größer, z. B. gab es Schienen englischer, amerikanischer, russischer und französischer Form. Diese verschiedenartigen Schie-

Die Eröffnung der Strecke Yue Han.

Tabelle 2.4
Lokomotivbenennung der Chinesischen Eisenbahnen

Achsfolge	Radanordnung	Grafische Darstellung der Radanordnung	Bauart-Bezeichnung	Baureihenbezeichnung in China heute	früher
0–2–0	0–4–0	△–○○	Four-Wheel-Switchers		Null
0–2–1	0–4–2	△–○○●	Crone, Wrecking		SH
0–2–2	0–4–4	△–○○●●			
0–3–0	0–6–0	△–○○○	Six-Wheel-Switcher	XK GJ	SA
0–3–1	0–6–2	△–○○○●	Forner		SB, C3
0–4–0	0–8–0	△–○○○○	Eight-Wheel--Switcher	ET	SD
0–5–0	0–10–0	△–○○○○○	Ten-Wheel--Switcher		ST SN
0–3–1–1–3–0	0–6–2–2–6–0	○○○●●○○○	Meyer / du Bousquet		
1–2–0	2–4–0	△●–○○	4-coupted		
1–2–1	2–4–2	△●–○○●	Columbia		TF
1–2–2	2–4–4	△●–○○●●			
1–3–0	2–6–0	△●–○○○	Mogul	MG	MG
1–3–1	2–6–2	△●–○○○●	Prairie	PL, YJ	PR
1–3–2	2–6–4	△●–○○○●●	Double end	DB	TS
1–4–0	2–8–0	△●–○○○○	Consolidation	KD	CS
1–4–1	2–8–2	△●–○○○○●	Micado	JF, JS, SY	MA
1–5–0	2–10–0	△●–○○○○○	Decapod	DK	DP
1–5–1	2–10–2	△●–○○○○○●	Santa Fe	QJ, FD, ST	SF
1–3–(1+1)	2–6–(2+2)	△●–○○○ ○○			
2–1–1	4–2–2	△●●–○●	Single		
2–2–0	4–4–0	△●●–○○	American	AM	AM
2–2–1	4–4–2	△●●–○○●	Atlantic		
2–2–2	4–4–4	△●●–○○●●	Reading		
2–3–0	4–6–0	△●●–○○○	Ten-Wheel--Compound	TH	TN
2–3–1	4–6–2	△●●–○○○●	Pacific	SL, RM	PF
2–3–2	4–6–4	△●●–○○○●●	Hudson or Baltic		HS
2–4–0	4–8–0	△●●–○○○○	12-Wheels		TV
2–4–1	4–8–2	△●●–○○○○●	Mountain	MT	MN
2–4–2	4–8–4	△●●–○○○○●●	Confederation	KF	FE
2–5–0	4–10–0	△●●–○○○○○	Mastadon		
0–3–3–0	0–6–6–0	△–○○○–○○○	Mallet	ML	ML, GJ
1–2–2–1	2–4–4–2	△●–○○–○○●	Mallet	ML	RA
1–4–4–1	2–8–8–2	△●–○○○○–○○○○●	Mallet	ML	RB
0–2–2–2–0	0–4–4–4–0	△○○▯▯▯○○ ○○	Shay		

nen wurden nicht nur auf verschiedenen Strecken in ganz China verlegt, sondern oft sogar gemischt auf einer Strecke, und niemand kümmerte sich darum, welche Wirkungen dieser Zustand auf die Fahrgeschwindigkeit und die Streckenleistung ausüben könnte. Um 1922 gab die Eisenbahnbehörde die folgende Vorschrift bekannt: Auf den Hauptstrecken sind Schienen von 43 kg/m und auf Nebenstrecken von 30 kg/m zu verlegen. Damals aber war der vorgeschriebene Standard in der Praxis nicht einzuführen, die Vorschrift war nur ein Stück Papier.

Zusammenfassend gesagt, stieg vom Ende der Qing-Dynastie über die Zeit der Herrschaften der Militaristen in Nordchina bis zur Zeit der Guomindang-Regierung die Zugkraft der Dampflokomotiven Chinas doch noch von Jahr zu Jahr. Die Lokomotiven mit kleinerer Zugkraft bildeten aber die Mehrheit. Die Eisenbahnen in Nordchina besaßen zum Beispiel am Vorabend des Kriegs gegen die japanischen Imperialisten damals insgesamt 686 Güterzuglokomotiven, darunter:

Stückzahl	Zugkraft (kp)	Anteil (%)
152	7000–10000	22,2
307	10000–13000	44,8
191	13000–16000	27,8
36	16000–42000	5,2

Wenn man nach damaligen Normen Lokomotiven mit einer Zugkraft von 13000 kp als Lokomotiven mittlerer Leistung betrachtet, nahmen diese nur etwa einen Drittel des ganzen Lokomotivparkes ein.

Die Zugkraft der damaligen Lokomotiven in China war nicht nur ungenügend, sondern die Lokomotiven waren auch alt und konnten nicht rechtzeitig ersetzt werden. So wurden die alten Lokomotiven immer älter, und ihr Durchschnittsalter in Betrieb erhöhte sich von Jahr zu Jahr. So zeigt sich das Durchschnittsalter der Lokomotiven in Nordchina wie folgt:

im Jahre 1925: 12 Jahre, im Jahre 1930: 18 Jahre, im Jahre 1936: 21 Jahre. Aus dem vorstehenden Abschnitt erhält man einen Überblick über die Lokomotiven im alten China.

Erläuterung der Baureihenbezeichnungen für die neueren, heute noch eingesetzten Lokomotiven:

Baureihe	Bedeutung chinesisch	Bedeutung deutsch
JF	Jiefang	Freiheit
JS	Jianshe	Aufbau
PF	Pacific	Pazifik
RM	Renmin	Volk
SL	Shengli	Sieg
QJ	Qanjin	Fortschritt
SY	Shangyou	hohes Ziel
YJ	Yanjing	Sprung vorwärts

2.2 Die Lokomotivbenennung und -bezeichnung der Chinesischen Eisenbahnen

Wegen der Mannigfaltigkeit der Lokomotivtypen bei den verschiedenen Bahngesellschaften im alten China konnte man überhaupt nicht über eine einheitliche Benennung und Bezeichnung der Lokomotiven reden. Während der Zeit der Aggression japanischer Imperialisten verwendete man japanische Bezeichnungen. Erst nach der Befreiung begann man in China mit der Festlegung einheitlicher Benennungen und Bezeichnungen der Lokomotiven. Anfangs benutzte man meist die Laute transkribierender Buchstaben. Nach der Schriftreform wurde die chinesische Buchstabenschrift «Pinyin» (in lateinischen Buchstaben) in China populär. So wurden auch sämtliche Bezeichnungen für die Lokomotiven in «Chinesische Pinyin» umgesetzt (siehe Tabelle 2.4).

2.3 Die nach der Gründung des neuen China weiter in Betrieb eingesetzten Dampflokomotiven

Die Dampflokomotiven spielen im Eisenbahntransport des neuen China nach wie vor eine führende Rolle. 1949 zählte der Dampflokomotivpark 4069 Stück. Als Beispiel stellen wir Ihnen einige davon vor:

2.3.1 *Die Lokomotivbauart Pacific, Bezeichnung SL, früher PF, Radanordnung 4–6–2.*

Dies ist eine für die Traktion der Personenzüge verwendete Baureihe. Die Lokomotiven der Bauart Pacific gliedern sich in 21 Unterbauarten mit den Bezeichnungen SL_{1-21}. Während der Zeit der Mandschurei-Eisenbahn von 1905 bis 1944 wurden sie von Japan, den USA, England, Belgien usw. hergestellt und auf den Strecken Jing Sui, Ji

Hai (Jiling–Hailong), Nan Man, Si Zhao (Siping–Zhaonan), Bei Ning (Beijing–Shenyang), Long Hai, Jing Pu, Hu Ning (Shanghai–Nanjing), Guang Jiu und Jiao Ji eingesetzt. Sie haben sich im Betrieb gut bewährt. Darunter waren die Lokomotiven der Bauarten SL_7 und SL_8 für die Expreßzüge bestimmt. Die Bauart SL_6 war in den fünfziger Jahren die Hauptbauart-Dampflokomotive für die Personenzugförderung und bei den Lokomotivführern und Heizern sehr beliebt. Die Bauarten SL_{16-21} sind schon seit langem aus dem Betrieb ausgeschieden, die übrigen werden zur Zeit nach und nach ausgemustert. Manche davon wurden den Anschlußbahnen von Fabriken oder Kohlebergwerken zum weiteren Einsatz übergeben. Nur die verbesserte Bauart SL_6 wird heute noch für die Traktion von Personenzügen benutzt.

2.3.1.1 *Die Lokomotive, Bauart SL_3, wurde in den Jahren 1934–1940 in Japan gebaut*

Technische Daten:

Höchstgeschwindigkeit	100 km/h
Reibungszugkraft	15670 kp
Dienstgewicht	89,80 t
Reibungsgewicht	56,95 t
Leergewicht der Lok	79,85 t
Gesamte Länge der Lok mit Tender	21498 mm
Kesseldruck	14 kp/cm²
Rostfläche	4,07 m²
Gesamtheizfläche des Kessels mit den Überhitzerrohren	231,4 m²
Verbrennungskammerlänge	850 mm
Zylinderbohrung	530 mm
Kolbenhub	660 mm
Triebraddurchmesser	1750 mm
Leergewicht des vierachsigen Tenders	24,6 t
Kohlenfüllung	9,6 t
Wasserfüllung	24 m³

Bei einer maximalen Nennleistung von 1451 PS/1068 kW betragen die Zugkraft 4047 kp und die Geschwindigkeit 96,8 km/h.

2.3.1.2 *Die Lokomotive, Bauart SL_5, wurde 1927 in Japan gebaut. Früher wurde sie für die Traktion von Expreßzügen benutzt.*

Technische Daten:

Konstruktionsgeschwindigkeit	110 km/h
Reibungszugkraft	18330 kp
Dienstgewicht	102,34 t
Reibungsgewicht	63,93 t
Leergewicht der Lok	90,25 t
Gesamte Länge der Lok mit Tender	24070 mm
Kesseldruck	14 kp/cm²
Rostfläche	4,93 m²
Gesamtheizfläche des Kessels mit den Überhitzerrohren	305,19 m²
Verbrennungskammerlänge	764 mm
Zylinderbohrung	584 mm
Kolbenhub	710 mm
Triebraddurchmesser	1850 mm
Leergewicht des vierachsigen Tenders	33,25 t

Lokomotive Nr. 157, Baureihe SL. 3.

Lokomotive Nr. 292, Baureihe SL. 5.

Kohlenfüllung	15 t
Wasserfüllung	35 m^3
Verdampfungsleistung des Kessels	11568 kg/h

Bei einer maximalen Nennleistung von 1718 PS/1264 kW betragen die Zugkraft 5130 kp und die Geschwindigkeit 90,4 km/h.

2.3.1.3 *Die Lokomotive, Bauart* SL_7.

Für den bekannten Schnellzug «Asia-Expreß» bauten 1934–36 Kawasaki in Japan und die SMR-Bahn-Werkstätte in Dairen (heute Dalian) insgesamt 12 verkleidete Pacific-Loks.
Der Triebraddurchmesser ist groß (2000 mm) und die Geschwindigkeit hoch. Sie zog im Nordosten den Expreßzug «Asien». Um den Luft-Widerstand zu reduzieren, wurde die Lokomotive mit einer Stromlinienform ausgestattet (siehe Farbbild).
Technische Daten:

Höchstgeschwindigkeit	130 km/h
Reibungszugkraft	19700 kp
Rostfläche	6,25 m^2
Feuerraumbreite	2140 mm
Verbrennungskammerlänge	1067 mm
Kesseldruck	15,5 kp/cm^2

E-förmige Überhitzerrohre.
Jeder Satz Überhitzerrohre bestand aus einem solchen Element, welches in zwei Zweigrohre geteilt und je zweimal in den vier Heizröhren kreuzend geführt war. Die gesamte Heizfläche des Kessels mit den Überhitzerrohren betrug 388,6 m^2. Der Wasserstandsanzeiger wurde mit der Innenunterkante des Glasrahmens 125 mm höher als der höchste Punkt der Feuerbüchsdekke angebracht. Das Blasrohr hatte eine chrysanthemenartige Öffnung. Eine Oberflächen-Speisewasservorwärmanlage und ein Abschlammventil waren eingebaut, die Verdampfungsleistung des Kessels betrug 15000 kg/h. Der Barrenrahmen mit Federung wurde in 4 Punkten abgestützt und mit selbsteinstellbaren Achslagerstellkeilen versehen.
Das Führungsdrehgestell wurde mit drehbarer Rückstellvorrichtung ausgerüstet.

Zylinderbohrung	600 mm
Kolbenhub	710 mm
Dienstgewicht	119,2 t
Reibungsgewicht	71,83 t
Leergewicht der Lok	105,4 t
Gesamte Länge der Lok mit Tender	25675 mm
Leergewicht des vierachsigen Tenders	35,11 t
Kohlenfüllung	12 t
Wasserfüllung	37 m^3

Bei einer maximalen Nennleistung von 2400 PS/1766 kW betragen die Zugkraft 5086 kp und die Geschwindigkeit 127,4 km/h.

Lokomotive Nr. 887, Baureihe SL. 12.

2.3.1.4 *Die Lokomotive, Bauart SL_{12}, wurde 1942 von Kawasaki in Japan gebaut.*

Technische Daten:

Dienstgewicht	93,1 t
Reibungsgewicht	55,8 t
Leergewicht	82,6 t
Gesamte Länge der Lok mit Tender	22 052 mm
Kesseldruck	13 kp/cm^2
Rostfläche	4,83 m^2
Gesamte Heizfläche des Kessels mit den Überhitzerrohren	232,78 m^2
Zylinderbohrung	580 mm
Kolbenhub	660 mm
Triebraddurchmesser	1750 mm
Leergewicht des Tenders	28 t
Kohlenfüllung	12 t
Wasserfüllung	29 m^3
Max. Zugkraft	14 020 kp

2.3.2 *Die Lokomotive, Baureihe KF, früher FE, Radanordnung 4–8–4*

Die Lokomotive, Baureihe KF$_1$, wurde 1936 in England von Vulcan Foundry hergestellt und nach China exportiert. Es waren insgesamt 20 Stück. Diese Lokomotiven hatten eine gute Fahrdynamik mit einer Höchstgeschwindigkeit von 100 km/h. Praktisch konnten sie auf der Strecke Hu Ning (Shanghai–Nanjing/Nanking) bei der Traktion von Personenzügen mit 120 km/h fahren. Außerdem konnten sie dank ihrer großen Achslast und hoher Reibungszugkraft auf der Strecke Hu Ning 1200 t ziehen. Für heutige Anforderungen ist ihre Zugkraft nicht mehr ausreichend. Nun sind diese Lokomotiven bei der Eisenbahndirektion Shanghai aufbewahrt. Ein Stück davon, die Lok KF$_{1.7}$, wurde 1980 dem Britischen National Railway Museum in York zur Ausstellung geschenkt.

Technische Daten:

Reibungszugkraft	19 300 kp
Dienstgewicht	116,7 t
Reibungsgewicht	67,96 t
Leergewicht	107,32 t
Gesamte Länge der Lok mit Tender	28 410 mm

Lokomotive Nr. 603, Baureihe KF, Radanordnung 4–8–4.

Tenderlokomotive, Nr. 54, Radanordnung 0-6-0, mit dem Schild «ROGERS» am Zylinder (Hersteller in den USA).

Kesseldruck	15,5 kp/cm²
Rostfläche	6,34 m²
Gesamte Heizfläche des Kessels mit den Überhitzerrohren	394,64 m²
Verbrennungskammerlänge	1600 mm
Zylinderbohrung	530 mm
Kolbenhub	750 mm
Triebraddurchmesser	1750 mm
Leergewicht des sechsachsigen Tenders	37,11 t
Kohlenfüllung	12 t
Wasserfüllung	30 m³

Mechan. Rostbeschickung Typ HT_1

Das vordere Drehgestell des Tenders wurde mit einer Boostermaschine versehen, so daß 2 Achsen des Tenders als Triebachsen betrieben werden konnten, um das Reibungsgewicht und somit die gesamte Zugkraft der Lokomotive zu erhöhen.

2.3.3 *Die Lokomotive, Bauart Six-Wheel-Switcher, Bezeichnung XK, früher SA, Radanordnung 0–6–0, für den Rangierdienst*

Die Lokomotive, Baureihe XK_2, wurde 1943 in den USA gebaut als Kriegstype einer Rangierlok.
Technische Daten:

Reibungszugkraft	12 185 kp
Dienstgewicht	54,07 t
Reibungsgewicht	54,07 t
Leergewicht	48 t
Gesamte Länge der Lok	10 414 mm
Kesseldruck	14,8 kp/cm²
Rostfläche	1,52 m²
Gesamte Heizfläche der Feuerbüchse mit den Rauchrohren	83,1 m²
Zylinderbohrung	430 mm
Kolbenhub	610 mm
Triebraddurchmesser	1370 mm
Kohlenfüllung	1,16 t
Wasserfüllung	3,44 m³

Rangierlokomotive Nr. 22, Baureihe XK. 2, Six-Wheel-Switcher.

Tenderlokomotive, Typ «Prärie» Nr. 32, Radanordnung 2-6-2. Am Wasserkasten kann man die Buchstaben «P. M. B. L.» erkennen.

2.3.4 *Die Lokomotive, Bauart Mogul, Baureihe MG, Radanordnung 2–6–0*

Diese Lokomotivbauart ist relativ klein und in 34 verschiedenen Ausführungen mit den Bezeichnungen MG 1–34 beschafft worden. Sie wurden in den Jahren 1900–1933 in England, den USA, Deutschland und der Tangshan-Lokomotivfabrik in China gebaut und auf den Strecken Jing Pu, Long Hai, Yue Han, Guang Jiu, Hang Jiang (Hangzhou–Jiangshan), Dao Qing, Jing Han, Bei Ning, Nan Man, Xin Ning (Taishang–Yinhui), Hu Hai (Hulan–Hailun), Xiang E (Changsha–Wuchang), Shen Hai (Shenyang–Hailun), Qi Ke (Qiqihar–Keshan) zum Einsatz gebracht. In Betrieb waren diese Lokomotiven zuverlässig und flexibel, die Zugkraft war aber relativ klein. Die Bauarten MG_{2-4}, MG_6 und MG_{9-34} sind seit langem schon aus dem Betrieb verschwunden. Die Bauarten MG_1, MG_5 und MG_{7-8} wurden Fabriken und Kohlenbergwerken zum Einsatz auf deren Werksbahnen übergeben.

Die Lokomotive, Baureihe MG_5, wurde in den Jahren 1902–1905 in Frankreich gebaut.
Technische Daten:

Reibungszugkraft	10 834 kp
Dienstgwicht	51,8 t
Reibungsgewicht	44,3 t
Leergewicht	47,8 t
Gesamte Länge der Lok mit Tender	17 595 mm
Kesseldruck	10 kp/cm²
Rostfläche	2,8 m²
Gesamte Heizfläche der Feuerbüchse mit den Rauchrohren	152,69 m²
Zylinderbohrung	500 mm
Kohlenhub	630 mm
Triebraddurchmesser	1500 mm
Leergewicht des dreiachsigen Tenders	16,2 t
Kohlenfüllung	7 t
Wasserfüllung	17 m³

Lokomotive Nr. 105, Baureihe MG_5, Radanordnung 2–6–0.

2.3.5 *Die Lokomotive, Bauart Prairie, Baureihe PL, früher PR, Radanordnung 2–6–2*

Diese Bauart umfaßt sowohl Lokomotiven mit Tender als auch Tenderlokomotiven mit 20 Unterbauarten, Bezeichnung PL_{1-20}. Sie wurden in den Jahren 1887–1936 in den USA, Japan, Deutschland, England, Belgien, der Tschechoslowakei und von der Nan-Man-Eisenbahn sowie den Lokomotivfabriken Tangshan und Puzhen in China gebaut und auf den Strecken Nan Man, Jing Pu, Bei Ning, Jing Sui, Long Hai, Jing Han und Hu Ning zum Einsatz gebracht. Sie bewährten sich verhältnismäßig gut. Die Bauarten PR_{3-4}, PL_{7-8} und PL_{10-20} sind nach und nach außer Dienst gestellt worden. PL_{1-2}, PL_{5-6} und PL_9 wurden an Fabriken und Kohlenbergwerke zum Einsatz abgegeben.

Die Lokomotive, Baureihe PL_3, wurde 1935 in Japan gebaut.

Technische Daten:

Reibungszugkraft	10703 kp
Dienstgewicht	67,7 t
Reibungsgewicht	44,9 t
Leergewicht	53,6 t
Gesamte Länge der Lok mit Tender	10773 mm
Kesseldruck	13 kp/cm^2
Rostfläche	3 m^2
Gesamte Heizfläche des Kessels mit den Überhitzerrohren	118,3 m^2
Zylinderbohrung	430 mm
Kolbenhub	610 mm
Triebraddurchmesser	1370 mm
Kohlenfüllung	3 t
Wasserfüllung	7 m^3

2.3.6 *Die Lokomotive, Baureihe Double end, Baureihe DB, früher TS, Radanordnung 2–6–4*

Die Lokomotive, Baureihe DB_1, wurde ab 1907 in den USA von ALCO in 69 Stück für die SMR gebaut.

Technische Daten:

Reibungszugkraft	14210 kp
Dienstgewicht	90,5 t
Reibungsgewicht	50,85 t
Leergewicht	66,45 t
Gesamte Länge	13240 mm
Kesseldruck	12,7 kp/cm^2
Rostfläche	2,42 m^2
Gesamte Heizfläche der Feuerbüchse mit den Rauchrohren	141,59 m^2
Zylinderbohrung	482 mm
Kolbenhub	660 mm

Innere Stephenson-Steuerung mit äußeren Flachschiebern

Triebraddurchmesser	1370 mm
Kohlenfüllung	6,4 t
Wasserfüllung	13,2 m^3

Zwei weitere 2–6–4-Tenderlok-Baureihen DB_2 entstanden 1934–36 bei mehreren japanischen Firmen in 28 Stück und DB.3 1936 in 2 Stück für die SMR.

Die von der Lokomotivfirma North British Locomotive Co. produzierte Lokomotive Nr. 20, Radanordnung 2-6-2.

Die bei der Nan-Man-Eisenbahn benutzte Schmalspurlokomotive (rechts) und links eine 2–6–4-Tenderlokomotive amerikanischer Bauart, spätere Baureihe DB 1.

Lokomotive, Typ «Bodwi I», Radanordnung 2-6-4.

2.3.7 *Die Lokomotive Solidarität, Baureihe KD, früher CS, Radanordnung 2–8–0*

Die Lokomotive Solidarität mit 25 Unterbauarten, KD_{1-25}, wurde in den Jahren 1897–1946 in England, Belgien, Frankreich, Japan, den USA, Deutschland und in der Zeit der Nan-Man-Eisenbahn gebaut und auf den Strecken Nan Man, Long Hai, Bei Ning, Shen Hai, Hu Hang Yang (Shanghai–Hangzhou–Ningbo), Xing E, Jing Han, Hu Hai, Guang San (Guangzhou–Sanshui), Zhe Gan (Hangzhou–Nanchang), Jing Sui und Jin Chang (Jilin–Changchun) zum Einsatz gebracht. In Betrieb waren diese Lokomotiven zuverlässig und vielseitig verwendbar. Die Baureihen KD_{14-25} sind nach und nach außer Dienst gestellt worden. Von den KD_{1-13} wurden die betriebsfähigen an Fabriken und Kohlenbergwerke zum Einsatz auf deren Anschlußbahnen übergeben. Die Lokomotiven dieser Baureihengruppe entstanden durch Vergrößerung der Mogul-Bauart mit weiteren zwei Triebrädern. Durch diese zusätzliche Triebachse wurde der feste Achsstand vergrößert. Durch den kleineren Triebraddurchmesser wurde die Geschwindigkeit herabgesetzt, aber dagegen das Reibungsgewicht erhöht, was zu einer größeren Zugkraft führte.

2.3.7.1 *Die Lokomotive, Baureihe KD_5, wurde in den Jahren 1897–1921 in Japan gebaut.*

Technische Daten:

Höchstgeschwindigkeit	50 km/h
Reibungszugkraft	16 370 kp
Dienstgewicht	63,74 t
Reibungsgewicht	55,9 t

2–6–2-Tender-Lokomotive Nr. 54, Baureihe PL_3.

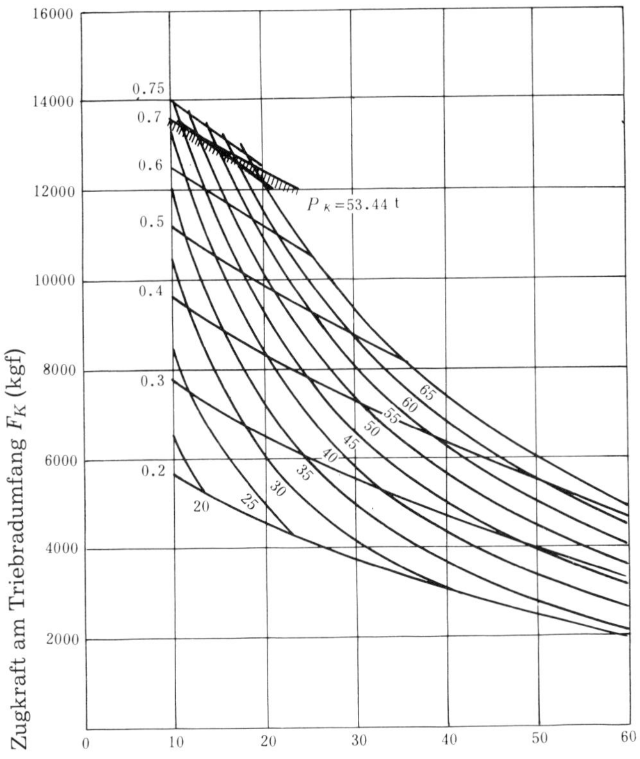

20–65: Heizflächenbelastung in kg/m²h
0,2–0,75: Zylinderfüllungsgrade

<
Traktionskennlinie der Lokomotive, Baureihe KD_7.

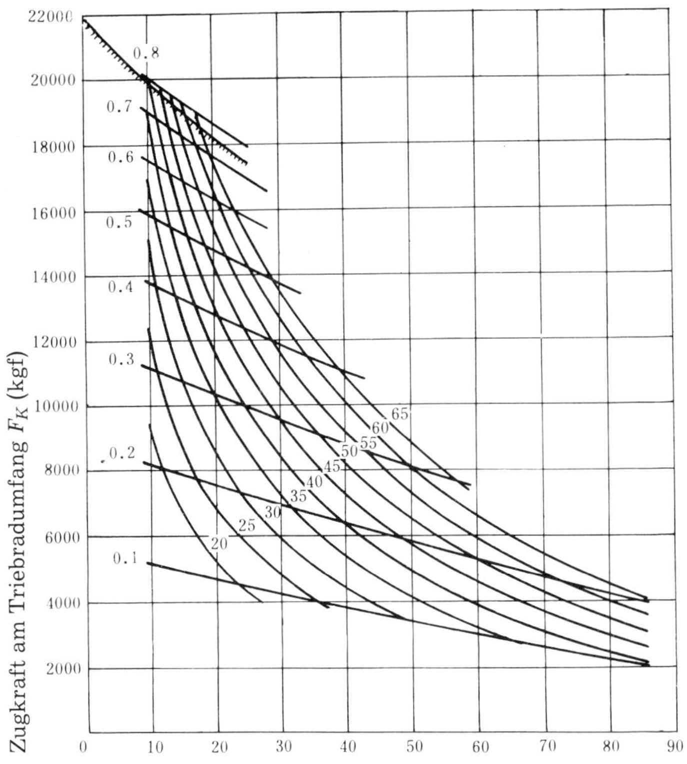

20–65: Heizflächenbelastung in kg/m²h
0,1–0,8: Zylinderfüllungsgrade

< <
Traktionskennlinien der Lokomotive, Baureihe KD_5 (Abhängigkeit der Zugkraft am Radumfang und Geschwindigkeit für verschiedene Zylinderfüllungsgrade und Heizflächenbelastungen in kg/m²h).

Gesamte Länge der Lok mit Tender	16 563 mm
Kesseldruck	13 kp/cm²
Rostfläche	2,32 m²
Gesamtheizfläche des Kessels mit den Überhitzerrohren	162,05 m²
Zylinderbohrung	508 mm
Kolbenhub	610 mm

Die Lokomotive war mit Hohlkolben ausgestattet, der Kreuzkopf mit einfacher Gleitbahn, Triebstange an der Kurbelzapfenseite mit rechteckigem Querschnitt, Allan-Steuerung mit Kolbenschiebern und innerer Einströmung. Das Hängeeisen der Schieberschubstange befand sich vor der Kulisse. Triebraddurchmesser 1250 mm mit vorauslaufendem linkem Kurbelzapfen. Einachsiges Führungsgestell mit Einpunkt-Aufhängung. Leergewicht des dreiachsigen Tenders 15,5 t, Kohlenfüllung 6 t, Wasserfüllung 13 m³. In China wurden mit dieser Lokomotive ausführliche Untersuchungen zur Thermodynamik und Traktionscharakteristik durchgeführt.

2–6–4-Tender-Lokomotive Nr. 15, Baureihe DB_1.

2–8–0-Güterzug-Lokomotive Nr. 382, Baureihe KD_5.

2.3.7.2 *Die Lokomotive, Baureihe KD_7, wurde 1946 von der amerikanischen Firma Lima entwickelt und gebaut.*

Technische Daten:

Höchstgeschwindigkeit	90 km/h
Reibungszugkraft	23 200 kp
Dienstgewicht	92,08 t
Reibungsgewicht	78,24 t
Leergewicht	84,2 t
Gesamte Länge der Lok mit Tender	20 370 mm
Kesseldruck	15,8 kp/cm^2
Rostfläche	4,41 m^2

Diese Lokomotive war für Ölfeuerung gedacht, deshalb ist die Rostfläche mit zusammengesetzten Rosten versehen. Die gesamte Heizfläche des Kessels mit den Überhitzerrohren beträgt 256,93 m^2. Unter der Feuerbüchse lagen die Warmwassersaugeinrichtung und die nichtsaugende Wasserpumpe, Typ Nathan 4131. Um das Kesselauswaschen zu erleichtern, ist hinter dem Luftbehälter ein Dampfauslaßhahn angebracht und mit einem Wasserauslaßventil versehen.

Zylinderbohrung	560 mm
Kolbenhub	710 mm

Die Dampfmaschine ist mit direktem Druckausgleicher, Typ D, versehen. Dieser ist der Ausführung nach einfach und hat gleichzeitig die Funktionen wie die des Luftsaug- und Bypaßventils. Außerdem ist ein automatischer Zylinderausblasehahn eingebaut.

Triebraddurchmesser	1520 mm
Leergewicht des vierachsigen Tenders	26,75 t
Kohlenfüllung	10 t
Wasserfüllung	23 t
Leistung am Radumfang	1220 PS/900 kW

Der Vorteil solcher Lokomotiven lag darin, daß viele neue Einrichtungen eingebaut wurden, z. B. Kohlennachschubvorrichtung, Laufwerk, Regler und Überhitzerrohre sind auch neu ausgeführt. Die Feuerbüchse wurde so konstruiert, daß als Brennstoff sowohl Dieselöl als auch Kohlen verbrannt werden können. Dieser Lokomotivtyp wurde ähnlich der Kriegslok des US-Army Transportation Corps USATC gebaut und deshalb nur für relativ kurze Einsatzzeit gedacht. Deshalb waren alle Bauteile von mangelhafter Qualität. Sie wurden kurz nach dem Zweiten Weltkrieg gebaut und an Belgien und China verkauft, wo sie bei der Eisenbahndirektion Shanghai in Einsatz kamen. In China hat man mit dieser Lokomotive ausführliche Untersuchungen zur Thermodynamik und Traktionscharakteristik durchgeführt.

2–8–0-Lokomotive Nr. 539, Baureihe KD_{55}, mit 1-m-Spurweite.

2.3.7.3 *Die Lokomotive, Baureihe KD_{55}, für Meterspur*

Ihre technischen Daten sind die gleichen wie die der Baureihe KD_5.

Die auf der Strecke Wu Song benutzte Lokomotive mit der Radanordnung 2–8–2.

2–8–2-Lokomotive Nr. 005, Baureihe JF_1.

2.3.8 Die Lokomotivbauart Mikado, Baureihe JF, früher MA, Radanordnung 2–8–2

Diese Lokomotive, die aus der Bauart Solidarität (Radanordnung 2–8–0) entstand, ist durch Ergänzung mit hinterer Laufachse verbessert worden. Man konnte die Feuerbüchse größer konstruieren und somit die Verdampfungsleistung erhöhen. So ließen sich entsprechend die Leistung und die Geschwindigkeit der Lokomotive steigern. Auf diese Weise konnte sie dem Fernverkehr, der Schwerlast- und Güterbeförderung besser entsprechen.
Lokomotiven der Bauart Mikado gab es in 21 Baureihen mit der Bezeichnung JF_{1-21} und wurden in den Jahren 1913–1945 in Japan, den USA, der Tschechoslowakei, Belgien, England, Deutschland und während der Zeit der Nan-Man-Eisenbahn gebaut und den Strecken der Nan-Man-Eisenbahn, Qi Ke, Hu Hai, Si Zhao, Jin Chang, Bei Ning, Long Hai, Huai Nan (Huai Nan – Yuxikou), Hua Zhang (Beijing – Zhangzhou), Jing Pu, Zhe Gan, Jin Sui, Ji Hai, Jiao Ji und Yue Han zum Einsatz übergeben. In Betrieb waren sie zuverlässig und flexibel. Besonders die Lokomotive der Baureihe JF_1 war in den fünfziger Jahren die Hauptbauart für den Gütertransport Chinas und beim Lokomotivpersonal sehr beliebt. Unter den verschiedenen Baureihen sind die JF_{16} und JF_{18-21} seit langem schon außer Dienst gestellt. Die übrigen sind bis heute noch im Rangierdienst und im Nahverkehr eingesetzt. Ein Teil davon wurde Anschlußbahnen von Fabriken und Kohlenbergwerken zum Einsatz übergeben.

2.3.8.1 *Die Lokomotive, Baureihe JF_1, wurde in den Jahren 1919–1945 in Japan gebaut.*

Nach 1949 wurde auch eine Serie solcher Lokomotiven in China hergestellt.
Technische Daten:

Reibungszugkraft	24 030 kp

2-8-2-Lokomotive Nr. 325, Baureihe JF_6.

Dienstgewicht	102,27 t
Reibungsgewicht	78,62 t
Leergewicht	91,85 t
Gesamte Länge der Lok mit Tender	21 823 mm
Kessel mit breiter Feuerbüchse genietet.	
Kesseldruck	14 kp/cm²
Rostfläche	5,09 m²
Gesamte Heizfläche des Kessels mit den Überhitzerrohren	353,12 m²
Saugende Strahlpumpe, Typ BH 10	2 Stück
Zylinderbohrung	580 mm
Kolbenhub	710 mm

Die Kolben bestanden aus Stahlguß mit angenietetem Gußeisenringträger. Die in China neu gebauten Lokomotiven der Bauart JF_1 besaßen einteilige Kolben mit Kolbenringen von rechteckigem Querschnitt. Der Kolben hat 5 Kolbenringe, von denen jeder aus 2 Teilen bestand (eines aus Kupfer, eines aus Gußeisen), die nebeneinander angeordnet waren. Auf den Innenseiten zwischen den Kolbenringhälften wurden Halbrundnuten für Ringfedern gedreht. Die Ringfedern bestanden aus einer Stahllegierung mit Chrom und Vanadium. Die Metalldichtungen der Kolbenstangen wurden aus einer Legierung von 40 % Kupfer, 57,5 % Blei und 2,5 % Nickel hergestellt. Auf dem äußeren Umfang waren Nuten für Federringe eingedreht, mit denen die Dichtung an die Kolbenstange gepreßt wurden. Auf dem Dampfzylinder wurden ein Luftsaugventil und ein Mayer-Druckausgleicher eingebaut. Im Schieberkasten waren Hohlkolbenschieber eingebaut. Der Rahmen hatte rechteckigen Querschnitt. Die Blatttragfedern der vorderen Laufachse und der Triebräder der ersten und zweiten Achse beider Seiten gehörten zu einer Gruppe, die Federn für die Triebräder der dritten und vierten Achse und der hinteren Laufachse gehörten zu der anderen Gruppe. Sie bildeten eine Dreipunktauflagerung in Form eines gleichschenkligen Dreiecks. Der Triebraddurchmesser war 1370 mm. Die früheren Ausführungen erhielten normale Speichenräder, die späteren dagegen hatten einen rechteckigen Speichenquerschnitt. Die vordere Laufachse war mit einer Rückstelleinrichtung ausgerüstet, der maximale Ausschlag betrug 102 mm. Weitere Daten: Leergewicht des vierachsigen Tenders 24,6 t, Kohlenfüllung 9,6 t, Wasserfüllung 24 m³, Leistung am Radumfang 1545 PS/1137 kW. Bei einer Heizflächenbelastung von 55 kg/m²h, einer Geschwindigkeit von 15 km/h und einer Steigung von 6 ‰ beträgt die Zuglast 2430 t. Für die von China hergestellten Lokomotiven der Baureihe JF_1 gibt es ausführliche Angaben über die Untersuchung zur Thermodynamik und Traktionscharakteristik (siehe Kapitel 2.5).

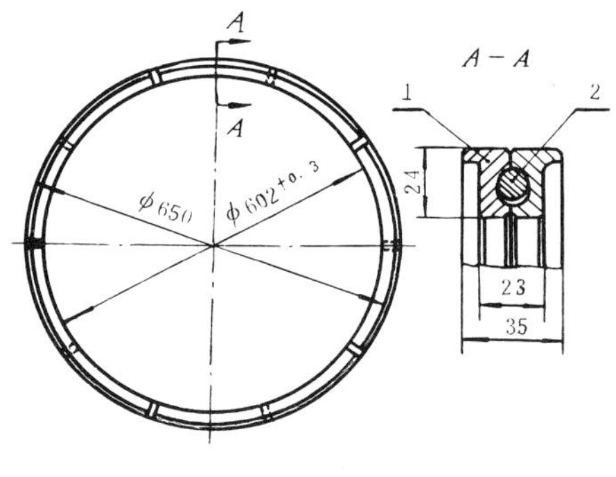

2teiliger Kolbenring
1 Kolbenringteile
2 Feder

2.3.8.2 *Die Lokomotiven, Baureihe JF_6, wurden in den Jahren 1934–1945 von den Fabriken Kawasaki, Hitachi in Japan und von der Mandschurei-Waggonfabrik gebaut*

Sie waren bei den Bahnbetriebswerken Dalian und Nancha beheimatet. Die Konstruktionsmerkmale dieser Lokomotive waren ähnlich denjenigen der Baureihe JF_1. Triebraddurchmesser, Kolbenhub, Dampfmaschine und Steuerung waren dieselben wie bei der Bauart JF_1. Zugkraft und Leistung waren kleiner als die der Baureihe JF_1. Die Lok-Baureihe JF_6 umfaßt zwei Gattungen. Gattung A: Reibungsgewicht 70,1 t, Rostfläche 4,57 m^2. Gattung B: Reibungsgewicht 64,1 t, Rostfläche 4,07 m^2. Die Kessel beider Gattungen hatten unterschiedliche Breiten der Feuerbüchsen, nämlich bei der Gattung A 1861 mm und Gattung B 1657 mm. Die Bauart JF_6 hatte Überhitzerrohre vom Typ A, die zweimal hin- und herführten. Der Regler befand sich vor dem Überhitzer. Der Durchmesser des Blasrohrs betrug 135 mm. Die Kesselarmaturen entnahmen für die Hilfsbetriebe Sattdampf. Die Steuerung arbeitete mit Kolbenschiebern und innerer Einströmung. Bei einer Heizflächenbelastung von 55 kg/m^2 h war bei der Gattung A mit einer Geschwindigkeit von 14 km/h und einer Zylinderfüllumg von 0,8 die berechnete Zugkraft 16500 kp. Die maximale Leistung am Radumfang erreicht 1275 PS (bei einer Geschwindigkeit von 45 km/h), einer Heißdampftemperatur in der Dampfsammelkammer von 346 °C und einem Lokomotivwirkungsgrad von 7,25 %. Wegen der kleineren Zugkraft und der geringeren Leistung der Lokomotive, Bauart JF_6, war sie für Strecken mit kleinen Transportaufgaben und geringer zulässiger Geschwindigkeit besonders geeignet. Ein Teil dieser Lokomotiven wurde so konstruiert, daß sie nach Einbau der entsprechenden Radsätze sowohl auf Breitspur als auch auf Normalspur fahren konnten. Der wesentliche Nachteil der Lokomotive, Bauart JF_6, lag an der niedrigen Überhitzungstemperatur des Dampfes und starker Drosselung im Dampfeinlaß der Dampfmaschine bei hoher Fahrgeschwindigkeit. China hat mit diesem Lokomotiv-

Schmalspurlokomotive Nr. 26, Typ SN, von Baldwin in 12 Stück für die damalige Yunnan Kopei Railway 1926 gebaut – heute Caoba–Gejiu.

Die Traktionskennlinien der Lokomotive, Baureihe JF_1 (Abhängigkeit der Zugkraft am Radumfang und der Geschwindigkeit bei verschiedenen Zylinderfüllungen und Heizflächenbelastungen).

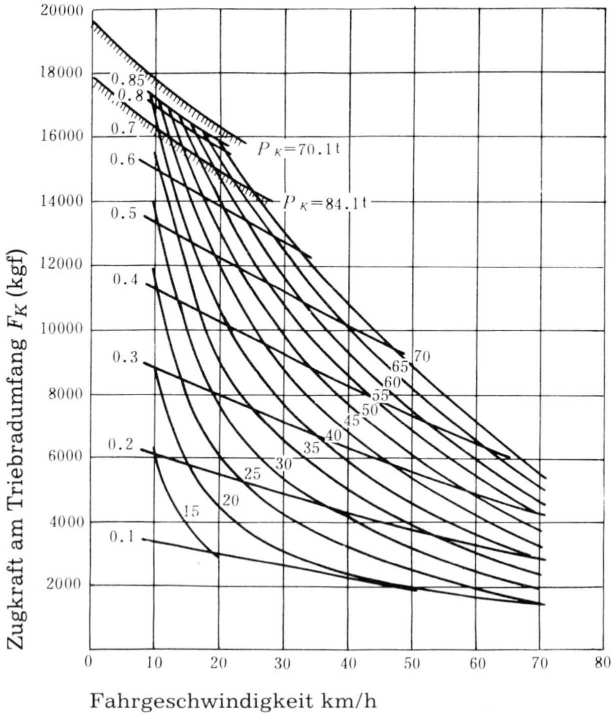

15–70: Heizflächenbelastung in kg/m²h
0,1–0,85: Zylinderfüllungsgrade

Kesselwerkstätte der Lokomotivfabrik Tangshan.

typ ausführliche Untersuchungen in bezug auf Thermodynamik und Traktionscharakteristik durchgeführt.

2.3.9 Schmalspurlokomotive, frühere Baureihe SN, Radanordnung 0–10–0

Diese Lokomotiven waren auf den 600-mm-Schmalspurstrecken in der Südprovinz Yunnan im Einsatz. Sie wurden in den Jahren 1926–1930 in den USA gebaut.

Technische Daten:

Höchstgeschwindigkeit	45 km/h
Reibungszugkraft	6691 kp
Dienstgewicht	29,48 t
Reibungsgewicht	29,48 t
Leergewicht	24,95 t
Gesamte Länge der Lok mit Tender	14 850 mm
Kesseldruck	12,5 kp/cm²
Rostfläche	1,88 m²
Gesamtheizfläche der Feuerbüchse mit den Rauchrohren	77,48 m²
Zylinderbohrung	330 mm
Kolbenhub	406 mm
Triebraddurchmesser	711 mm
Leergewicht des vierachsigen Tenders	6,69 t
Kohlenfüllung	3 t
Wasserfüllung	6,8 m³

2.3.10 Lokomotive, Typ Decapod, Baureihe DK, früher DP, Radanordnung 2–10–0

Die Lokomotive, Typ DK_1, wurde in den Jahren 1919–1923 in den USA von ALCO für die SMR gebaut.

Technische Daten:

Höchstgeschwindigkeit	60 km/h
Reibungszugkraft	23 680 kp
Dienstgewicht	88,55 t
Reibungsgewicht	76,77 t
Leergewicht	76,77 t
Gesamte Länge der Lok mit Tender	20 841 mm
Kesseldruck	13,4 kp/cm²
Rostfläche	4,73 m²
Gesamtheizfläche des Kessels mit den Überhitzerrohren	289,45 m²
Zylinderbohrung	584 mm

Kolbenhub	710 mm
Triebraddurchmesser	1370 mm
Leergewicht des vierachsigen Tenders	24,88 t
Kohlenfüllung	9,5 t
Wasserfüllung	24 m^3

Daneben gab es noch weitere 2–10–0-Lokomotiven in Normalspur:
die Baureihe DK$_2$, gebaut 1917/18 von ALCO und BLW für Rußland, welche sie auf der Chinesischen Ostbahn einsetzte (Kapitel 2.1.6);
die Baureihe DK$_3$, gebaut 1937 von KSK in Japan für die Long-Hai-Bahn (Lianyangang–Xian);
die Baureihe DK$_4$ für die Tong-Pu-Bahn, gebaut 1936 von KSK in Japan; die Baureihe DK$_5$, gebaut 1958 von Reşiţa in Rumänien in Anlehnung an die Baureihe 50 der Deutschen Reichsbahn.
Auch für die Meterspurstrecken wurden 2–10–0-Lokomotiven von Henschel, Krupp und Hitachi hergestellt und als Baureihe DK$_{55}$ bezeichnet.

2.4 Die von China hergestellten Dampflokomotiven

Im alten China waren die Einrichtungen der Lokomotiv- und Waggonbauindustrie einfach. Es konnten darin nur Unterhaltsarbeiten und Ausbesserungen durchgeführt werden. Ersatzteile für die Ausbesserung mußte man aus anderen Ländern importieren. Zehn Lokomotiv- und Waggonwerke waren im wesentlichen nur allgemeine Ausbesserungswerke. Darunter gab es einige größere, die sich neben der Ausbesserung auch bemüht haben, selbst Lokomotiven herzustellen. Die älteste darunter war das Lokomotivwerk Tangshan. Diese Fabrik hat aufgrund der Projektzeichnungen der Lokomotiven mit der Radanordnung 2–6–0 aus England und USA einige Lokomotiven nachgebaut. Von 1899 bis 1915 wurden in 16 Jahren insgesamt 43 Lokomotiven produziert.
Außerdem hat diese Fabrik von 1910 an 6 Lokomotiven mit 5 Achsen in der Radanordnung 4–6–0 hergestellt.
Neben Ausbesserungen hat das Werk Lokomotiven mit Radanordnung 2–6–2 gebaut, wie aus nachfolgenden Bildern ersichtlich.
Später begannen die Lokomotivfabrik Sifang bei Qingdao und die Lokomotivfabrik Wusun bei Shanghai mit der Produktion von Lokomotiven. Aber die Lokomotivfabrik Tangshan baute mehr als die anderen, insgesamt 62 Stück. Die Fabrik Sifang hat 11 Stück und die Fabrik Wusun 9 Stück hergestellt. Die obengenannte Selbstproduktion war in Wirklichkeit mehr Montage, denn viele wichtige Teile, wie Feuerbüchse, Rahmen, Zylinder usw., mußten vom Ausland importiert werden. Am 18. September 1931 hatten die japanischen Imperialisten den Nordosten Chinas ok-

Lokomotive Nr. 1025, Baureihe GJ (Gong Jin).

Lokomotive Nr. 1, Baureihe DK.1.

2-8-2-Lokomotive Nr. 831, Baureihe SY (Shangyou).

kupiert. Damals wurde mit der Serienproduktion von Lokomotiven im Nordosten begonnen, aber es war immer nur Zusammenbau vorgefertigter Teile. Zum Beispiel hat die Mandschurei-Lok- und Waggonfirma AG in Huanggutun bei Shengyang zwar selbst Lokomotiven hergestellt, aber sie bezog die gegossenen Rahmen von der Maschinenfabrik Sumitomo aus Japan. Nahtlose Stahlrohre und die Bremseinrichtung kamen von den USA. Nach der Kapitulation der japanischen Imperialisten 1945 wurden große Anlagen der Maschinenfabrik Sumitomo abgebaut und fortgeschafft. So konnte die Fabrik Huanggutun mit übergebliebenem Material selbst 17 Lokomotiven der Baureihe JF$_6$ herstellen. 1948, im Jahr der Befreiung, war in dieser Fabrik nur ein Lokrahmen vorhanden. Infolge Mangels an Zeichnungen und Materialien hat diese Fabrik, voll gestützt auf das Erinnerungsvermögen der Arbeiter, endlich im Februar 1949 die erste Dampflokomotive der Bauart JF$_6$ gebaut. Um mit dieser Lokomotive die Befreiung Ostchinas zu unterstützen, wurde sie «Ostchina» benannt.

Erst nach der Befreiung und dreijährigem Wiederaufbau der Wirtschaft hat China wirklich Dampflokomotiven selbst hergestellt. Außer der Produktion von Einheitspersonenzuglokomotiven der Baureihe RM, SL und Einheitsgüterzuglokomotiven der Baureihe QJ, JS und JF, erzeugt China auch noch die Tenderlokomotive der Baureihe GJ, Radanordnung 0–6–0 für den Transport in Fabriken und Bergwerken sowie für den Rangierdienst. Im Vergleich zu den gleichartigen Lokomotiven, wie z. B. die amerikanische Lokomotive mit 6 Rädern, Bezeichnung XK, und die sowjetische Lokomotive der Baureihe 97, wurden die Eigenschaften der Lokomotive der Baureihe GJ wesentlich verbessert. Bis 1962 hat die Lokomotivfabrik Chengdu insgesamt 192 Stück solcher Lokomotiven hergestellt. Ein Teil davon ist im Einsatz bei der Eisenbahn.

Auf der Grundlage der Lokomotive, Baureihe Mikado, Bauart JF$_6$, hat die Lokomotivfabrik Dalian eine technische Weiterentwicklung durchgeführt und die Mikado-Lokomotive der Baureihe SY (Shangyou) entwickelt.

Im Jahre 1960 wurden die Entwurfszeichnungen der Lokomotive, Baureihe SY, durch die Lokomotivfabrik Tanghsan überprüft, verbessert und die erste Lokomotive versuchsweise hergestellt. Zum Jahresende 1961 wurde dieser Entwurf von der Lokomotivfabrik Sifang nochmals überarbeitet und zwei Stück versuchsweise gebaut. Diese Lokomotivbaureihe wurde jedoch erst im Juli 1976 offiziell von der Lokomotivfabrik Tangshan mit der serienmäßigen Produktion begonnen. Zum gegenwärtigen Zeitpunkt sind 1106 Stück in Be-

2-6-2-Lokomotive Baureihe YJ Nr. 024.

trieb, und nach den Erfordernissen der Bergwerke und Betriebe geht die Produktion weiter.

Im Jahre 1959 verbesserte die Lokomotivfabrik Jinan den Entwurf der Prairie-Lokomotive, Baureihe PL_2, und produzierte erstmals die 2–6–2-Lokomotive der Baureihe YJ (Yaujing) für Werk- und Anschlußbahnen.

Zur gleichen Zeit der Projektierung und Herstellung von Dampflokomotiven verschiedener Baureihen wurden alle Bauteile der Lokomotiven durch Typisierung vereinheitlicht. Dadurch wurde die ursprüngliche Vielfalt der Bauteile um zwei Drittel verringert und das Qualitätsniveau erheblich gesteigert. Die Einzelteile werden in speziellen Zulieferwerken hergestellt, so daß die Reparaturzeit in Ausbesserungswerken und in Bahnbetriebswerken verkürzt werden konnte.

Seit der Befreiung wurden mehr als 7000 Dampflokomotiven hergestellt. Diese Zahl übertrifft die Anzahl aller alten Lokomotiven vor der Befreiung und stellt mehr als die Hälfte der zum gegenwärtigen Zeitpunkt in Betrieb befindlichen Lokomotiven aller Gattungen dar.

2.5 Die Güterzuglokomotive, Baureihe JF (Jefang)

Die Bezeichnung der 2–8–2-Lokomotive Jefang ist JF. Die Baureihe JF_1 ist die in der VR China hauptsächlich für den Güterverkehr verwendete Lokomotive. Diese Lokomotive mit den Betriebsnummern 2101–2500 und die Lokomotiven ab der Betriebsnummer 4001 wurden nach der Befreiung in China selbst hergestellt. Die übrigen Lokomotiven Jefang wurden während der japanischen Besetzung in Betrieb genommen und nach der Kapitulation der japanischen Imperialisten übernommen.

Diese Lokomotiven wurden zunächst von Japan für die Normalspurbahn Koreas aus den USA importiert und waren für Handfeuerung gebaut. Später wurden sie in Japan nachgebaut und mit einer zusätzlichen Verbrennungskammer versehen, um die heizwertreiche chinesische Kohle besser ausnutzen zu können. Von dieser Zeit an wurden diese Lokomotiven als Standardlokomotiven für Güterverkehr im Nordosten und Norden Chinas verwendet.

1952 wurden auf dem festen Prüfstand in Dalian Untersuchungen zur dynamischen Traktionscharakteristik der Bauart JF_1 durchgeführt.

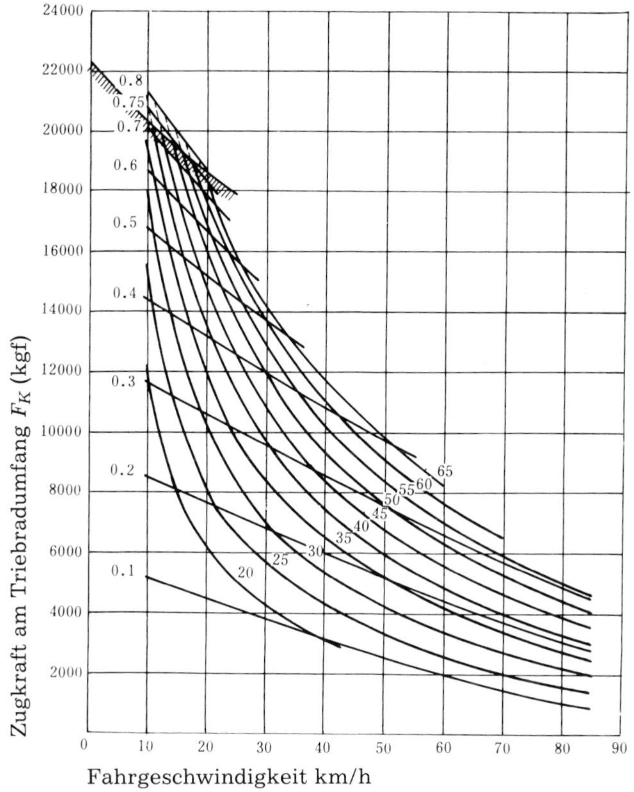

20–65: Heizflächenbelastung in kg/m²h
0,1–0,8: Zylinderfüllungsgrade

Die Traktionskennlinien der Lokomotive, Baureihe JF_1 (Abhängigkeit der Zugkraft am Radumfang und der Geschwindigkeit bei verschiedenen Zylinderfüllungen und Heizflächenbelastungen).

Nach der Befreiung wurde an den meisten dieser Lokomotiven eine Reihe technischer Verbesserungen durchgeführt: Die Anzahl der Rauchrohre wurde von 36 auf 50 erhöht und die der Heizrohre von 145 (oder 144) auf 101 herabgesetzt, um mehr Überhitzerrohre einbauen zu können und die Temperatur des Heißdampfs zu erhöhen; die Form der Feuerschirmrohre in der Feuerbüchse wurde verändert, um die von den Verbrennungsgasen erwärmte obere Fläche des Feuerschirms zu vergrößern; das Saugzugsystem der Rauchkammer wurde verbessert; ein Teil der Lokomotiven erhielt Blasrohre mit vier Öffnungen; sämtliche Lokomotiven wurden mit einem Regler, Typ «Qian Ba», für die Hauptzylinder versehen; die Zugstange zur Betätigung des Reglers wurde außerhalb der Kesselabdeckung angeordnet; das Speisewasserzuführungsrohr und das Kesselabsperrventil wurden auf die Decke der Kesseltrommel verlegt; die Steuerschieber wurden durch solche der Trofimov-Bauart ersetzt; die Hauptzylinder erhielten zur Verbesserung der Abdichtung Mehrfachkolbenringe; die Schieber-

> **Die Leistungskennlinien am Radumfang der Lokomotive, Baureihe JF_1.**

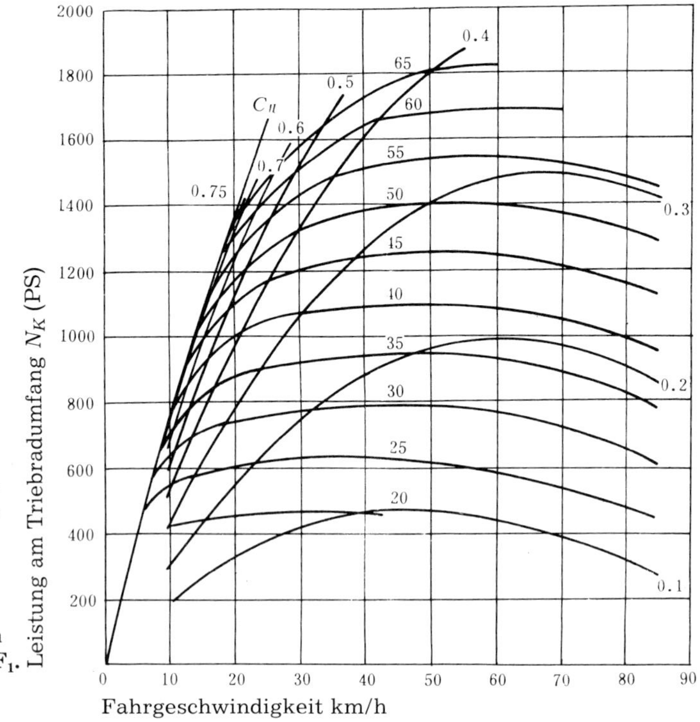

20–65: Heizflächenbelastung in kg/m²h
0,4–0,75: Zylinderfüllungsgrade

> > **Die Heizflächenbelastungslinien der Lokomotive, Baureihe JF_1.**

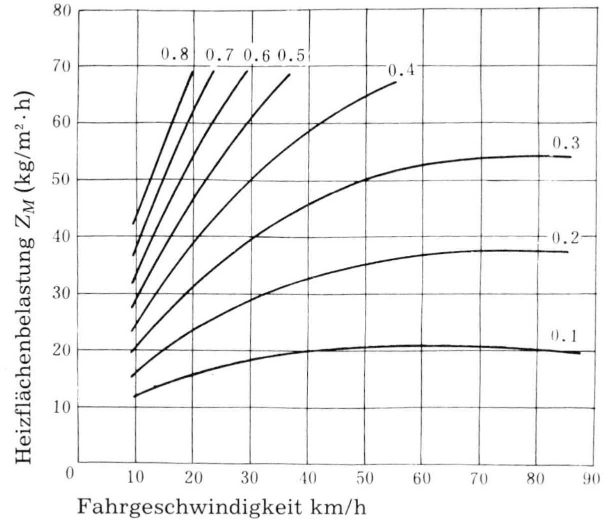

0,1–0,8: Zylinderfüllungsgrade

> **Die Traktionskennlinien der Lokomotive, Baureihe JS (Abhängigkeit der Zugkraft am Radumfang und der Geschwindigkeit bei verschiedenen Zylinderfüllungen und Heizflächenbelastungen).**

steuerung wurde so verbessert, daß das Gleitstück sich bei Vorwärtsfahrt im unteren Teil der Kulisse befindet; die Triebstangen an der Kurbelzapfenseite wurden einteilig ausgeführt und erhielten Buchsenlager; sämtliche Lagerbüchsen an Triebachsen, Trieb- und Kuppelstangen sowie alle Büchsen der Schiebersteuerung wurden auf Ölschmierung umgestellt; das Heißdampföl für die Zylinderschmierung wurde durch eine Ölpumpe mit acht Bohrungen dem Schieberkasten des Zylinders automatisch zugeführt.

Die Tender unterschieden sich im wesentlichen durch drei verschiedene Typen von Achsen, nämlich die Typen C, D und E. Je nach den vorgegebenen Transportaufgaben wurden die Tendertypen nicht unbedingt mit den dazugehörigen Lokomotivtypen, sondern universell eingesetzt.

Die Lokomotiven erbrachten nach den Umbauten folgende Ergebnisse: Bei einer Heizflächenbelastung von 65 kg/m² h, einer Geschwindigkeit von 15 km/h und einer Steigung von 6 ‰ wurde eine Zuglast von 2660 t befördert.

Die Hauptabmessungen und allgemeine Kenndaten der Lokomotive, Baureihe JF, zeigt die Tabelle 2.5.

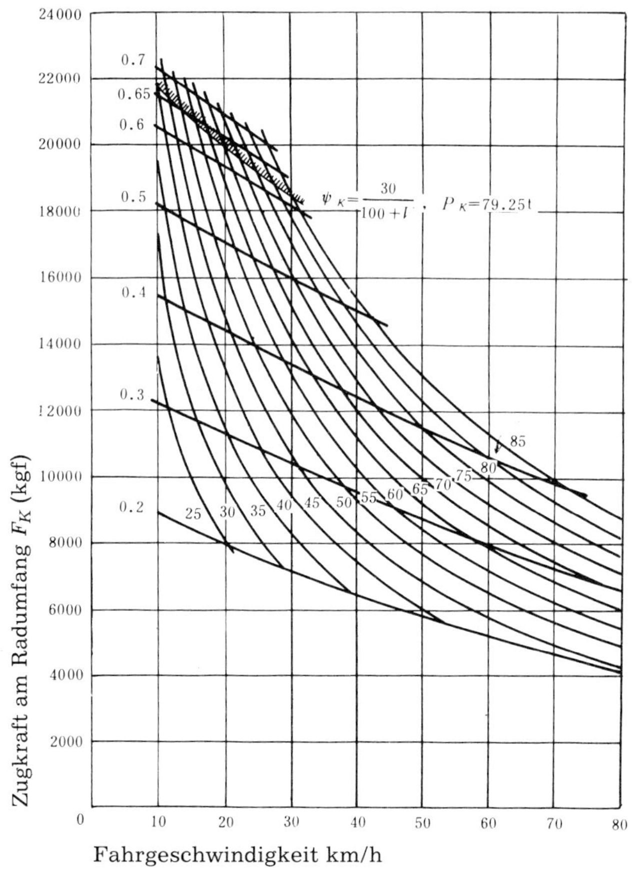

25–85: Heizflächenbelastung in kg/m²h
0,2–0,7: Zylinderfüllungsgrade

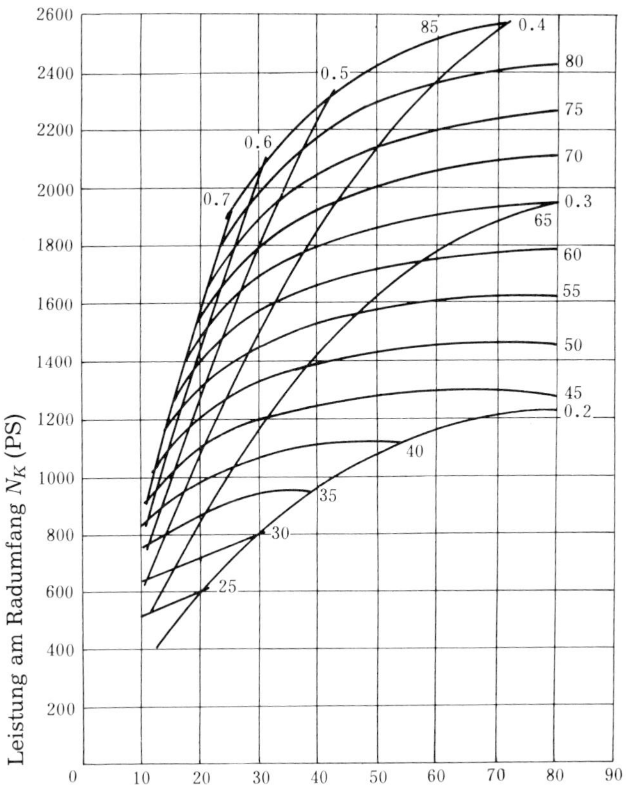

25–85: Heizflächenbelastung in kg/m^2h
0,2–0,7: Zylinderfüllungsgrade

2.6 Die Güterzuglokomotive, Baureihe JS (Jianshe) – die verbesserte Lokomotive JF

Im Jahre 1957 wurde in der Lokomotiv- und Waggonbaufabrik Dalian auf der Basis der Lokomotive, Baureihe Jefang, die Güterzuglokomotive, Baureihe Jianshe (Bezeichnung JS), als verbesserte Eigenentwicklung entworfen und produziert.

An dieser Lokomotive wurden moderne technische Erkenntnisse im Dampflokomotivbau verwirklicht, insbesondere solche, die die Arbeitsbedingungen für die Lokomotivmannschaft verbesserte, sowie solche, die Materialeinsparung und bessere Austauschbarkeit der Bauteile erbrachten.

Nach ihrem technischen Stand, ihrer Wirtschaftlichkeit und ihren Prüfergebnissen hat die Lokomotive, Baureihe JS, bereits das Niveau moderner leistungsfähiger Lokomotiven erreicht.

Ihr wesentlicher Vorteil im Vergleich zur Lokomotive, Baureihe JF, besteht darin, daß die maximale Leistung bei berechneter Heizflächenbelastung etwa um 46,8 % höher liegt und der Kessel eine vollständig geschweißte Konstruktion aufweist. Dadurch konnte der Betriebsdampfdruck auf 15 kg/cm^2 gesteigert werden. Sie enthält 88 Heizrohre und 50 Rauchrohre (ab Baujahr 1961 nur noch 80). Die Verbindungsleitung vom Dom zum Überhitzer wurde außerhalb der Kesselverkleidung angebracht. Der Überhitzer wurde mit einem Regler neuer Konstruktion versehen und zusätzlich ein Speisewasservorwärmer eingebaut; die Lokomotive erhielt Stahlgußzylinder und Trofimovschieber mit einer Ölpumpe zur zentralen Druckschmierung der unter Dampf laufenden Teile. Sämtliche der Reibung ausgesetzten Oberflächen aller Bauteile wurden mittels Hochfrequenzinduktion gehärtet. Die Achslager werden über einen Öler mit zwei Einschüben mit Schmieröl dauernd geschmiert. Die Achslagergehäuse werden mittels Stellkeilen automatisch eingestellt. Die Lokomotive wurde mit einem zweistufigen Kompressor zur Drucklufterzeugung versehen; der Wasserkasten und der Rahmen des Tenders sind von geschweißter Konstruktion. Der Raddurchmesser wurde auf 1000 mm geändert. Der Tender ist mit den Achsen des Typs D und des verstärkten Typs D ausgestattet und verfügt über eine mechanische Kohlenförderanlage. Das Führerhaus der Lokomotive ist vollständig geschlossen und bietet viel Raum und Arbeitsfläche. Die Bedienungselemente sind zweckmäßig angeordnet und leicht zu betätigen; viele Bauteile sind mit solchen der Lokomotive JF gegenseitig austauschbar.

Bei einer Zylinderfüllung von 0,65 und einer Geschwindigkeit von 20 km/h ist die berechnete Zugkraft am Radumfang 20 000 kp. Bei der maximalen Heizflächenbelastung ergibt sich eine größte Leistung am Radumfang von 2270 PS, die auch bei höherer Geschwindigkeit keine abnehmende Tendenz aufweist. Diese Leistungscharakteristik entspricht der Forderung «mehr transportieren und schneller fahren».

Bei einer Zylinderfüllung von 0,4, einer Geschwindigkeit v = 71,3 km/h und bei einer entsprechenden Heizflächenbelastung von Z_m = 85 kg/m^2 h betrug der minimale Dampfverbrauch 6,16 kg/PS·h und lag damit weltweit an der Spitze der damaligen technischen Entwicklung. Die Hauptabmessungen und allgemeine Daten der Lokomotiven, Baureihe Jianshe, zeigt die Tabelle 2.5.

<
Leistungskennlinien am Radumfang der Lokomotive, Baureihe JS.

Tabelle 2.5
Daten der Güterzuglokomotiven Baureihen JS und JF

Bezeichnung	Maß-einheit	Baureihe Jianshe	Baureihe Jefang
1. Allgemeine Daten		**JS**	**JF**
Nr. Reihe		5001...	4001...
Radanordnung		2–8–2	2–8–2
Höchstgeschwindigkeit	km/h	85	80
Reibungszugkraft	kp	25476	24030
Dienstgewicht	t	104,15	103,85
Leergewicht	t	93,00	92,07
Reibungsgewicht	t	79,78	79,94
Achslast der Führungsachse	t	8,74	8,03
Achslast der hinteren Laufachse	t	15,63	15,88
Ganzer Achsstand der Lokomotive	mm	10192	10192
Fester Achsstand der Lokomotive	mm	4419	4419
Max. Höhe der Lokomotive mit Tender	mm	4760	4780
Max. Breite der Lokomotive mit Tender	mm	3332	3080
Höhe der Kesselmittellinie über SO	mm	2819	2819
Ganzer Achsstand der Lokomotive mit Tender	mm	20505	19780
Gesamtlänge der Lokomotive mit Tender	mm	23370,5	22634
Leistung am Radumfang (unter berechneter Heizflächenbelastung)	kW PS	1670 2270	1137 1545
Gesamtwirkungsgrad bei Nennleistung	%	8,1	7,25
2. Kessel			
Kesseldruck	kp/cm²	15	14
Rostfläche	m²	5,08	5,09
Verdampfungsheizfläche	m²	180,57	205,84
davon Feuerbüchse	m²	23,18	24
Verdampfungsheizfläche der Heizrohre	m²	97,33	71,77
Verdampfungsheizfläche der Rauchrohre	m²	60,06	110,07
Überhitzerheizfläche	m²	89,06	67,53
Länge der Verbrennungskammer	mm	847	850
Anzahl der Feuerschirmrohre	Stück	4	4
Außendurchmesser der Feuerschirmrohre × Wandstärke	mm	76 × 5	76 × 4,5
Anzahl der Heizrohre	Stück	80	144
Außendurchmesser der Heizrohre × Wandstärke	mm	51 × 4	51 × 4
Anzahl der Rauchrohre	Stück	50	36
Außendurchmesser der Rauchrohre × Wandstärke	mm	133 × 2,5	133 × 2,5
Außendurchmesser der Überhitzerrohre × Wandstärke	mm	35 × 3,5	35 × 3,5
Min. Innendurchmesser der Kesseltrommel	mm	1,908	1,890
Abstand zwischen den Innenseiten der Rohrwände	mm	4700	4771
3. Dampfmaschine			
Anzahl der Zylinder	Stück	2	2
Zylinderbohrung	mm	580	580
Kolbenhub	mm	710	710
Bauart der Schiebersteuerung		Walschaert Trofimov	Walschaert
Dampfeinlaßrichtung der Schiebersteuerung		von innen	von innen
Schieberdurchmesser	mm	300	305
Einlaßüberdeckung	mm	38	25,5
Auslaßüberdeckung		0	0
Voreilung	mm	6	3
Kanalbreite	mm	55	44,5
Max. Schieberhub	mm	161	152
Max. Füllung	%	74	88
Länge der Triebstange	mm	2845	2845
4. Rahmen und Fahrwerk			
Dicke des Hauptrahmens	mm	114	114
Anzahl der Stützpunkte der Federung		3	3
Laufraddurchmesser vorn	mm	840	840
Triebraddurchmesser	mm	1370	1370

Lokomotive, Baureihe SL. 6, Bauart Shengli mit Flachschornstein. Die Lokomotive ist vor einem Personenzug im Bahnhof Hailar.

Bezeichnung	Maß-einheit	Baureihe Jianshe	Baureihe Jefang
Laufraddurchmesser hinten	mm	1 120	1 120
Kleinster befahrbarer Gleisbogenhalbmesser	m	145	145
5. Tender			
Kohlenfüllung	t	17	14
Wasserfüllung	m³	35	30
Raddurchmesser	mm	1 000	840
Anzahl der Achsen		4	4
Leergewicht	t	32,1	27
Dienstgewicht	t	84	71
Höhe der Wassereintrittsöffnung über SO	mm	3 482	2 940
6. Hauptausrüstungen			
Speisewasservorwärmer		Mischvorwärmer	
Strahlpumpe		FX 11	X 10
Luftkompressor		zweistufig Typ MT_3	einstufig 2 Stück
Öldruckpresse		mit 14 u. 8 Rohren	mit 14 u. 8 Rohren
Generator		Typ JWF-IZ	Typ JWF-IZ
Druckluftbremse		Typ ET 6	Typ ET 6
Einrichtung zur Erhöhung des Reibungsgewichts		eingebaut	nein
Aschenkastenreinigungsvorrichtung		pneumatisch	manuell

2.7 Die Personenzuglokomotive, Baureihe SL (Shengli)

Die Lokomotive, Baureihe SL (Shengli), ist die erste Personenzugdampflokomotive Chinas, die in der Lokomotiv- und Waggonbaufabrik Sifang im September 1956 probeweise hergestellt wurde. Die Lokomotive, Baureihe SL_6, entstand auf der Basis der früheren Lokomotiven Shengli mit einigen Verbesserungen, besonders durch Temperaturerhöhung des Heißdampfs und Erhöhung der Lokomotivleistung.
Die Konstruktionsmerkmale dieser Lokomotive sind: Die Anzahl der Rauchrohre wurde von 36 auf 50 Stück und die der Überhitzerelemente von

Die Traktionskennlinien der Lokomotive, Baureihe SL_6 (Abhängigkeit der Zugkraft am Radumfang und der Geschwindigkeit bei verschiedenen Zylinderfüllungsgraden und Heizflächenbelastungen).

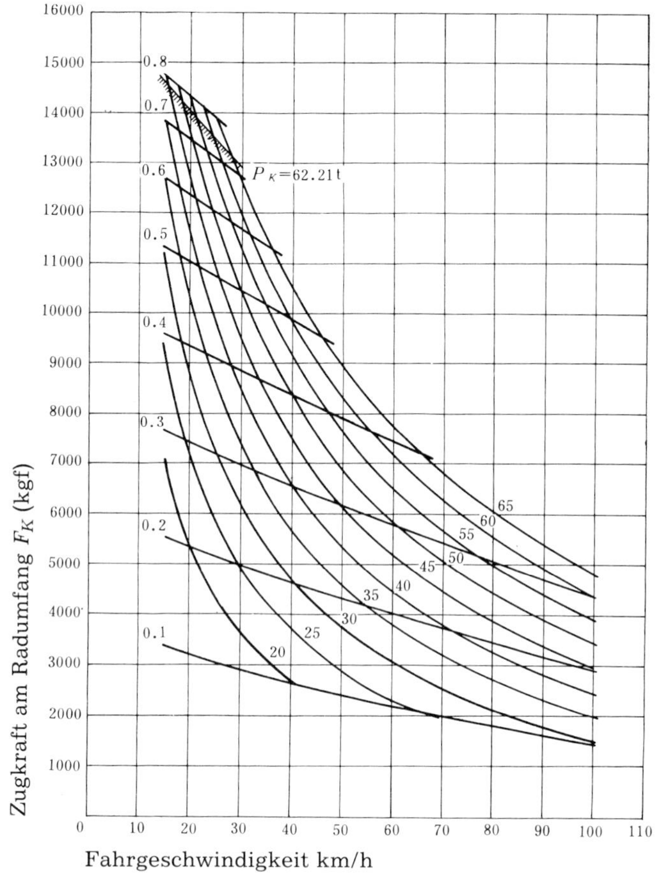

20–65: Heizflächenbelastung in kg/m²h
0,1–0,8: Zylinderfüllungsgrade

4-6-2-Personenzug-Lokomotive Baureihe SL.6.

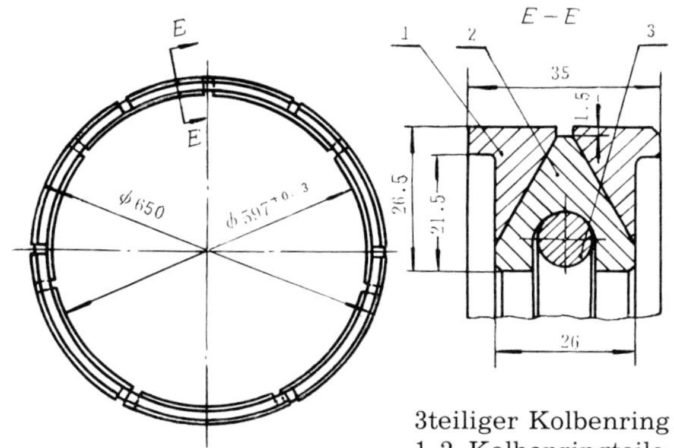

3teiliger Kolbenring
1, 2 Kolbenringteile
3 Feder

30 auf 36 Sätze vergrößert, dagegen die der Heizrohre von 125 auf 88 verringert. So wurde die Überhitzerheizfläche auf 97,3 m² vergrößert. Das Verhältnis zwischen der Überhitzerfläche und der Verdampfungsheizfläche wurde von 0,382 auf 0,503 erhöht. Die Temperatur des Heißdampfes im Dampfsammelkasten liegt nunmehr bei 402° C. Die Leistung der Lokomotive wurde dadurch gesteigert. Die Zylinder wurden aus Stahlguß gefertigt und mit Trofimov-Schiebern ausgestattet. Die einteiligen Kolben sind aus Stahlguß und mit geteilten Kolbenringen versehen. Jeder Kolbenring besteht aus drei Teilen mit 1 Feder. Eine pneumatische Aschenkastenreinigungsvorrichtung wurde eingebaut. Triebachslager wurden mit Öl geschmiert, welches zentral durch eine Öldruckpresse mit 14 Anschlußleitungen zugeführt wird.

Der Schieberkasten erhält durch eine Öldruckpresse mit 8 Anschlußleitungen und die Luftpumpe aus einer Öldruckpresse mit 4 Anschlüssen das Schmiermittel mechanisch zugeführt. Der Wasserkasten, der Kohlenkasten und der Rahmen des Tenders sind von geschweißter Konstruktion. Der Wasserkasten wurde mit zwei Wassereinläufen und mit einem Schwimmer-Wasserstandsanzeiger versehen. Wenn diese Lokomotive mit einem Personenzug von 800 t auf ebener Strecke fährt, kann sie eine Fahrgeschwindigkeit von 100 km/h und auf einer Steigung von 6 ‰ 45 km/h erreichen.

Die Dampflokomotive, Bauart Shengli, ist eine Hauptbauart der Personenzuglokomotiven Chinas auf einigen Hauptstrecken und Nebenbahnen. Die Hauptabmessungen und allgemeinen Daten der Lokomotive, Bauart Shengli, werden in Tabelle 2–6 gezeigt.

Tabelle 2.6
Die Hauptabmessungen und allgemeinen Daten der Personenzuglokomotiven, Bauarten Renmin und Shengli

Bezeichnung	Maß-einheit	Bauart Renmin	Bauart Shengli
1. Allgemeine Daten		RM	SL_6
Radanordnung		4–6–2	4–6–2
Höchstgeschwindigkeit	km/h	110	110
Reibungszugkraft bei $\mu = 0{,}286$	kp	18050	16880
Dienstgewicht	t	101,54	100,67
Leergewicht	t	89,79	88,71
Reibungsgewicht	t	63,12	62,21
Achslast der Führungsachse	t	9,95	9,89
Achslast der hinteren Laufachse	t	18,52	18,68
Ganzer Achsstand der Lokomotive	mm	10110	10110
Fester Achsstand der Lokomotive	mm	3660	3660
Max. Höhe der Lokomotive mit Tender	mm	4790	4622
Max. Breite der Lokomotive mit Tender	mm	3240	3202
Ganzer Achsstand der Lokomotive mit Tender	mm	20406	19683
Gesamtlänge der Lokomotive mit Tender	mm	23252	22618
Leistung	PS	1900	1500
Zugkraft	kp	14440	13300
Höhe der Kesselmittellinie über SO	mm	2900	2900
2. Kessel			
Kesseldruck	kp/cm²	15	14
Rostfläche	m²	4,84	4,84
Verdampfungsheizfläche insgesamt davon Feuerbüchse	m² m²	193,26 22,48	193,2 22,6
Verdampfungsheizfläche der Heizrohre	m²	101,75	101,5
Verdampfungsheizfläche der Rauchrohre	m²	69,03	69,1
Überhitzerheizfläche	m²	97,88	97,3
Länge der Verbrennungskammer	mm	847	846
Anzahl der Feuerschirmrohre	St.	4	4
Außendurchmesser der Feuerschirmrohre × Wandstärke	mm	76 × 5	76 × 5
Anzahl der Rauchrohre	St.	50	50
Außendurchmesser der Rauchrohre × Wandstärke	mm	133 × 2,5	133 × 2,5
Anzahl der Heizrohre	St.	88	88
Außendurchmesser der Heizrohre × Wandstärke	mm	51 × 4	51 × 4
Außendurchmesser der Überhitzerrohre × Wandstärke	mm	35 × 3,5	35 × 3,5
Min. Innendurchmesser der Kesseltrommel	mm	1908	1834
Abstand zwischen den Innenseiten der Rohrwände (Rohrlänge)	mm	4900	4900
3. Dampfmaschine			
Anzahl der Zylinder	St.	2	2
Zylinderbohrung	mm	570	570
Kolbenhub	mm	660	660
Bauart der Schiebersteuerung		Walschaert Trofimov	Walschaert Trofimov
Dampfeinlaßrichtung der Schiebersteuerung		von innen	von innen
Schieberdurchmesser	mm	300	300
Dampfeinlaßüberdeckung	mm	33	27
Dampfauslaßüberdeckung	mm	−3	−5
Voreilung	mm	6	6
Kanalbreite	mm	55	44,5
Max. Schieberweg	mm	185,5	164,5
Max. Zylinderfüllung	%	84	85
Länge der Treibstange	mm	2690	2690
4. Rahmen und Fahrwerk			
Dicke des Hauptrahmens	mm	114	114
Anzahl der Stützpunkte der Federung		3	3
Laufraddurchmesser vorn	mm	840	840

Tabelle 2.6 (Fortsetzung)

Bezeichnung	Maß-einheit	Bauart Renmin	Bauart Shengli
Triebraddurchmesser	mm	1750	1750
Durchmesser der hinteren Laufräder	mm	1120	1120
Kleinster befahrbarer Gleisbogenhalbmesser	m	145	145
5. Tender			
Kohlenfüllung	t	15	14
Wasserfüllung	m³	35	30
Tenderraddurchmesser	mm	1000	920
Anzahl der Achsen		4	4
Leergewicht	t	32	27,9
Dienstgewicht mit vollen Vorräten	t	82	71,9
Höhe der Wasser-eintrittsöffnung über SO	mm	3382 3580	3125
6. Hauptausrüstungen			
Rostbeschickungs-vorrichtung		Typ C_3	–
Speisewasser-vorwärmer		Misch-vorwärmer	–
Strahlpumpe		Typ FX 11	Typ X 10
Luftkompressor		Typ MT_3 zweistufig	einstufig 2 St.
Generator		Typ JWF–1Z	Typ JWF–1Z
Öldruckpresse		14 Rohre	14 Rohre
Druckluftbremse		Typ ET_{6-}	Typ ET_6
Aschenkastenreini-gungsvorrichtung		pneu-matisch	pneu-matisch

2.8 Die Personenzuglokomotive, Baureihe RM (Renmin) – die verbesserte Lokomotive Shengli

Die Personenzuglokomotive, Baureihe Renmin (Bezeichnung RM), wurde im Jahre 1957 von der Lokomotiv- und Waggonfabrik Dalian auf der Basis der Lokomotive Shengli mit Verbesserungen konstruiert. Im April 1958 wurde die erste Lokomotive in der Lokomotiv- und Waggonfabrik Sifang versuchsweise hergestellt.
Anfang 1959 wurden auf dem festen Prüfstand in Dalian Untersuchungen zur Thermodynamik und Traktionscharakteristik an der Renmin-Lokomotive Nr. 1002 durchgeführt. Die Prüfungsergebnisse bestätigten, daß die Lokomotive die vorgegebenen Eigenschaften erreicht hat. Die Leistung der Lokomotive Renmin hat sich im Vergleich zu der Lokomotive Shengli um 28,9 % erhöht. Der spezifische Metallverbrauch pro PS wurde um 21,4 % und der spezifische Kohlenverbrauch um 11,8 % verringert. Die Konstruktionsmerkmale dieser Lokomotive sind: Der Kessel ist vollständig elektrisch geschweißt, die Überhitzerrohre bestehen aus 50 Elementen, die Temperatur in dem Schieberkasten kann 409° C erreichen, der Dampfdruck des Kessels wurde auf 15 kp/cm² erhöht und der Regler als Hochhubregler ausgeführt. Er befindet sich über dem Überhitzer-Dampfsammelkasten hinter der Rauchkammer. Deshalb befinden sich die Dampfentnahmerohre außerhalb des Kessels.
Die Überhitzer-Dampfsammelkästen sind aus Stahlgußteilen zusammengesetzt. Speisewasservorwärmer und pneumatische Aschenkastenreinigungsvorrichtung sind eingebaut. Es wurden zwei nicht saugende Strahlpumpen angeordnet.
Die Zylinder wurden aus Stahlguß gefertigt und mit Trofimov-Schiebern ausgestattet. Die einteili-

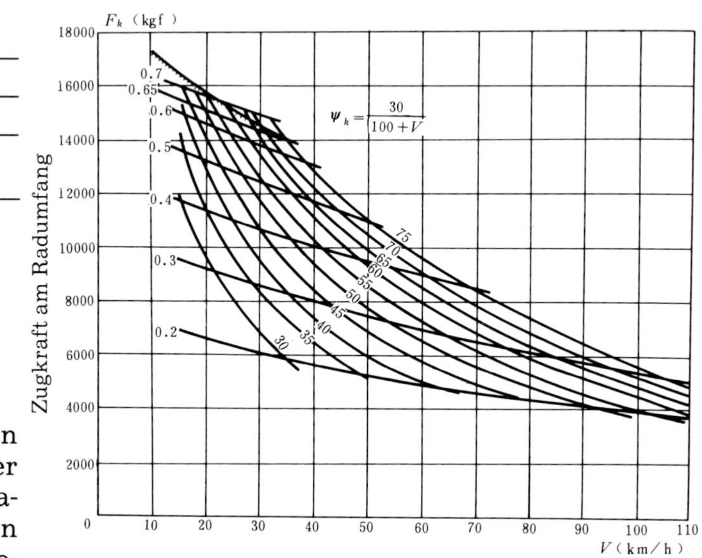

Fahrgeschwindigkeit km/h

30–75 = Heizflächenbelastung in kg/m²h
0,2–0,7 = Zylinderfüllungsgrade

Die Traktionskennlinien der Lokomotive Renmin (Abhängigkeit der Zugkraft am Radumfang und der Geschwindigkeit unter verschiedenen Zylinderfüllungen und Heizflächenbelastungen).

gen Kolben sind aus Stahlguß und mit Mehrfach-Kolbenringen versehen. Jeder Kolbenring besteht aus fünf Abschnitten.
Die Triebachslager wurden mit selbstnachstellenden Stellkeilen versehen. Der Schieberkasten erhält durch eine Öldruckpresse mit 14 Rohren und die Luftpumpe durch eine Öldruckpresse mit 5 Zuleitungen Öl zugeführt.
Die Achslagerführungen an Lauf- und Triebrädern und Achslagerschalen der führenden Achsen, der Antriebsachse und der hinteren Laufachse erhalten zentral durch eine Öldruckpresse mit 14 Leitungen Öl zugeführt.
Der Wasserkasten, der Kohlenkasten sowie der Rahmen des Tenders sind elektrisch geschweißt. Der Wasserkasten ist mit einem Schwimmer-Wasserstandsanzeiger versehen. Der Tender besitzt eine Kohlennachschubvorrichtung. Sein Raddurchmesser wurde auf 1000 mm erhöht. Der Vorrat an Kohle und Wasser wurde vergrößert.
Sämtliche Büchsen der Schiebersteuerung, Federung- und Bremseinrichtung sind aus Stahl mit mittlerem Kohlenstoffgehalt hergestellt und die Oberflächen durch Hochfrequenz gehärtet.

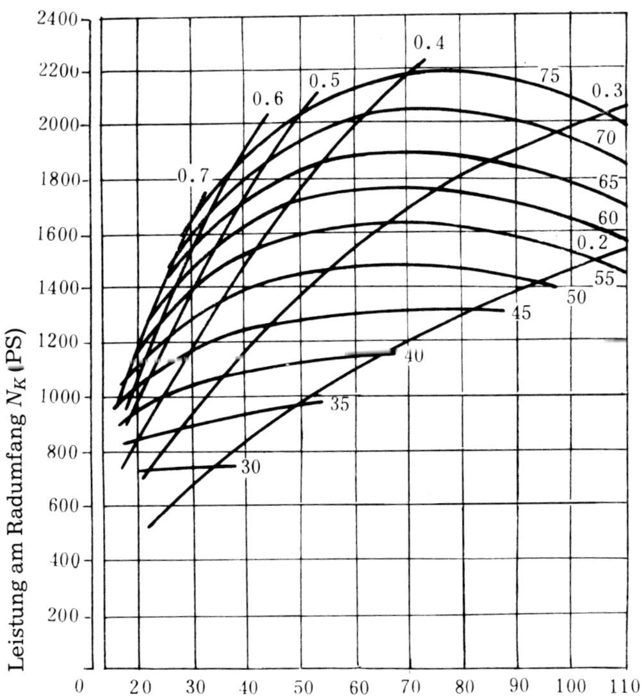

Fahrgeschwindigkeit km/h

30–75: Heizflächenbelastung in kg/m²h
0,2–0,7: Zylinderfüllungsgrade

Die Lokomotive wurde mit Windleitblechen ausgerüstet.
Wenn diese Lokomotive mit einem Personenzug von 800 t, bestehend aus vierachsigen Wagen, auf einer ebenen Strecke fährt, kann sie eine Fahrgeschwindigkeit von 94,5 km/h und auf einer Steigung von 6 ‰ 57 km/h erreichen.
Ursprünglich war die Lokomotive RM in den Schieberbuchsen mit Nachfüllschlitzen ausgestattet worden und die mit der Steuerung einstellbare Maximalfüllung auf ca. 50 % begrenzt, um das mit höherem Verbrauch verbundene Fahren mit hohen Zylinderfüllungen nicht zu ermöglichen. Diese bei großen Lokomotiven in den USA in Verbindung mit einem Booster als Anfahrhilfe bewährte Maßnahme führte aber hier nicht zum gewünschten Erfolg, da man in China keinen Booster in die Lokomotive RM einbaute. Bei den üblicherweise langen und schweren Reisezügen hatte die Baureihe RM häufig Anfahrschwierigkeiten, was zum Zurückdrücken des Zuges und dabei zu Stößen und Zerrungen im Zug infolge der Spiele in den Kupplungen führte. Besonders unangenehm war das Überlaufen von Tee und Suppe in den Speisewagen, und die Reisenden beklagten sich zu Recht über dieses schlechte Anfahrverhalten und seine Folgen im Zug. Die Lokomotiven RM wurden deshalb einer Umbauaktion unterzogen und erhielten eine Steuerungsänderung, so daß damit 84 % Maximalfüllung einstellbar wurde und damit auch schwere Züge weich angefahren werden können.
Aufgrund mehrmaliger Untersuchungen wurde die Lokomotive Renmin umgebaut, wobei die Einlaßüberdeckung auf 33 mm, die Voreilung auf 6 mm, die Auslaßüberdeckung auf −3 mm, die max. Zylinderfüllung auf 0,84, der max. Schieberhub auf 185,5 mm verändert wurden. All diese Veränderungen haben sich bewährt. Eine Vergleichsprüfung der Lokomotive Renmin mit der Lokomotive Shengli wurde auf dem Versuchsring durchgeführt und bewies, daß die Zugkraft der Lokomotive Renmin größer als die der Lokomotive Shengli ist. So wurden alle RM-Lokomotiven auf diese Konstruktion umgebaut.
Die Hauptabmessungen und allgemeine Kenndaten der Lokomotive Renmin zeigt die Tabelle 2–6.

<
Leistungskennlinien der Lokomotive RM, bezogen auf den Radumfang.

2–10–2-Güterzug-Lokomotive Nr. 1511, Baureihe FD.

2.9 Die Lokomotiven der Baureihe FD aus der UdSSR

Die Lokomotive, Baureihe FD (Felix Dzerzhinski), bezeichnete man bei den SZD als Lokomotive ФД, und sie war ein Haupttyp der Güterzuglokomotiven, die lange Jahre bei den Sowjetischen Eisenbahnen SZD eingesetzt waren.
Die erste Lokomotive, Baureihe ФД, wurde nach dem Entwurf des Zentralamts für Lokomotivkonstruktion der UdSSR im Jahre 1931 von der Dampflokomotivfabrik Vorochilovgrad gebaut.
1940 wurde die Konstruktion dieser Lokomotive verbessert. Die vor der Verbesserung gebauten Lokomotiven wurden in der UdSSR als Bauart $ФД_{20}$ bezeichnet, die Betriebsnummer begann mit 1001; nach der Verbesserung wurde die Bauart als $ФД_{21}$ bezeichnet, die Betriebsnummer begann mit 2001.
China hat 1958 und 1960 zweimal hintereinander insgesamt 1000 Stück Lokomotiven der Baureihe ФД importiert und auf Normalspur umgebaut. Bei der ersten Lieferung fing die Betriebsnummer der Bauart $ФД_{20}$ von 1001 und die Betriebsnummer der Bauart $ФД_{21}$ von 2001 an; bei der zweiten Lieferung begann die Betriebsnummer mit 2201. Die Dampflokomotiven aus den dreißiger Jahren wurden in der UdSSR schon über 20 Jahre und dann weiter in China über 10 Jahre benutzt. Nun werden sie allmählich aus dem Betrieb gezogen.

2.9.1 *Die Konstruktion und Charakteristik der Lokomotive, Baureihe FD*

2.9.1.1 *Der Kessel*

Die Kesseltrommel bestand aus vier Schüssen, darunter einem Schuß von halbkegeliger Form. Die Feuerbüchse wurde mit gewölbter Decke und der Stehkessel mit runder Decke ausgeführt. Die Länge der Verbrennungskammer betrug 1200 mm. Der Regler bestand aus mehreren Ventilen. Der Handgriff des Reglers befand sich auf der rechten Seite des Führerhauses. Der Betätigungssinn des Reglers war umgekehrt wie bei den jetzigen Lokomotiven Chinas.
Es sind drei Strahlpumpen für die Speisung des Kessels angeordnet: auf der rechten Seite eine Pumpe von Typ HB 16.5 mit einer Leistung von 400 l/min, auf der linken Seite der Stehkesselrückwand eine Pumpe vom Typ BB 11 mit einer Leistung von 250 l/min sowie ein Speisewassermischvorwärmer.

2.9.1.2 *Die Dampfmaschine*

Es sind zwei liegende Zylinder eingebaut. Trieb- und Kuppelstangen sind von einteiliger Konstruktion. Der Querschnitt der Triebstange ist I-förmig und derjenige der Kuppelstange rechteckig. Alle Stangenlager sind mit schwimmenden Büchsen versehen. Die Innenbüchse ist aus Kupfer, die Außenbüchse aus Stahl. Die Ölbohrungen der Trieb- und Kuppelstangen befinden sich nicht oben, sondern etwas nach vorn oder nach hinten versetzt, um Risse an den hoch beanspruchten Stellen der Stangenköpfe zu vermeiden. Der Kreuzkopf ist in einseitiger I-Form gebaut. Die Schiebersteuerung war vom Typ Walschaert, es sind zwei Arten von Schiebern in Verwendung, nämlich Trofimov-Schieber und einfache Kolbenschieber.

2.9.1.3 *Der Rahmen und das Fahrwerk*

Der Barrenrahmen besteht aus Stahlguß. Die Federung ist an drei Stützpunkten aufgehängt. Sämtliche Federn sind als oben angeordnete Blattfedern ausgeführt. Alle Bolzen der Ausgleichhebel sind mit Splinten gesichert. Die Federn wirken elastisch, was der Lokomotive eine ruhige Fahrt gewährleistet. Die Triebradsterne sind in zwei Ausführungen verwendet worden, Speichen und Scheiben. Die Triebradreifen sind ohne Spurkranz ausgeführt. An der inneren Seite sind die Radreifen mit Sprengringen gesichert.
Die I. und V. Triebachse haben eine große Querbeweglichkeit. Deshalb wurden zwei Sonderkonstruktionen eingeführt. Erstens wurde auf beiden Seiten der I. und V. Triebachse zwischen den Achslagergehäusen eine feste Querverbindung eingefügt, so daß die Achslagergehäuse beider Seiten bei der Querbewegung einen Teil bilden und möglichst ihre Stellung in der Mitte oder in der Nähe des Achszapfens einhalten. Zweitens hat man die oberen Flächen der I. und V. Triebachslagergehäuse flach ausgebildet. Auf dieser Fläche wurde eine frei gleitbare Sattelplatte gelegt. Der Federsattel wurde in diese Sattelplatte eingepreßt, um ein Anschlagen bei der Durchfahrt in Gleisbogen wegen größerer Querbeweglichkeit der I. und V. Kuppelachslagergehäuse zu vermeiden.
Außerdem wurde auf dem Rahmenquerträger bei dem I. und V. Achslagergehäuse eine Rückstellvorrichtung eingebaut. Die Mittellage der Triebachslager wird durch die Rückstellkraft, die die Hebeldruckfedern hervorbringen, wiederhergestellt. Die vordere und hintere Laufachse sind in Deichselgestellen geführt.
Die Triebachsgleitlagerschalen bestehen aus drei Teilen, dem Oberteil als Hauptlager, und unterhalb des Hauptlagers befinden sich vorn und hinten jeweils eine seitliche Lagerschale.

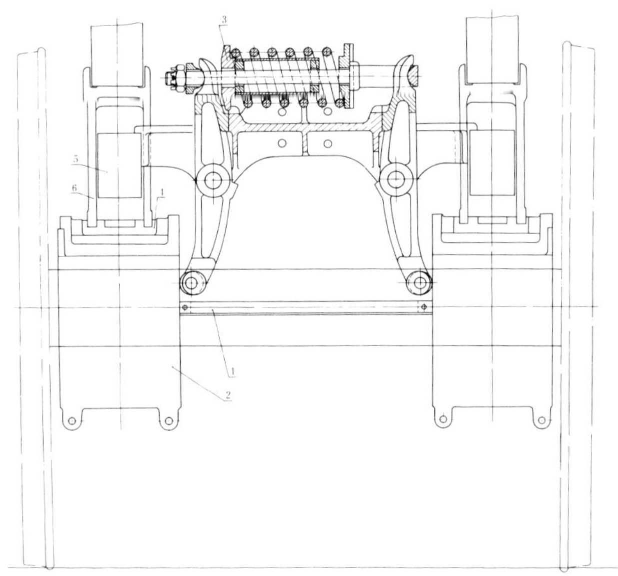

1. und 5. Kuppelachse mit großer Seitenbeweglichkeit und Rückstellvorrichtung in der Lokomotive-Baureihe FD

1 Querverbindung zwischen den beiden Achslagern
2 Achslagergehäuse
3 Rückstelleinrichtung
4 Sattelplatte
5 Hauptrahmen
6 Federsattel

2.9.1.4 *Der Tender*

Für die Lokomotive, Baureihe FD, sind sechsachsige Tender der Typen 17 und 617 mit zwei dreiachsigen Drehgestellen eingeführt. Es gibt zwei Arten von Rädern für den Tender: Scheibenräder und Speichenräder.

2.9.2 *Die Rekonstruktion der Lokomotive, Baureihe FD, in China.*

Damit diese Lokomotiven auf den Strecken mit Normalspur in China fahren können, wurden die importierten Lokomotiven der Baureihe FD in den Werken Mudanjian, Changchun und Changxindian umgebaut. Die wesentlichen Änderungen: Der Abstand zwischen den Innenseiten der Radstreifen wurde von 1440 mm in 1353 mm verwandelt; an Lok und Tender wurden die Querbalken des Bremsgestänges verkürzt; das Bremsklotzgehänge der Lokomotive wurde neu hergestellt und das des Tenders nach innen gebogen.
Die sowjetische Kupplung wurde durch die chinesische Kupplung Nr. 3 ersetzt und die Höhe der Kupplung über SO von 1050 mm auf 876 mm herabgesetzt. Die Bremseinrichtung vom Typ Kasantchev wurde gegen die Bauart Westinghouse ET_6 ausgetauscht.
Die Hauptabmessungen und die allgemeinen Kenndaten der Lokomotive, Baureihe FD, zeigt die Tabelle 2–7.

Tabelle 2.7

Bezeichnung	Meß-einheit	Baureihe QJ	Baureihe FD 20 (21)
1. Allgemeine Daten			
Radanordnung		2–10–2	2–10–2
Spurweite	mm	1435	1435
Höchstgeschwindigkeit	km/h	80	85
Reibungszugkraft	kp	33 290	34 010
Dienstgewicht	t	133,8	134,4 (137)
Leergewicht	t	119,29	120,6 (123,1)
Reibungsgewicht	t	100,5	100,7 (103)
Achslast der Führungsachse	t	13,4	14,0
Achslast der hinteren Laufachse	t	19,9	19,7 (20)
Ganzer Achsstand der Lokomotive	mm	12 320	12 370
Fester Achsstand der Lokomotive	mm	6400	6500
Max. Höhe der Lokomotive mit dem Tender	mm	4790	4800
Max. Breite der Lokomotive mit dem Tender	mm	3375	3250
Ganzer Achsstand der Lokomotive mit dem vierachsigen Tender	mm	22 972	
sechsachsigen Tender	mm	25 890	25 817
Gesamtlänge der Lokomotive mit dem vierachsigen Tender	mm	26 023	
sechsachsigen Tender	mm	29 181	29 070
Leistung am Radumfang bei der Heizflächenbelastung von 75 kg/m²h	kW	2193	1760
	PS	2980	2390
Zugkraft bei 27,5 km/h	kp	23 500	20 740
Gesamtwirkungsgrad bei Nennleistung	%	8,42	7,55
Höhe der Kesselmittellinie über SO	mm	3100	3050
2. Kessel		QJ	FD
Kesseldruck	kp/cm²	15	15
Rostfläche	m²	6,8	7,04
Verdampfungsheizfläche der Feuerbuchse mit den Feuerschirmrohren	m²	32,5	31,23 (30,80)
Verdampfungsheizfläche der Heizrohre	m²	82,29	216,83 (114,00)
Verdampfungsheizfläche der Rauchrohre	m²	154,24	46,03 (104,80)
Verdampfungsheizfläche des Kessels	m²	269	294,09 (249,6)
Überhitzerheizfläche	m²	144,10	138,50 (122,50)
Länge der Verbrennungskammer	mm	1200	1200
Gesamtvolumen der Feuerbüchse	m³	13,555	12,7
Anzahl der Feuerschirmrohre	St.	4	4
Durchmesser der Feuerschirmrohre (außen/innen)	mm	89/79	89/79

Bezeichnung	Meß-einheit	Baureihe QJ	Baureihe FD 20 (21)
Anzahl der Heizrohre	St.	80	44 (98)
Durchmesser der Heizrohre (außen/innen)	mm	51/46	57/51
Anzahl der Rauchrohre	St.	69	130 (40)
Durchmesser der Rauchrohre (außen/innen)	mm	133/125	89/82,5 (152/143)
Durchmesser der Überhitzerrohre (außen/innen)	mm	35/28	29/23
Anzahl der Überhitzerrohre in einem Heizrohr	St.	4	2 (6)
Min. Innendurchmesser des Langkessels	mm	2100	1837
Abstand zwischen den Innenseiten der Rohrwände (Rohrlänge)	mm	5350	5970
3. Dampfmaschine		QJ	FD
Bauart der Dampfmaschine		Einfachexpansion Zwilling	Einfachexpansion Zwilling
Zylinderbohrung	mm	650	670
Kolbenhub	mm	800	770
Bauart der Schiebersteuerung		Trofimov-Schieber mit innerer Einströmung	Trofimov-Schieber mit innerer Einströmung oder Kolbenschieber
Durchmesser des Schiebers	mm	300	330
Dampfeinlaßüberdeckung	mm	50	48
Dampfauslaßüberdeckung	mm	0	0
Voreilung	mm	8	8
Kanalbreite	mm	75	80
Max. Schieberhub	mm	204,4	200
Max. Zylinderfüllung	%	72	72,5
Länge der Triebstange	mm	3045	3025
4. Fahrgestell		QJ	FD
Dicke des Hauptrahmens	mm	140	125

Bezeichnung	Meß-einheit	Baureihe QJ	Baureihe FD 20 (21)
Federungsbauart		auf drei Stützpunkten	auf drei Stützpunkten
Durchmesser der führenden Räder	mm	920	900
Triebraddurchmesser	mm	1500	1500
Durchmesser der hinteren Laufräder	mm	1120	1050
Min. befahrbarer Gleisbogenhalbmesser	m	145	150
5. Tender		QJ	FD
Kohlenfüllung des vierachsigen Tenders	t	14,5	
des sechsachsigen Tenders	t	21,5	22,0
Wasserfüllung des vierachsigen Tenders	m³	39,5	
des sechsachsigen Tenders	m³	50	44,0
Raddurchmesser	mm	1000	1050
Anzahl der Achsen	St.	4 6	6
Leergewicht des vierachsigen Tenders	t	33,6	
des sechsachsigen Tenders	t	47,5	54
Dienstgewicht mit vollen Vorräten des vierachsigen Tenders	t	87,6	
des sechsachsigen Tenders	t	119,0	120,0
6. Hauptausrüstungen		QJ	FD
Rostbeschickungsvorrichtung		Typ C3	Typ BK Lazikof
Speisewasservorwärmer		Mischvorwärmer	Mischvorwärmer
Strahlpumpe		X 10 und je 1 St. FX 16,5	X 12 und je 1 St. FX 16,5
Luftkompressor		Typ MT_3, zweistufig	Typ MT_3, zweistufig

Hauptabmessungen und allgemeine Daten der Güterzuglokomotiven, Baureihen QJ und FD.
Anmerkung:
Die Daten in Klammern betreffen die Bauart FD 21.

Lokomotive, Baureihe QJ, vor einem Kohlenzug.

Tabelle 2.7 (Fortsetzung)

Bezeichnung	Meß-einheit	Baureihe QJ	Baureihe FD 20 (21)
Öldruckpresse		14 Rohre 1 St. 5 Rohre 1 St.	14 u. 8 Rohre je 1 St.
Druckluftbremse		Typ ET_6	Typ ET_6
Einrichtung zur Erhöhung des Reibungsgewichts		vorhanden	vorhanden
Kohlennachschubvorrichtung		Typ FT 4 pneumatisch	nicht vorhanden

2.10 Die Hochleistungsgüterzuglokomotive der Baureihe QJ (Quanjin) – eine Dampflokomotive der neuesten Generation

Die Güterzuglokomotive der Baureihe Qanjin (Bezeichnung QJ) ist eine Hochleistungsdampflokomotive, die in China selbst konstruiert und hergestellt wurde. Gegenwärtig wird sie in der Lokomotivfabrik Datong serienmäßig gefertigt. Sie hat die Radanordnung 2–10–2 und läßt sich mit sechsachsigen oder vierachsigen Tendern kuppeln. Bei der Konstruktion dieser Lokomotive wurden viele fortschrittliche Techniken angewandt. Versuche und mehrjähriger Betrieb mit der Lokomotive bewiesen, daß die Verdampfungsleistung und die Zugkraft am Radumfang wegen der zweckmäßigen Konstruktionsabmessungen des Kessels gut ausgenutzt werden können. Die Heizflächenbelastung dieser Lokomotive kann mehr als 90 kg/m² h, der höchste Gesamtwirkungsgrad 8,42 % und die Leistung am Radumfang 2980 PS erreichen. Bei einer Geschwindigkeit von 27,5 km/h beträgt die Zugkraft am Radumfang 23 500 kp. Bei einer Geschwindigkeit von 20 km/h und einem Zylinderfüllungsgrad von 0,65 kann die Zugkraft am Radumfang 24 650 kp erreichen. Für Dampflokomotiven sind diese Werte relativ hoch.

Die Lokomotive, Baureihe QJ, zeichnet sich durch Zuverlässigkeit, einfache Bedienung und Wartungsfreundlichkeit aus. Daher spielt sie gegenwärtig eine wichtige Rolle für die Zugförderung bei der Chinesischen Eisenbahn.

Die Hauptabmessungen und die allgemeinen Kenndaten der Lokomotive, Baureihe QJ, zeigt im Vergleich mit der Baureihe FD die Tabelle 2–7. Nachstehend sind die Kennlinien der Lokomotive, Baureihe QJ, dargestellt.

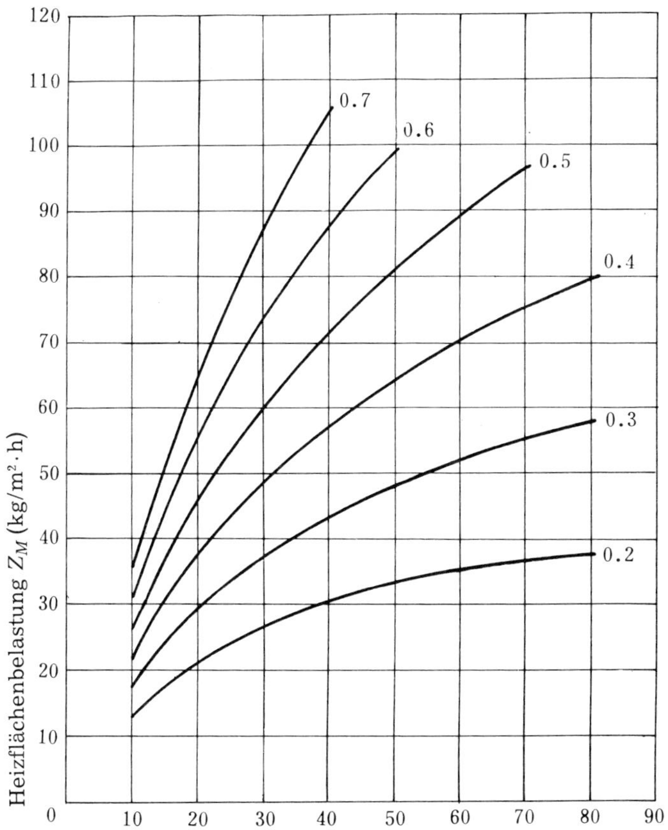

Fahrgeschwindigkeit km/h
0,2–0,7: Zylinderfüllungsgrade

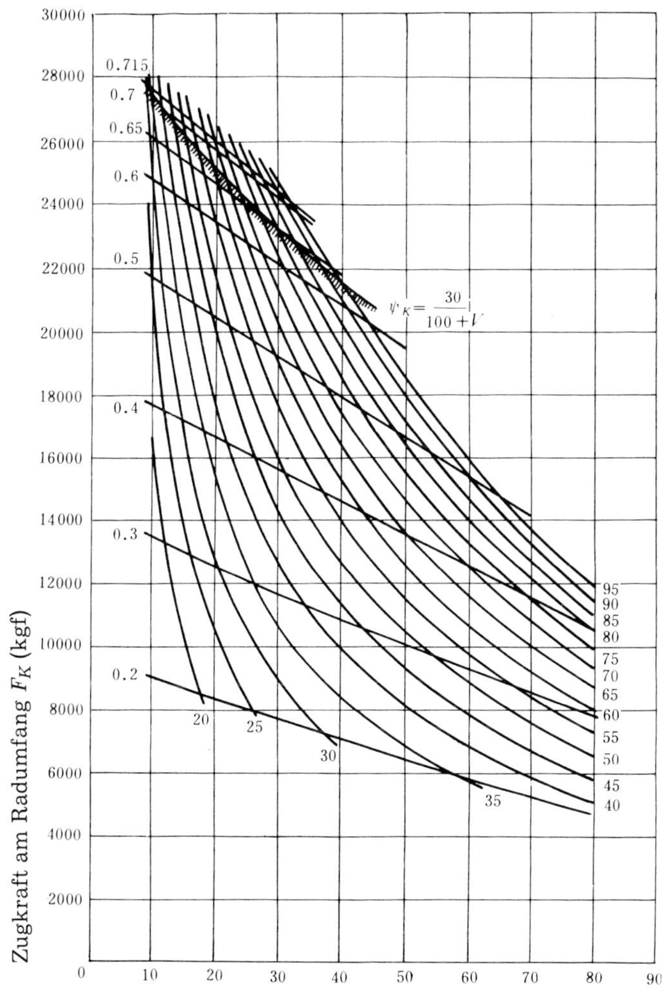

Fahrgeschwindigkeit km/h
40–95: Heizflächenbelastung in kg/m²h
0,2–0,715: Zylinderfüllungsgrade

<

Traktionskennlinien der Lokomotive, Baureihe QJ (Abhängigkeit der Zugkraft am Radumfang von der Geschwindigkeit bei verschiedenen Zylinderfüllungen und Heizflächenbelastungen).

<<

Heizflächenbelastungskennlinien der Lokomotive, Baureihe QJ.

2.10.1 *Der Kessel*

Der Kessel der Lokomotive, Baureihe QJ, ist als vollständige Schweißkonstruktion ausgeführt. Die wichtigsten Schweißnähte der Feuerbüchswände, des Langkessels und der Rauchkammer werden auf verschiedenen Drehvorrichtungen mittels Flachschweißung automatisch geschweißt. Dadurch wird die Schweißqualität des Kessels garantiert.

Der Kessel der Lokomotive, Baureihe QJ, wurde mit Verbrennungskammer versehen. Der Langkessel besteht aus drei Schüssen. Das vordere Ende des ersten Schusses ragt 175 mm in die Rauchkammer hinein und ist durch elektrische Schweißung in überlappender Form mit dem hinteren Ende der Rauchkammer fest verbunden, die auf dem Gußteil des Zylindersattels fest gelagert ist. Der Bodenring ist ein Stahlring mit rechteckigem Querschnitt, der aus Schmiedeteilen zusammengeschweißt wird. Am vorderen En-

Lokomotive, Baureihe QJ, mit einem vierachsigen Tender gekuppelt.

de des Bodenringes befindet sich das Stehkesselgleitstück und am hinteren ein Pendelblech, womit der Hinterkessel auf dem Rahmen gelagert wird.

Der Rost der Lokomotive, Baureihe QJ, wurde in Form chinesischer, herkömmlicher Zahnroststäbe ausgebildet, um das Ausschlacken zu erleichtern. Das Verhältnis der freien Luftdurchgangsfläche des Rostes zur gesamten Rostfläche beträgt 27,1 %.

In der Feuerbüchse sind vier Feuerschirmrohre parallel angeordnet, deren Durchmesser 89 mm

Lokomotive, Baureihe QJ, auf der Drehscheibe.

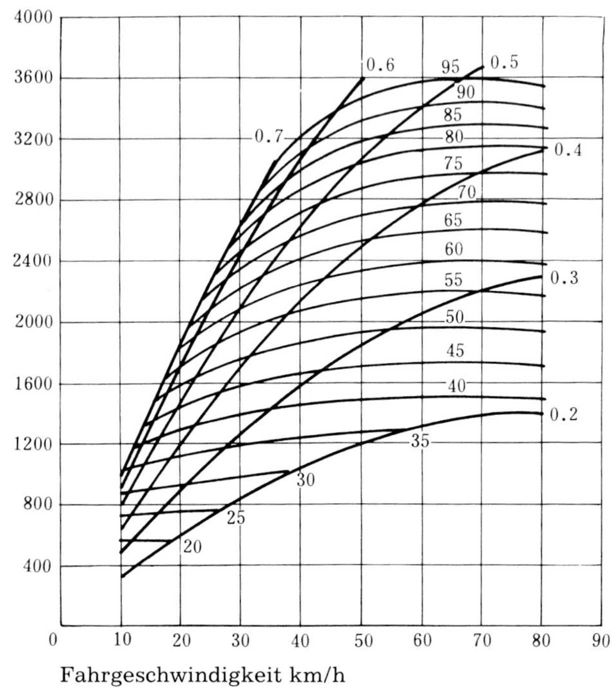

40–95: Heizflächenbelastung in kg/m²h
0,2–0,7: Zylinderfüllungsgrade

>
Leistungskennlinien am Radumfang der Lokomotive, Baureihe QJ.

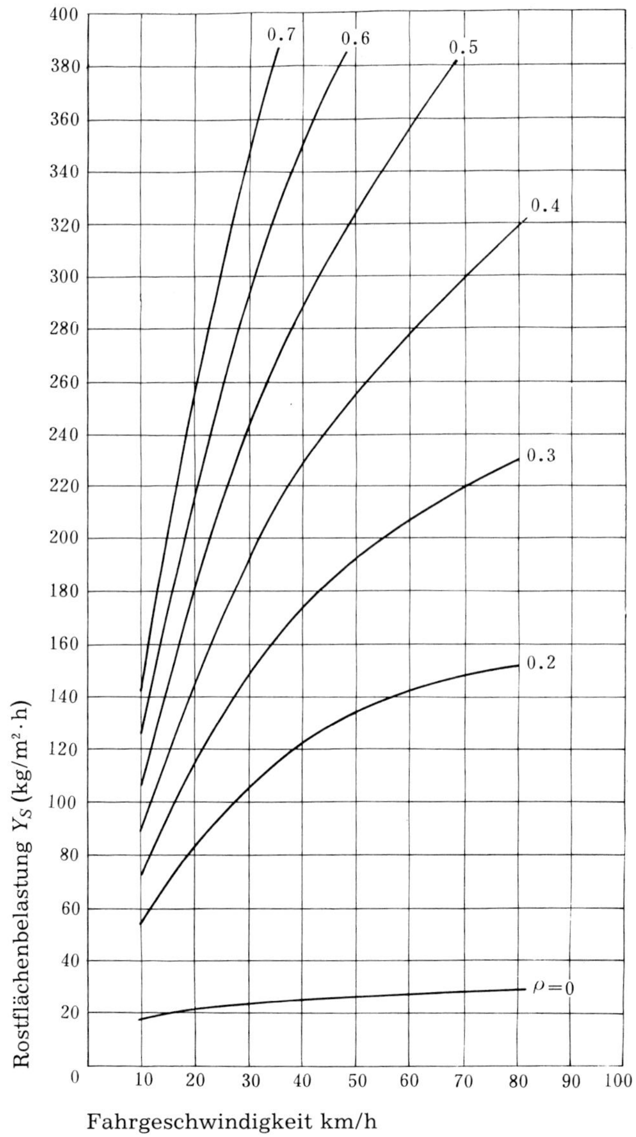

0,2–0,7: Zylinderfüllungsgrade

>>
Rostbelastungskennlinien der Lokomotive, Baureihe QJ (Abhängigkeit der Steinkohleneinheiten-Rostbelastung von der Geschwindigkeit unter verschiedenen Zylinder-Füllungsgraden).

Lokomotive, Baureihe QJ, vor einem Reisezug.

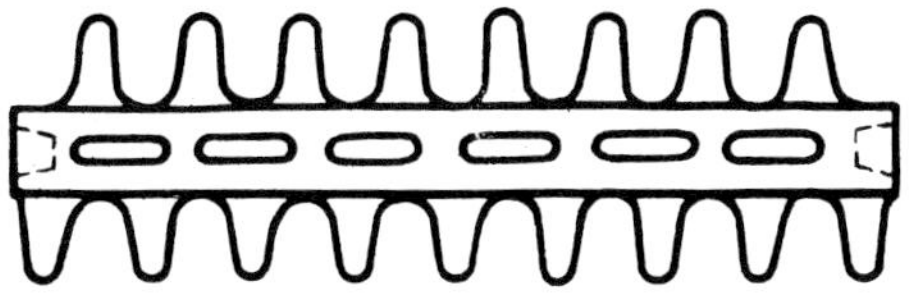

Zahnrostelement

beträgt. Diese Rohre sind gewölbt ausgebildet, deren Halbmesser 1000 und 2000 mm betragen.
Die Feuerschirmsteine sind zwischen den in Längsrichtung eingebauten Feuerschirmrohren in acht Reihen eingelegt, die in zwei Formen unterteilt sind: gewölbte Steine in der Mitte und seitliche Steine an beiden Seiten. Der Abstand zwischen der Oberkante des Feuerschirms und der Feuerbüchse beträgt 620 mm. Die Deckungsfläche des Feuerschirms beträgt etwa 50 % der gesamten Rostfläche. Entlang der Längsachse der Feuerbüchsdecke sind drei hochempfindliche Schmelzpfropfen angeordnet. Die Schmelzpfropfengehäuse und Pfropfen sind aus Stahl A 3 (gleich St 37) hergestellt und mit Blei-Zinn-Legierung (Blei 90 %, Zinn 10 %) ausgegossen. Der Pfropfenkopf ist mit dieser Legierung von etwa 2 mm Dicke bedeckt und muß nach dem Einschrauben 26 mm über der Feuerbüchsdecke sein.

Der Dampfsammelkasten ist in Verbundbauweise ausgeführt und besteht aus zwei getrennten Kammern, nämlich einer Naßdampf- und einer Heißdampfkammer. Die Überhitzereinheit der Bauart A ist in zweimal umkehrender Konstruktion ausgebildet.
Das Reglerrohr befindet sich außerhalb des Langkessels zwischen dem Dom und dem Regler und ist mit Asbest isoliert. Diese Anordnung vereinfacht den Anschluß des Reglerrohrs mit dem Dampfsammelkasten in der Rauchkammer. Der Regler ist in Hochhubbauart mit einfacher Wirkung ausgeführt und am Dampfanschlußrohr des Dampfsammelkastens angebracht, der sich hinten über der Rauchkammer befindet.
Der Kesseldruckmesser ist als zweiseitiges Manometer ausgeführt. Zwei Wasserstandsanzeiger sind an der linken und rechten Seite der Stehkesselrückwand angebracht. Um die Kesselsicherheit zu gewährleisten, sind auf dem Scheitel des dritten Schusses des Langkessels zwei Sicherheitsventile angeordnet, deren Durchmesser 90 mm beträgt. Der Dampf läßt sich gegebenenfalls durch ein Ablaßventil ausblasen, das am vorderen Teil des Sicherheitsventils angeordnet ist.

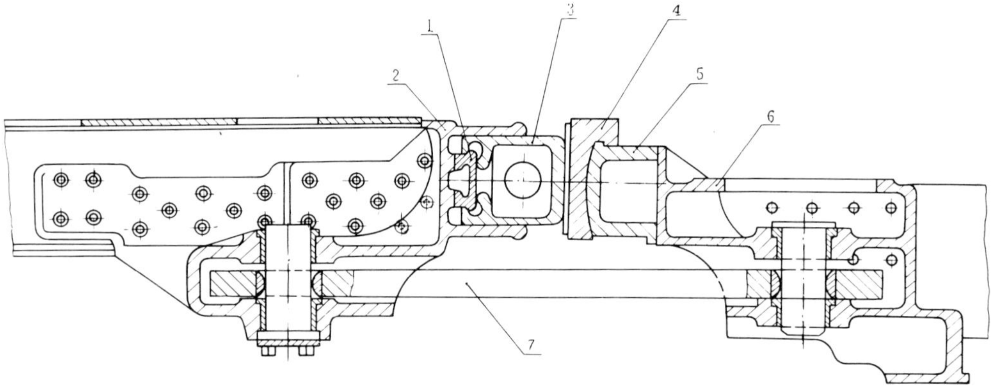

Kupplung zwischen Lok und Tender bei der Baureihe QJ

1 Einstellkeil
2 Tenderrahmen
3 Gleitstück
4 Gleitplatte der Lok
5 Gleitplattenträger
6 Lokrahmenende
7 Zugstange (Kuppeleisen)

Rechts am schrägen Oberteil des Langkessels ist ein Mannloch angebracht, durch das das Personal für Instandhaltung oder Revision in den Kessel gelangen kann, um Kesselstein zu entfernen oder Untersuchungen durchzuführen.
Unten an der linken und rechten Seite des Stehkessels und im Boden des ersten Schusses des Langkessels sind Wasserablaßhähne angebracht. Die Betätigungseinrichtungen der linken und rechten Wasserablaufhähne sind im Führerstand und die im Boden des Langkessels auf dem rechten Laufsteg angeordnet.
Die Lokomotive ist mit zwei Pfeifen versehen. Die Dampfpfeife befindet sich auf der Decke des dritten Schusses des Langkessels und die Druckluftpfeife rechts am vorderen Teil der Rauchkammer. Die Pfeifen können im Führerstand von beiden Seiten links und rechts durch Fußhebel mit Druckluft betätigt werden.

2.10.2 *Die Dampfmaschine*

Die Dampfmaschine mit einstufiger Expansion der Lokomotive, Baureihe QJ, umfaßt zwei Zylinder aus Stahlguß. Die Zylinderbohrung beträgt 650 mm, Kolbenhub 800 mm, Gewicht der Zylindergußstücke nach der Bearbeitung 6090 kg.
Die Zylinderbüchse ist aus Grauguß und die Schieberbüchse aus Borgußeisen und im Schleudergußverfahren hergestellt. Sie besitzt verschleißfeste Eigenschaft mit langer Lebensdauer und steht allgemein die Betriebszeit zwischen zwei Hauptuntersuchungen durch.
Bei der Lokomotive, Baureihe QJ, wird die Walschaert-Schiebersteuerung verwendet. Sie ist kompakt, leicht, einfach und betriebssicher. Die Schiebersteuerung ist als Kolbenschieber mit innerer Einströmung (Trofimov-Schieber) ausgeführt. Sämtliche Gelenklager des Steuerungsantriebs sind mit Nadelrollenlager versehen, damit die Steuerung eine hohe Genauigkeit einhält.
Der höchste thermische Wirkungsgrad der Dampfmaschine beträgt 13,8 %.

2.10.3 *Das Fahrgestell*

Bei der Lokomotive, Baureihe QJ, wird ein kombinierter Rahmen verwendet, der aus dem Hauptrahmen aus Stahlguß und dem Hinterrahmen aus Schmiedestahl besteht.
Um das geeignete Spiel zwischen Rahmen und Triebachslagergehäuse zu gewährleisten, werden selbsteinstellende Achslagerstellkeile verwendet, die den Achsstand der Trieb- und Kuppelräder konstant einhalten sowie das Stoßgeräusch zwischen dem Keil- und Flacheisen und deren Verschleiß vermindern können, was für den Betrieb und die Wartung der Lokomotive von Nutzen sind. Die Achslagergehäuse bestehen aus Stahlguß und sind für Triebachse und Kuppelachse verschieden ausgeführt. Die Lagerschalen sind aus Zinn-Bronze-Metall hergestellt. Für die Laufflächen ist Weißmetallausguß vorgesehen.

2.10.4 *Die Zug- und Stoßeinrichtung*

Die Lokomotive, Baureihe QJ, ist mit ihrem Tender durch eine Kupplung verbunden, welche aus dem Gleitstück, dem Keil, den Stellschrauben, der Zugstange, dem Gleitstücksitz und der Gleitstückhülse besteht. Nach Montage der Zugstange muß das Übermaß des Keils 178 ± 10 mm betragen. Der Keil wird um 30 mm nach dem Einschlagen zurückgezogen, damit ein Spiel von 3,85 mm zwischen Gleitstück und Gleitplatte der Lok entsteht. Dann wird mit Stellschrauben der Keil festgeschraubt.
Das Merkmal der Stoßeinrichtung besteht darin, daß sie nur durch Keilflächen wirkt und keine Längsfederung vorhanden ist. Durch die Einstellbarkeit der Keilflächen wird das geringe Längsspiel entsprechend der Zugstangenlänge eingestellt.
An der Vorderseite der Lokomotive, Baureihe QJ, ist die Kupplung Nr. 3 ohne Stoßvorrichtung und an der Hinterseite des Tenders die Kupplung Nr. 3 mit dieser eingebaut. Beide Kupplungen lassen sich automatisch kuppeln und entkuppeln.
Die Stoßvorrichtung der hinteren Tenderkupp-

lung Nr. 3 ist in zwei Bauarten in Verwendung: Keilfeder-Stoßvorrichtung Nr. 3 und Reibungsstoßvorrichtung aus Gummi, Typ MX–1.

2.11 Die Verbesserung des Kessels der Lokomotive, Baureihe QJ

2.11.1 *Konstruktionsverbesserungen des Kessels der Lokomotive, Baureihe QJ*

Die Lokomotive des Prototyps QJ nannte man damals Baureihe HP. Bei der ersten Konstruktion war der Kessel mit einer Feuerbüchse ohne Verbrennungskammer ausgebildet. Die Rauchrohre hatten eine Länge von 6500 mm. Der Rost war aus gelochten Platten gebildet, dessen Belüftungsfläche von 1,422 m^2 einen Anteil von 20,9 % an der gesamten Rostfläche hatte.

Plattenrostelement

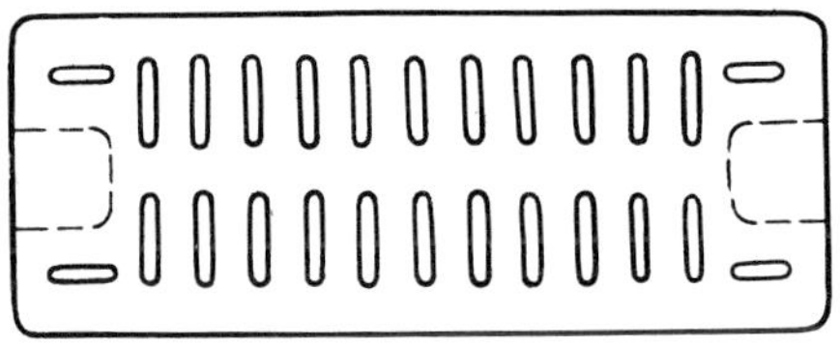

Nach den von der Akademie für Eisenbahnwissenschaft durchgeführten Versuchen und den Betriebserfahrungen der Einsatz-Dienststellen wurden folgende Hauptnachteile festgestellt: niedriger Wirkungsgrad des Kessels, unzureichende Heizflächenbelastung, schlechte Saugzugwirkung, erhebliche Schüttelschwingungen während der Fahrt und ungenügendes Aschenkastenvolumen.
Wegen obengenannter Nachteile wurden folgende Verbesserungen in der Konstruktion durchgeführt:

2.11.1.1 *Verbesserung mit einer für die China-Kohle geeigneten Feuerbüchse mit Verbrennungskammer*

Die Feuerbüchse stellt einen Hauptteil des Lokomotivkessels dar, in der die thermische Energie bei der Verbrennung freigesetzt wird. Ob sie mit einer Verbrennungskammer zu versehen ist, hängt von der angewandten Kohlensorte ab. Da die chinesischen Lokomotiven meist langflammige Kohle oder Gaskohle mit hohem Anteil flüchtiger Bestandteile verwenden, muß eine Hochleistungslokomotive mit Verbrennungskammer versehen werden.

Tabelle 2.8
Gegenüberstellung von thermischen Daten für die Kessel der Lokomotiven, Baureihen HP (Prototype) und QJ (Serie).

Baureihe		HP	QJ	HP	QJ	HP	QJ	HP	QJ	HP	QJ	HP	QJ
Zugeführte Wärme je m^2 Rostfläche und Stunde Mcal/m^2h		1000		2000		3000		4000		5000		6000	
Verbrannte Kohlenmenge je m^2 Rostfläche und Stunde bei Heizwert 7000 kcal/kg		143		285		428		571		714		857	
Gesamtwirkungsgrad des Kessels η_K	%	69,0	72,21	63,6	67,4	57,7	61,19	51,8	54,37	–	47,65	–	41,0
Wärmeverluste durch unvollkommene Verbrennung	%	4,88	1,89	5,4	3,04	5,94	3,74	6,10	4,14	–	3,86	–	3,42
Abgase	%	13,59	11,2	13,04	11,37	13,11	11,0	12,55	9,98	–	8,85	–	7,71
Schlacke	%	6,08	6,31	6,20	4,32	6,28	3,56	6,33	3,25	–	3,14	–	3,12
Lösche	%	5,63	7,47	10,96	13,41	16,71	20,2	23,02	28,03	–	36,31	–	44,59
Abkühlung	%	0,82	0,92	0,8	0,16	0,26	0,31	0,2	0,23	–	0,19	–	0,06
Verluste insgesamt	%	31,0	27,79	36,4	32,3	42,3	38,81	48,2	45,63	–	52,35	–	59,0
Luftüberschuß		1,48	1,27	1,33	1,16	1,24	1,09	1,21	1,05	–	1,01	–	0,99
CO im Abgas	%	1,13	0,58	1,48	1,09	1,87	1,54	2,13	2,0	–	2,30	–	2,38

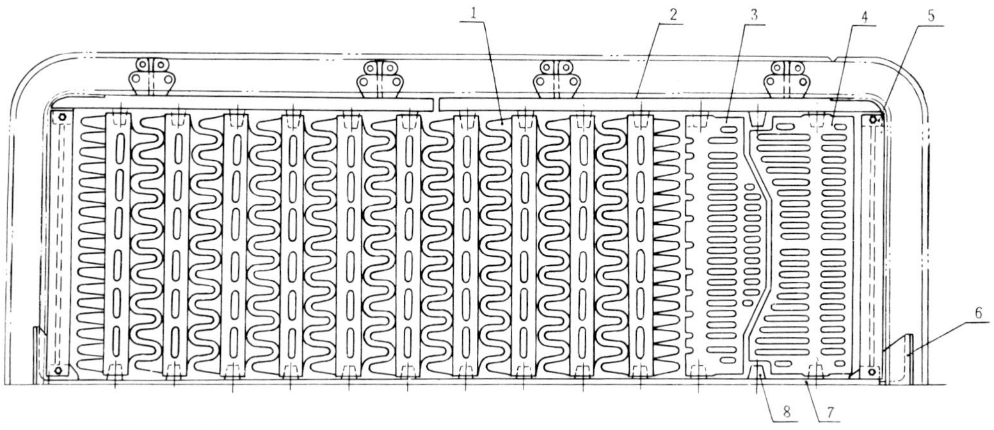

Rost der Güterzuglok-Baureihe QJ.

1 Schüttelrost
2 seitlicher Rostbalkenträger
3 vorderes Kipprostfeld
4 hinteres Kipprostfeld
5 hinteres Festrostfeld
6 hintere Auflage für mittleren Rostbalkenträger
7 mittlerer Rostbalkenträger
8 Kipprostwelle

Nachdem in der Lokomotive, Baureihe QJ, eine Verbrennungskammer eingebaut wurde, erhöhte sich das Feuerbüchsvolumen von 11,92 m³ auf 13,56 m³ und die Feuerschirmsteinheizfläche von 27,10 m² auf 32,50 m², so daß die Verbrennung und die Heizflächenbelastung erheblich verbessert wurden. Tabelle 2.8 zeigt die thermischen Daten der Lokomotivkessel.
Daraus ergibt sich, daß der Wirkungsgrad des Kessels der Lokomotive, Baureihe QJ, bei allen Rostbelastungen etwa um 2,5–3,8 % (absoluter Wert) höher als der der Baureihe HP liegt, denn der Brennstoff mit hohem Gasanteil kann wegen des Einbaus der Verbrennungskammer vollkommen verbrennen.

2.11.1.2 *Herabsetzung der Kesselmittelachse*

Durch den Einbau der Verbrennungskammer erstreckte sich die Feuerbüchse nach vorn, und ihre Tiefe nach unten wurde von 1014 auf 915 mm verringert. Auch die Kesselmittelachse wurde um 80 mm herabgesetzt. Das alles schuf Bedingungen, den Schornstein zu erhöhen und die Saugwirkung zu verbessern. Gleichzeitig wurde die Rostlage um 63 mm erhöht, was zur Vergrößerung des Feuerbüchsvolumens, der Bodenklappenneigung des Aschenkastens und der Durchgangsquerschnittfläche der Luftklappen führte. Außerdem wurden dadurch günstige Bedingungen geschaffen, die Lokomotivschwingungen zu vermindern und eine ruhigere Fahrt zu gewährleisten.

2.11.1.3 *Feuerschirm*

Bei der Lokomotive, Baureihe HP, wurden Feuerschirmrohre mit einem Durchmesser von 76 mm verwendet, während dieser Durchmesser bei der Lokomotive, Baureihe QJ, auf 89 mm vergrößert wurde. Bei der Lokomotive, Baureihe HP, war das Feuerloch etwas zu hoch und die auf die Verteilerplatte eingeblasene Feinkohle flog nicht vollkommen unter den Feuerschirm, so daß sie sich nicht vollständig verbrennen ließ. Deshalb wurde das hintere Ende der Feuerschirmrohre um 112 mm erhöht und die Feuertür herabgesetzt. Diese Verbesserung begünstigte die völlige Verbrennung des Brennstoffes.

2.11.1.4 *Vergrößerung der wirksamen Belüftungsfläche des Rostes (freie Rostfläche)*

Die bewegliche Rostfläche wurde von 5,18 m² auf 6,032 m² vergrößert, ohne die gesamte Rostfläche zu verändern. Der Rost war zahnförmig ausgebildet, so daß die wirksame Belüftungsfläche des Rostes vergrößert wurde, was die Verbrennung des Brennstoffes begünstigte.

2.11.1.5 *Langkesseldurchmesser und Anordnung der Kesselrohre*

Der Innendurchmesser des Langkessels wurde von 2010 mm auf 2100 mm vergrößert. Durch den Einbau der Verbrennungskammer verminderte sich der Abstand zwischen Stehkesselvorderwand und Rauchkammerrohrwand von 6500 mm auf 5350 mm, so daß die Schwingungen der Rauch- und Heizrohre während der Fahrt gedämpft wurden. Nach dem Vergleich mehrerer Varianten bei der Konstruktion wurde die Anzahl der Rauchrohre von 50 auf 69 Stück (Durchmesser 133/125 mm) und die der Heizrohre von 71 auf 96 Stück (Durchmesser 51/46 mm) vermehrt, um die Heizfläche der Heiz- und Rauchrohre nicht vermindern zu lassen. Aus der Berechnung nach dieser Anordnungsvariante wurde die gesamte Heizfläche der Heiz- und Rauchrohre von 236,53 m² beibehalten. Nachdem die Anzahl der Überhitzereinheiten auf 69 Elemente vermehrt wurde, ergab sich eine Vergrößerung der Überhitzerfläche von 143,8 m² auf 144,1 m², obgleich man den Überhitzerrohrdurchmesser

Tabelle 2.9
Betriebsdaten von 2-10-2-Lokomotiven

Bezeichnung		QJ 2–10–2	●B 2–10–2	SF 3 2–10–2	HP 2–10–2
Kesseldruck	kp/cm²	15	14	14	15
Rostfläche	m²	6,8	6,46	8,5	6,8
Rechnerische Heizflächen-belastung	kg/m²·h	75	75	65	70
Größte Leistung am Radumfang bei der rechnerischen Heizflächen-belastung	kW PS	2193 2980	1914 2600	1833 2490	2171 2950
Dampfverbrauch bei der rechnerischen Heizflächenbelastung	kg/PS·h	6,7	6,85	8,4	6,45
Max. Zugkraft	kp	27600	26250	22600	26700

von 38 mm auf 35 mm vermindert und die Länge der Überhitzerrohre im Vergleich mit der Baureihe HP um 1300 mm verkürzt hatte.

2.11.1.6 *Saugzuganlage der Rauchkammer*

Im Vergleich zur Lokomotive, Baureihe HP, wurde die Konstruktion der Saugzuganlage der Lokomotive, Baureihe QJ, wesentlich verändert. Der Durchmesser der Rauchkammer wurde von 2048 auf 2140 mm vergrößert und die Länge der Rauchkammer von 3248 mm auf 3392 mm verlängert, so daß sich das Rauchkammervolumen von 10,7 m³ auf 12,2 m³, nämlich um 14 % vergrößerte. Außerdem wurde der Gesamtabstand zwischen Blasrohr und Schornsteinausgang von 2066 mm

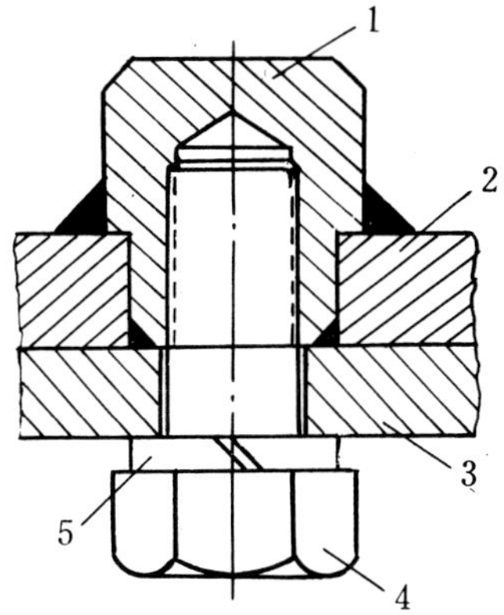

Befestigung der Pendelbleche am Kessel

1 Befestigungsleiste für Pendelblech
2 Kesselblech
3 Pendelblechhalter
4 Schraube
5 Federring

auf 2297 mm vergrößert, weil die Kesselmittelachse 80 mm und damit der Blasrohrsitz um 100 mm tiefer zu liegen kam, der Innendurchmesser der Rauchkammer um 92 mm vergrößert und der Rauchkammersattel entsprechend herabgesetzt wurde.
Eine Gegenüberstellung von Betriebsdaten zwischen verbesserter Lokomotive, Baureihe QJ, und anderen 2-10-2-Lokomotiven zeigt die Tabelle 2–9.

2.11.2 *Verbesserungen der Fertigungstechnik beim Kessel der Lokomotive, Baureihe QJ*

Bei der Lokomotive, Baureihe QJ, wurde der Kessel als vollständige Schweißkonstruktion ausgeführt, einschließlich Bodenring, Langkesselträgerunterlage, Domfutterleiste, T-Profileisen und Stehbolzensitz, die bisher alle genietet waren.
Für den Bodenring wurde eine Schweißvariante angewandt, bei der mittels der beiden Enden der

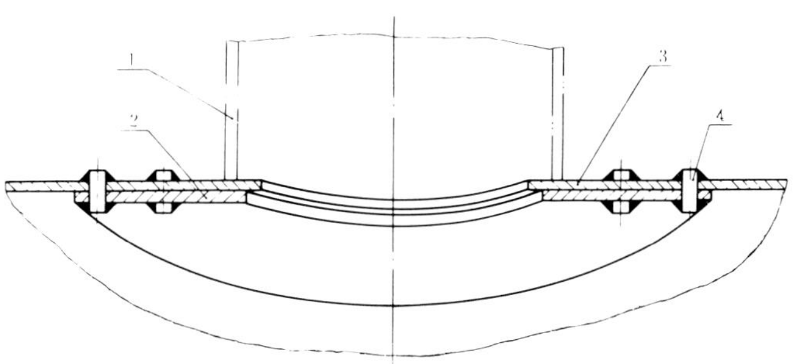

1 Dampfdom
2 Verstärkungsring
3 Kesselschuß
4 Einschweißbolzen

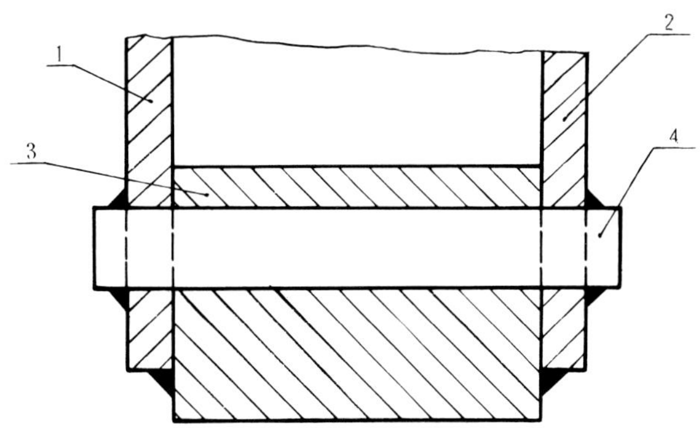

1 Stehkesselwand
2 Feuerbüchswand
3 Bodenring
4 Einschweißbolzen

<
Einbau des Bodenrings unten in den Stehkessel der Lok-Baureihe QJ

< <
Befestigung des Dampfdomes auf dem Langkessel der Lok-Baureihe QJ

durchgehenden Bolzen aus Stahl die unteren Teile der Stehkessel- und der Feuerbüchswände mit dem Bodenring zu einem Ganzen verschweißt wurden, so daß nicht nur genügend Festigkeit, sondern auch eine gute Abdichtung gewährleistet werden konnte. Bei der Herstellung fordert diese Konstruktion zunächst das Zusammenschweißen zwischen den Stehkessel- und Feuerbüchswänden und dem Bodenring. Erst dann kann das Einschweißen der Bolzen vorgenommen werden. Materialgüte und Durchmesser der Bolzen mußten den früher verwendeten Nieten in der Zug- und Scherfestigkeit entsprechen. Die Winkeleisenhalter unten am Langkessel zur Befestigung der Pendelbleche wurden durch eine eingeschweißte Leiste für Befestigungsschrauben an der Langkesselinnenseite ersetzt. Dazu wurde die Leiste von innen in den Langkessel eingeschweißt. Aus der Sicht der Festigkeit waren die Schrauben hauptsächlich der Scherkraft in der Verbindungsstelle zwischen der Futterleiste und dem Langkessel ausgesetzt, die Axialkraft war gering. Dazu verwendet man Schrauben M 24, die aus gleichem Material wie die Nieten bestehen. Die Scher- und Zugfestigkeit der Schrauben sind stärker als die der früheren Nieten mit einem Durchmesser von 22 mm. Da die Aufgabe der Schweißnähte an der Schraubenleiste hauptsächlich in der Abdichtung gegen den Dampfdruck liegt und in der Regel nicht den Spannungen aus den Längenänderungen des Kessels bei wechselnden Temperaturen ausgesetzt ist, konnte man die Schweißnähte als Dichtung betrachten und ihre Festigkeit nicht berücksichtigen.

Die gleiche Befestigungsart wandte man beim Domdeckel an. So konnte man die Nieten von 25 mm Durchmesser durch Bolzen desselben Durchmessers ersetzen. Bei der Gewährleistung einer guten Abdichtung zwischen der Verstärkungsleiste und dem Kesselblech ließ sich die Festigkeit des duchgehenden Bolzens garantieren, wenn das Rundschweißen zwischen den inneren und äußeren Enden am Bolzen und der Verstärkungsleiste sowie dem Langkesselblech vorgenommen und die Bolzen aus gleichem Material wie die Nieten hergestellt wurden.

Bei einem anderen Verfahren werden die Niete durch Schrauben M 24 mit Schaft ∅ 26 ersetzt. Die Schrauben werden von außen in den Langkessel eingeschraubt und mit den im Langkessel eingeschweißten Muttern befestigt, so daß die beiden Bleche miteinander dicht verbunden werden. Durch das Anschweißen der Mutter am Langkesselblech ist eine dichte Verbindung gegeben. Die Befestigung des T-Eisens erfolgte mit der Schweißung der Bolzen ∅ 25 statt der Nieten ∅ 22. Unter der Gewährleistung der dichten Verbindung des T-Eisens mit der Rohrwand und dem äußeren Halteblech erfolgte die Befestigung beider Enden der durchgehenden Bolzen durch das Rundschweißen. Da sich das T-Eisen im Kessel befand, wurde eine Kontrollbohrung am äußeren Ende des durchgehenden Bolzens angebracht, um die Sicherheit und Zuverlässigkeit zu gewährleisten. So kann man im Falle eines Bolzenbruchs ein Dampfausströmgeräusch hören und somit die Ausbesserung rechtzeitig durchführen.

Da die Nieten am Stehbolzensitz hauptsächlich der Scherkraft ausgesetzt sind, wurden die Nieten ∅ 25 durch die Bolzen ∅ 25 aus dem gleichen Werkstoff ersetzt. Unter der Gewährleistung der dichten Verbindung des Stehbolzensitzes mit dem Langkesselblech erfolgte die Befestigung der inneren und äußeren Enden durch Anschweißen. Eine Kontrollbohrung wurde am äußeren Ende angebracht, um die Sicherheit zu gewährleisten.

All diese Bauartänderungen ergaben sich aus Erfahrungen der Praxis.

2.12 Die Kesselspeiseeinrichtungen

Gegenwärtig unterscheidet man die Kesselspeiseeinrichtungen für die Lokomotiven in Dampfstrahlpumpen und Speisewassermischvorwärmer. Die Dampfstrahlpumpe unterteilt man in saugende und nichtsaugende Bauarten. Die Lokomotiven, Baureihe QJ, sind mit einer saugenden Dampfstrahlpumpe (Typ X 10), einer nichtsaugenden Dampfstrahlpumpe (Typ FX 16.5) und einem Speisewassermischvorwärmer ausgerüstet.

2.12.1 *Saugende Dampfstrahlpumpe, Typ X 10*

Die Dampfstrahlpumpe, Typ X 10, ist an der Seitenwand des Stehkessels angebracht, wo ihre Lage höher als der Wasserstand im Tenderwasserkasten ist.

2.12.2 *Nichtsaugende Dampfstrahlpumpe, Typ FX 16.5*

Die Dampfstrahlpumpe, Typ FX 16.5, ist links unter dem Führerhaus angeordnet und befindet sich unter dem minimalen Wasserstand des Wasserkastens. Bei der nichtsaugenden Dampfstrahlpumpe, die in China in der letzten Zeit hergestellt wird, hat man auf das von Dampf betätigte Ventil und Warnventil verzichtet und direkt am Oberteil des Pumpengehäuses ein Dampfventil angebracht, so daß nicht nur die Bedienung vereinfacht, Metall eingespart, sondern auch Ausfälle durch Frost im Winter vermindert wurden.
Die Funktion der nichtsaugenden Dampfstrahlpumpe ist grundsätzlich gleich wie die der saugenden. Der wesentliche Unterschied besteht darin, daß bei der nichtsaugenden Dampfstrahlpumpe der Vorgang des Wassersaugens entfällt, d. h., das Wasser kann bei Öffnung des Wasserkastenventils automatisch aus dem Wasserhahn in die Dampfstrahlpumpe einströmen. Da es bei der nichtsaugenden Dampfstrahlpumpe keinen Vorgang des Wassersaugens gibt, wird das Wasserspeisen nicht unterbrochen, auch wenn kleine Undichtheiten vorhanden sind oder die Wassertemperatur etwas hoch liegt. Bei Dampfdruck von 14 kp/cm² und Wassertemperatur über 42° C kann die saugende Dampfstrahlpumpe kein Wasser mehr speisen, während sich mit der nichtsaugenden Dampfstrahlpumpe das Wasser sogar bei einer Wassertemperatur von 56° C noch in großen Mengen speisen läßt. Da die überlaufende Wassermenge während der Inbetriebsetzungsphase mit der nichtsaugenden Dampfstrahlpumpe verhältnismäßig groß ist, besteht die Gefahr des Einfrierens bei Einsatz in kalten Gebieten.

2.12.3 *Speisewassermischvorwärmeranlage*

Die Lokomotive, Baureihe QJ, ist mit einer Abdampfmischvorwärmeranlage ausgerüstet, um die Speisewassertemperatur zu erhöhen. Man nennt diesen Vorwärmer den Dampf-Wasser-Mischvorwärmer, dessen Wirkungsweise im Bild Seite 99 dargestellt ist.
Die Speisewasservorwärmanlage besteht hauptsächlich aus Kaltwasserpumpe 2, Mischraum 3 (Wärmeübertrager), Warmwasserpumpe, 1 Leitungen und anderen Zubehörteilen. Vom Tender

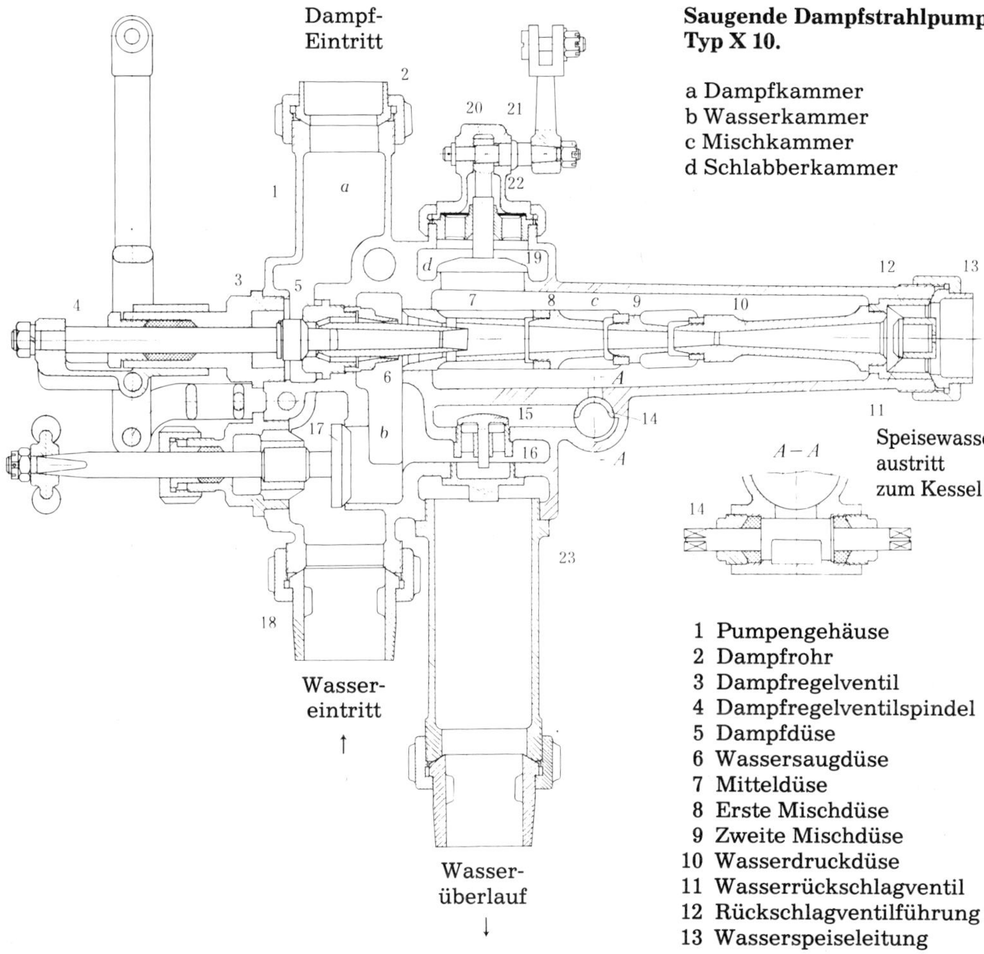

Saugende Dampfstrahlpumpe, Typ X 10.

a Dampfkammer
b Wasserkammer
c Mischkammer
d Schlabberkammer

1 Pumpengehäuse
2 Dampfrohr
3 Dampfregelventil
4 Dampfregelventilspindel
5 Dampfdüse
6 Wassersaugdüse
7 Mitteldüse
8 Erste Mischdüse
9 Zweite Mischdüse
10 Wasserdruckdüse
11 Wasserrückschlagventil
12 Rückschlagventilführung
13 Wasserspeiseleitung
14 Notventil
15 Mittelwasserhahn
16 Mittelwasserhahnsitz
17 Wasserhahn
18 Saugleitung
19 Schlabberventil
20 Exzenterscheibe
21 Schlabberventilkappe
22 Schlabberventilführung
23 Überlaufleitung

fördert die Kaltwasserpumpe das Wasser in den an vorderem Ende der Rauchkammer angebrachten Mischraum 3 des Vorwärmers und wird darin mit einem Teil des Abdampfes von den Dampfzylindern und der Warmwasserpumpe gemischt. Das Kaltwasser wird durch das federbelastete Einspritzventil 5 in den Mischraum 3 des Vorwärmers eingespritzt, wo es sich mit dem von der Leitung 23 kommenden Zylinderabdampf mischt und letzterer dabei kondensiert. Hierbei wird die Temperatur des Wassers auf 80 bis 100° C erhöht. Das heiße Wasser sammelt sich im unteren Teil des Vorwärmers und fließt der Warmwasserpumpe 1 zu. Diese drückt das vorgewärmte Wasser durch das Kesselspeiseventil 22 in den Kessel.
Die Regelung der Förderleistungen von Kaltwasser- und Warmwasserpumpe wird durch den Schwimmer im Mischraum 3 des Vorwärmers vorgenommen. Wird Wasser von der Warmwas-

Nichtsaugende Dampfstrahlpumpe, Typ FX 16.5.

1 Pumpengehäuse
2 Schlabberventilgehäuse
3 Schlabberventil
4 Schlabberventilführung
5 Schlabberventilfeder
6 Schlabberventilschaft
7 Bolzen
8 Splint
9 Unterlagscheibe
10 Schlabberventilzug
11 Hebel
12 Dampfventilschaftanschluß
13 Splint
14 Hahndeckel
15 Wasserdüsensatz
16 Wasserventil
17 Wasserventilkörper
18 Wasserventilkörperanschluß
19 Wasserventilspindel
20 Wasserventilführung
21 Ventildichtung
22 Stopfbüchsendruckring
23 Überwurfmutter
24 Dampfdüsensatz
25 Dampfventil
26 Dampfventilschlußscheibe
27 Dampfventildruckdeckel
28 Dampfventilspindelführung
29 Dampfventilspindel
30 Innenschlabberventildeckel
31 Deckel für Speisewasserrückschlagventil
32 Speisewasserrückschlagventil
33 Abdeckkappe
34, 35 Schraubverschluß für Entwässerung

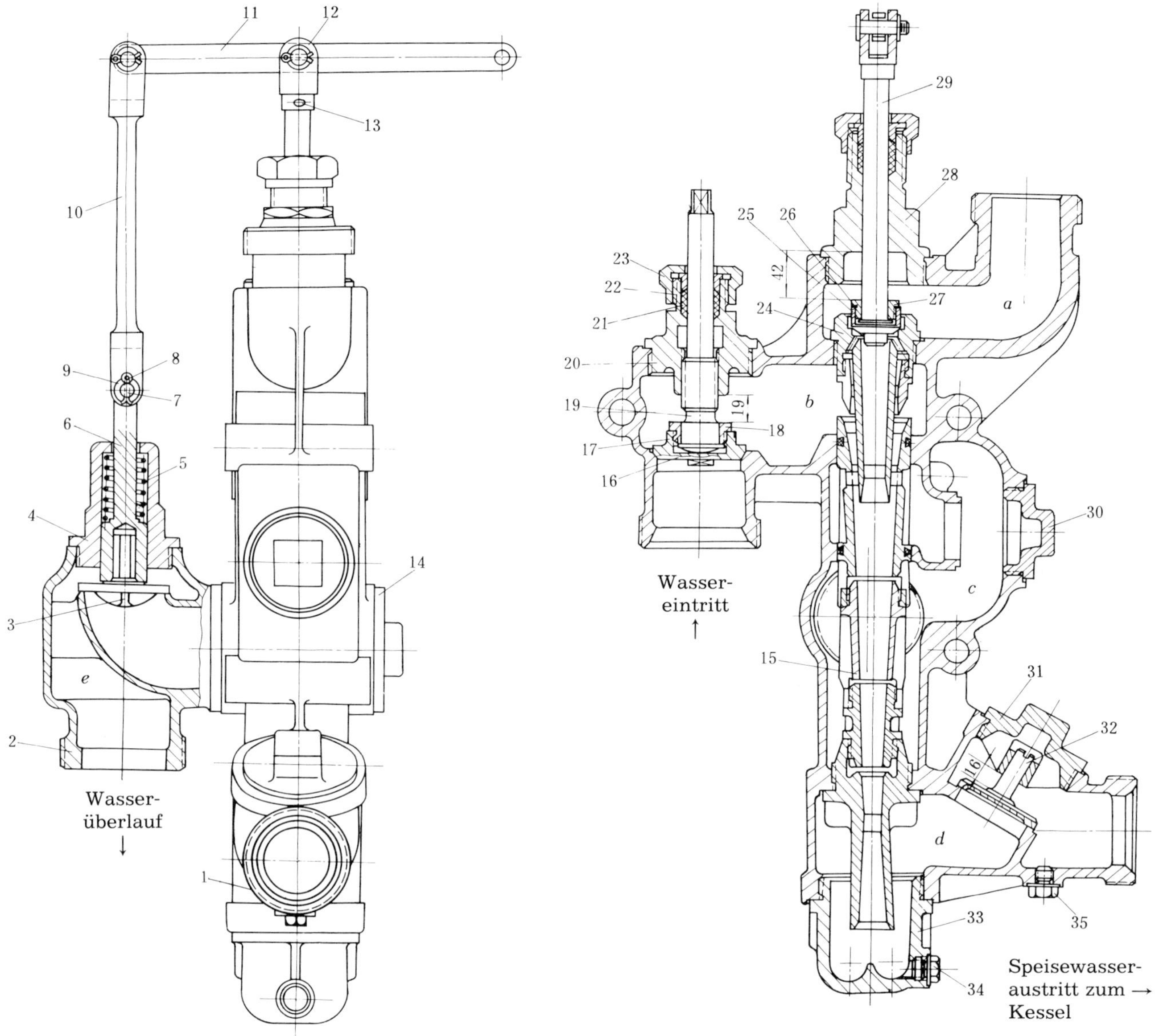

serpumpe in den Kessel gefördert, so sinkt der Wasserstand im Mischraum, und der Schwimmer sinkt dabei ebenfalls nach unten. Der Steuerschieber 4 öffnet sich, gibt die Dampfzufuhr zur Antriebsturbine der Kaltwasserpumpe frei und setzt somit die Kaltwasserpumpe in Betrieb. Während das Wasser aus dem Tender durch die Kaltwasserpumpe in den Mischraum zur Vorwärmung fließt, hebt sich der Wasserstand im Mischraum des Wärmeübertragers, der Schwimmer hebt sich ebenfalls, so daß der Steuerschieber wieder geschlossen und die Dampfzufuhr zur Kaltwasserpumpe abgestellt wird.

Da der Speisewassermischvorwärmer die Restwärme aus einem Teil des Abdampfes von den Zylindern zurückgewinnen kann, läßt sich der Wirkungsgrad des Kessels erhöhen und wirtschaftlicher Nutzen aus der Ersparnis an Kohle und Wasser ziehen.

Die obengenannten zwei Dampfstrahlpumpen und der Speisewassermischvorwärmer sind im Betrieb zuverlässig. Wenn vom Zylinderabdampf mitgerissenes Öl im Wärmeübertrager mit dem Wasser zusammen in den Kessel gelangt, läßt sich Überreißen in den Regler und ein Ausschleudern des Wassers aus dem Schornstein beobachten.

2.13 Zylinder, Kolben, Kreuzkopf, Trieb- und Kuppelstangen der Lokomotive, Baureihe QJ

Bei einer Dampflokomotive wird der vom Dampf bewirkte Hin- und Hergang des Kolbens im Zylinder in die Drehbewegung der Triebräder umgewandelt. Die an dem Hin- und Hergang und der Drehbewegung teilnehmenden Teile haben wegen der ständigen Geschwindigkeitsänderung unausgeglichene Massenkräfte zur Folge.
Diese Massenkräfte führen bei der Bewegung der Dampflokomotive zu verschiedenen Schwingungen, deren Größe eventuell sogar Dutzende von Mp erreichen. Diese Schwingungen rufen dynamische Zusatzlasten hervor, nämlich zwischen den Rädern und den Schienen, zwischen dem Kreuzkopf und der Gleitbahn sowie zwischen dem Achslagergehäuse und dem Rahmen und beeinträchtigen somit die Laufruhe. Um diese ungünstigen Einwirkungen zu vermindern, müssen die Kräfte soweit wie möglich ausgeglichen werden. Massenkräfte der drehenden Teile lassen sich mit Hilfe von geeigneten Gegenmassen in den Rädern voll ausgleichen, dagegen können die Massenkräfte der Hin- und Herbewegung nur zu 20–50 % ausgeglichen werden.
Bei der Lokomotive, Baureihe QJ, ist je ein Gegengewicht am I., II, IV. und V. Kuppelrad angebracht, und die auf die Schienen wirkende freie Fliehkraft des Gegengewichts beträgt bei 80 km/h:

1830 kg am I. Kuppelrad, Verhältnis zur Radlast 18,3 %,
2085 kg am II. Kuppelrad, Verhältnis zur Radlast 29,8 %,
2540 kg am IV. Kuppelrad, Verhältnis zur Radlast 25,4 %,
1460 kg am V. Kuppelrad, Verhältnis zur Radlast 14,6 %

Die auf die Schienen wirkende Zusatzlast der Triebräder, die durch unausgeglichene senkrechte Massenkräfte der Triebstange und des Kreuzkopfes hervorgerufen wird, betragen:

2450 kg bei der Zunahme der Belastung am rechten Triebrad, Verhältnis zur Radlast 25,4 %,
2510 kg bei der Abnahme der Belastung am rechten Triebrad, Verhältnis zur Radlast 25,1 %,
2540 kg bei der Zunahme der Belastung am linken Triebrad, Verhältnis zur Radlast 25,4 %,

Anordnung der Speisewassermisch-vorwärmeranlage.

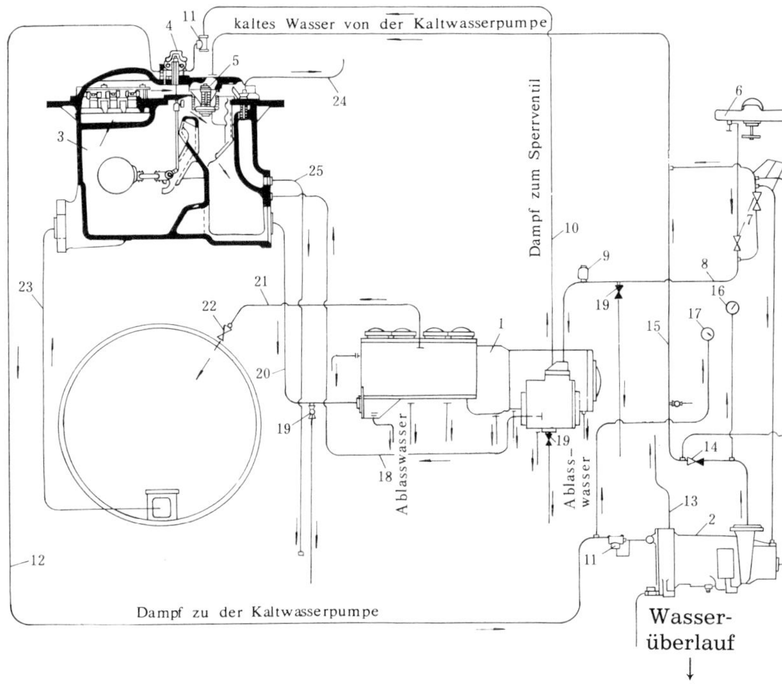

1 Warmwasserkolbenpumpe
2 Kaltwasserturbopumpe
3 Mischraum
4 Steuerschieber für Dampfzufuhr zur Kaltwasserpumpe
5 Einspritzventil für Kaltwasser
6 Naßdampfentnahmestutzen am Kessel
7 Dampfanstellventil für Wasserpumpe (links)
7 Dampfanstellventil für Heizdampf zum Kaltwasserteil der Anlage (Frostschutz) (rechts)
8 Dampfleitung zur Warmwasserpumpe
9 Öler
10 Dampfleitung zum Steuerschieber 4
11 Filter
12 Dampfzuleitung für Turbine der Kaltwasserpumpe
13 Abdampfrohr der Kaltwasserpumpe
14 Hahn mit Rückschlagventil
15 Kaltwasserleitung
16 Manometer für Kaltwasserdruck
17 Manometer für Dampfdruck
18 Abdampfrohr der Warmwasserpumpe zum Vorwärmer
10 Entwässerungsventil
20 Warmwasserrohr vom Vorwärmer zur Warmwasserpumpe
21 Speiseleitung
22 Kesselspeiseventil
23 Abdampfrohr von den Zylindern
24 Entlüftung des Vorwärmers
25 Ablauf für Kondenswasser
26 Heizdampfrohr für Kaltwasserpumpe und Leitungen bei Frostwetter

2510 kg bei der Abnahme der Belastung am linken Triebrad, Verhältnis zur Radlast 25,1 %.

Um das Wanken der Lokomotive zu vermindern, ist das Gewicht der hin- und herbewegenden Teile gering zu halten. Daher sind die Trieb- und Kuppelstangen bei der Lokomotive im allgemeinen mit I-förmigem Querschnitt ausgeführt und die Kolben, der Kreuzkopf usw. aus Stahlguß hergestellt. Bei den Schnellzuglokomotiven wird dafür auch hochfester legierter Stahl verwendet.

2.13.1 Ersatz der Kolben aus Gußeisen durch solche aus Stahlguß. Bei der Lokomotive, Baureihe QJ, werden einteilige Kolben aus Stahlguß oder gesenkgeschmiedete mit einem Gewicht von 113,4 kg verwendet. Die chinesischen Lokomotiven verwenden im allgemeinen Tragkolben, d. h. ohne durchgehende Kolbenstange und vorderer Tragbuchse, die seit mehreren Jahren sich bewährt haben.

2.13.2 Bei der Lokomotive QJ wird ein Kreuzkopf mit einseitiger Gleitbahn von I-förmigem Querschnitt verwendet, dessen Gewicht 208 kg beträgt. Da die Gleitbahn als einfache Form ausgebildet ist, läßt sie sich leicht bearbeiten.

Die Gleitplatten des Kreuzkopfes werden neuerdings mit Weißmetall ausgegossen und können eine verhältnismäßig hohe Belastung aushalten.

2.13.3 Bei der Lokomotive QJ sind die Triebstangen aus Stahl A 5 mit dem Kohlenstoffgehalt von 0,28 bis 0,37 geschmiedet. Die Stange besitzt I-förmigen Querschnitt. Die beiden Köpfe der Stange sind einteilig und rund ausgebildet. In dem gabelförmigen vorderen Triebstangenkopf ist ein doppelreihiges Rollenlager (Produktnummer 884726) eingebaut. Die Bronze-Büchse mit Schalen aus Weißmetall wird in den Kurbelzapfenkopf der Triebstange eingepreßt. Das Gesamtgewicht einer Triebstange beträgt 353 kg.

2.13.4 Bei der Lokomotive, Baureihe QJ, sind die Kuppelstangen mit rechteckigem Querschnitt aus Stahl A 5 geschmiedet. Die Stangenköpfe oben und unten sind symmetrisch, so daß man die Rohlinge rechts und links miteinander tauschen kann. Die Kuppelstangen der I. und IV. Achse haben dieselbe Form, so daß die Stange der I. Achse einer Seite mit der der IV. Achse einer anderen Seite gegeneinander getauscht werden kann.

2.14 Moderne Trieb- und Kuppelradsätze und Technik der Montage für Radsätze

Bei der Lokomotive, Baureihe QJ, sind die Radsterne als Kastenkonstruktion ausgeführt, und die Massenkräfte lassen sich ausgleichen, ohne Blei einzugießen.

Die Radreifen sind in China hergestellt. Sie sind aus Radreifenstahl mit einem Kohlenstoffgehalt von 0,6 bis 0,75 %. Nach den Betriebserfahrungen in China werden die Radreifen ohne Sprengringe auch nicht lose, daher sind bei den chinesischen Neubaulokomotiven Radsätze ohne Radreifensprengringe eingebaut.

Für die Radachse wird Lokomotivachsenstahl mit einem Kohlenstoffgehalt von 0,35 bis 0,45 % verwendet. Aus der Praxis ergibt sich, daß das Verhältnis zwischen dem Durchmesser der Radkörperbohrung D und dem Durchmesser des Achsschenkels d einen erheblichen Einfluß auf die Dauerfestigkeit der Preßverbindung ausübt. Wird dieses Verhältnis erhöht, kann die Dauerfestigkeit der Verbindung gesteigert und die Bildung von Querrissen an Radachsen vermindert werden. Bei den chinesischen Lokomotiven der Bauarten Jianshe, Jiefang, Renmin, Shengli beträgt der Durchmesser der Radbohrungen für die Triebachse d = 254 mm, der Durchmesser der Achsschenkel D = 267 mm, das Verhältnis D/d = 1,051.

Bei der Lokomotive, Baureihe QJ, ist der Durchmesser der Bohrungen in den Triebrädern d = 265 mm, der Durchmesser der Achsschenkel D = 280 mm, das Verhältnis D/d = 1,057. In diesen Fällen kommen Risse an den Aufschrumpfstellen der Triebachse sehr selten vor. In China hat man eine neue Technik, die sogenannte hydraulische Aufschrumpfung mit Schmieröl, bei der Montage von Trieb- und Kuppelradsätzen der Dampflokomotiven erfolgreich versucht. Gegenwärtig ist die Montagetechnik an Trieb- und Kuppelradsätzen der Dampflokomotiven sehr kompliziert und die Spannungsverteilung der Berührungsfläche zwischen Achse und Nabenbohrung nach der Aufschrumpfung äußerst ungleichmäßig, was sich auf die Qualität und Lebensdauer der Trieb- und Kuppelradsätze auswirkt. Die Ursache liegt darin, daß im Preßsitz das Problem der Spannungskonzentration an der Berührungsfläche besteht. Außerdem übt die Keilnut auch einen Einfluß aus, was zu Spannungsspitzen und

einer niedrigen Dauerfestigkeit im Preßverband führt. Die Hauptsache des Problems besteht darin, ob man auf die Keilnut verzichten könnte. Aus theoretischen Berechnungen ergibt sich, daß das Drehmoment, das von der Berührungsfläche zwischen der Radbohrung und der Radnabe der Triebräder einer Dampflokomotive aufgenommen werden kann, um 5408 mkp größer ist als das Drehmoment, das beim Anfahren unter größter Zugkraft der Zylinder entsteht. Daher besteht die Möglichkeit, auf die Keilverbindung zu verzichten, was ab 1981 realisiert wurde.
Die sogenannte Technik der hydraulischen Schmierölaufpressung besteht darin, daß man bei der Radmontage das Maschinenöl Nr. 30 mit einer Hochdruckpumpe in den Raum zwischen Achse und Nabenbohrung einpreßt, damit bei der Vergrößerung der Nabenbohrung und der Schrumpfung des Nabensitzes sich ein Ölfilm dazwischen bildet, welcher die Achsschenkelsitzfläche von der Radbohrungsfläche trennt. Mit dem Vorgang des Einpressens vergrößert sich allmählich die Berührungsfläche zwischen Nabensitz und Nabenbohrung, während der Ölfilm sich auch ständig bildet. So läßt sich der ganze Vorgang des Aufpressens mit einem Ölfilm durchführen. Die Praxis hat bewiesen, daß die Druckkraft der hydraulischen Radsatzpresse beim Einpressen des Rades nach der Anwendung dieser Technik erheblich gesenkt werden konnte. Im allgemeinen waren etwa 10 t ausreichend, auch die Kraft für das Abpressen des Rades konnte herabgesetzt werden, die im allgemeinen nur etwa 20 t betrug. Da die Kräfte für die Auf- und Abpressung der Räder verhältnismäßig klein sind und außerdem auf der Berührungsfläche ein Ölfilm existiert, lassen sich Freßstellen an der Nabensitzfläche vermeiden. Da die Aufpreßkraft der Radsatzpresse relativ klein ist, besteht keine Gefahr für ein Verdrehen des Rades. Deshalb genügt schon die Positionierung mittels Kurbelzapfenaugen, um zu gewährleisten, daß die linken und rechten Kurbelzapfen um 90° versetzt werden. Die Ergebnisse von Abpreßversuchen zeigen, daß bei dem gleichen Übermaß die Axialkraft in der Nabe bei der neuen Öleinpreßtechnik über 30 % höher als die bei der herkömmlichen Technik liegt.
Das Entfallen der Keilverbindung führt auch dazu, daß die Berührungsfläche zwischen der Bohrung und dem Nabensitz nach dem Aufpressen allmählich eine gleichmäßige Spannungsverteilung erhält, das Verhältnis der Überspannungen zum Nennwert von 2,2 auf 1 abgesenkt und die Dauerfestigkeit um 18 % gesteigert wird. Außerdem kann die Nutzungszeit des Nabensitzes verlängert und dessen Prozentsatz für das Wiederaufpressen erhöht werden.

2.15 Die Rostbeschickungs- und Kohlennachschubvorrichtung

Alle neuen Hochleistungslokomotiven Chinas sind mit mechanischer Rostbeschickung versehen. Bei der Anwendung der Rostbeschickungsvorrichtung läßt sich die schwere körperliche Arbeit des Lokomotivpersonals erleichtern und die spezifische Rostbelastung sowie die Verdampfungsleistung des Kessels erhöhen.
Die Bauarten der Rostbeschickungsvorrichtungen sind verschieden. Bei den chinesischen Dampflokomotiven werden hauptsächlich die Rostbeschickungsvorrichtungen der Bauart C–3 eingesetzt, deren Hauptvorteile in geringer Masse, geringem Dampfverbrauch sowie dem breiten Regelbereich in der Beschickungsmenge der Kohle bestehen. In manchen Lokomotiven sind Rostbeschickungsvorrichtungen der Bauart HT–1 eingesetzt.
Die Rostbeschickungsvorrichtung, Bauart C–3, besteht hauptsächlich aus fünf Teilen: Antriebsmaschine, Wendegetriebe, Untersetzungsgetriebe, Kohlenförder- und Kohlenverteilanlage. Außerdem sind noch einige Hilfseinrichtungen angeordnet, wie Dampfleitungen, Sicherheitsventil, Wasserauslaßhahn, Druckmesser und Schmiereinrichtung.

Die Hauptcharakteristiken der Rostbeschickungsvorrichtung sind in der Tabelle 2.10 dargestellt.
Um dem Lokomotivpersonal die schwere körperliche Arbeit des manuellen Vorholens der Kohle zu erleichtern, wurde bei den chinesischen neugebauten Hochleistungslokomotiven die pneumatisch betätigte Kohlennachschubvorrichtung, Bauart FT 4 im Kohlenkasten des Tenders eingebaut.
Technische Hauptdaten:

Zylinderbohrung	254 mm
Kolbenstangendurchmesser	60 mm

Kohlennachschubvorrichtung.

1 Kohlenschubrohr
2 Druckluftzylinder
3 Rahmen
4 Betätigungsventil
5 Druckluftzuleitung
6 Luftleitung vom Betätigungsventil zum Druckluftzylinder
7 Rohranschluß

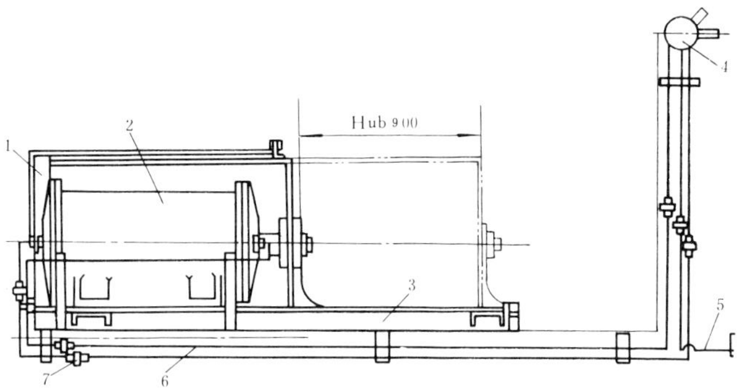

Tabelle 2.10
Daten der Rostbeschickungsvorrichtung

Bezeichnung		Bauart C–3	HT–1
Normaler Arbeitsdampfdruck	kp/cm²	3	2,5
Fördermenge	kg/h	1200–6000	1200–6000
Drehzahl bei Maximalförderung	U/min	300	500
Zylinderanzahl	–	2	2
Zylinderbohrung × Kolbenhub	mm	130 × 128	127 × 127
Schieberdurchmesser × Schieberhub	mm	40 × 28	38 × 27,6
Füllungsgrad	%	90	90
Voreilwinkel		22°	14°14′
Getriebeübersetzung	–	13,8:1	13,8:1

Schubschaufelfläche	1953,7 cm²
Schubschaufelhub	900 mm
Spezifischer Schubschaufeldruck (bei einem Druck von 8 kp/cm² im Zylinder)	2 kp/cm²
Theoretisch berechnete Schubmenge pro Hub: (Dichte nach 0,945 t/m³ berechnet)	166,2 kg

2.16 Die Einrichtung zur Erhöhung des Reibungsgewichts

Die zeitweise Erhöhung des Reibungsgewichts besteht darin, daß bei der Anfahrt und auf Steigungen die Last der vorderen und hinteren Laufräder der Lokomotive herabgesetzt und dafür die Achslast der Trieb- und Kuppelräder erhöht werden kann. Dies geschieht durch zwei Druckluftzylinder, welche an der hinteren Querverbindung des Rahmens unter der Feuerbüchsvorderwand und dem vorderen Rahmenquerverbinder fest angebracht sind. Das Reibungsgewicht der Trieb- und Kuppelräder erhöht sich bei Betätigung, womit die Schleuderneigung der Räder herabgesetzt ist. Die Lokomotive kann mit vergrößerter Reibungskraft anfahren und auf Steigungsstrecken höhere Zugkräfte ausüben.

Bei der Einrichtung zur Erhöhung des Reibungsgewichts der Lokomotive, Baureihe QJ, beträgt die wirksame Kraft des Druckluftzylinders vorne 4384 kp und hinten 3040 kp. Mit einem Druckminderventil kann der Luftdruck in dem Zylinder bis zu 6 kp/cm² eingestellt werden. Der Druckverlust durch Undichtheiten des ganzen Systems beträgt pro Minute nicht mehr als 0,4 kp/cm². Die Änderung der verschiedenen Achslasten bei der Lokomotive, Baureihe QJ, ohne und mit wirksamer Einrichtung zur Erhöhung des Reibungsgewichts, sind in Tabelle 2.11 dargestellt.

Tabelle 2.11
Achslasten mit normalem und erhöhtem Reibungsgewicht

Achse	Achslast ohne Einsatz der Einrichtung (kp)	Achslast mit Einsatz der Einrichtung (kp)
Vordere Laufachse	13420	10406
I. Kuppelachse	20100	21316
II. Kuppelachse	20100	21284
III. Triebachse	20100	21146
IV. Kuppelachse	20100	21360
V. Kuppelachse	20100	21394
Hintere Laufachse	19900	16914
Insgesamt	133820	133820

Aufbau der Rostbeschickungsvorrichtung, Bauart C–3.

1 Kohlenfördertrog
2 Kugelgelenk
3 Gehäuse des geteilten Kugelgelenks
4 Hinteres Kohlenförderrohr
5 Isolierrohr
6 Vorderes Kohlenförderrohr
7 Gehäuse des Kugelgelenks
8 Steigrohr
9 Verteilkasten
10 Verteilerplattform
11 Vordere Schnecke
12 Doppeltes Kardangelenk
13 Mittlere Schnecke
14 Hintere Schnecke
15 Untersetzungsgetriebe
16 Antriebsgelenkwelle
17 Antriebsmaschine
18 Kohlenbrecher
19 Steuerungsplatte

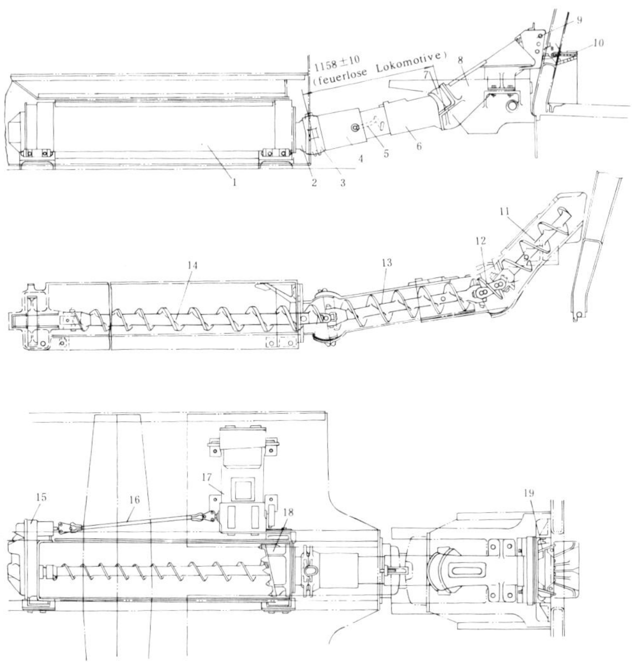

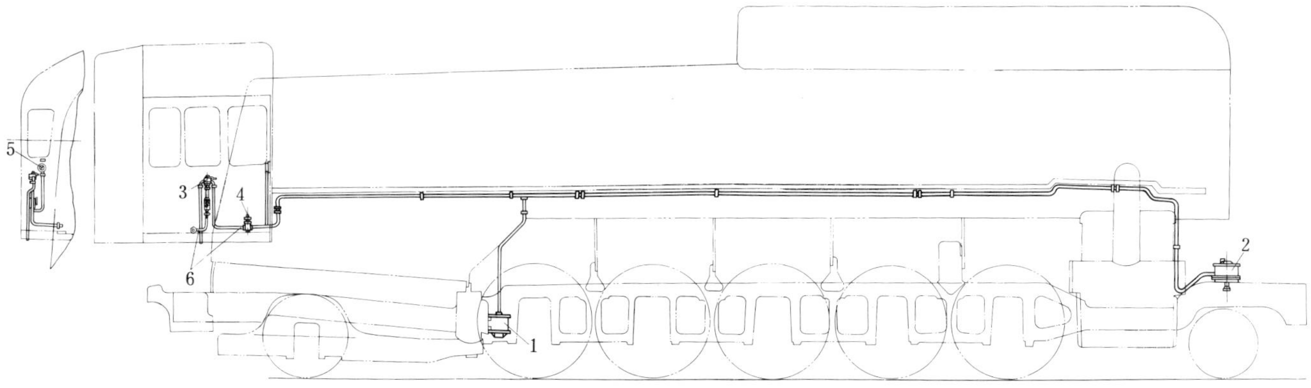

Einrichtung zur Erhöhung des Reibungsgewichts.

1 Druckluftzylinder hinten
2 Druckluftzylinder vorne
3 Betätigungsventil
4 Druckminderventil
5 Druckmesser
6 Luftleitungen

Die Mehrbelastung der I. und II. Achse beträgt 2400 kp, die der III., IV. und V. 3600 kp, so daß die Größe der Verlagerung von Achslasten vor und nach dem Einsatz der Einrichtung insgesamt 6000 kp beträgt.

2.17 Die Speisewasserenthärtung innerhalb und außerhalb des Kessels

Bei Dampflokomotiven wird das Wasser in Dampf umgewandelt und die thermische Energie des Dampfes in die mechanische umgesetzt, was für die Zugförderungsarbeit erforderlich ist. Dabei wird eine große Menge Wasser verbraucht. Da im Wasser verschiedene mineralische Beimischungen enthalten sind, verbleiben sie nach der Wasserverdampfung im Kessel. Mit ihrer ständigen Zunahme im Wasser bis zu einer bestimmten Konzentration scheiden sich die Beimischungen als Festkörper aus, welche Kesselstein bilden und an den Verdampfungsflächen des Kessels haften bleiben. Die Beimischungen pro Tonne Speisewasser durchschnittlicher Qualität Wassers für die chinesischen Lokomotiven betragen 180 g. Eine Lokomotive der Baureihe QJ verbraucht im Zeitraum zwischen zwei Auswaschreparaturen etwa 2000 t Wasser, so daß dabei etwa 360 kg Kesselstein gebildet werden können. Wenn Kesselstein dieser Menge gleichmäßig an der Verdampfungsheizfläche des Kessels verteilt wird, kann sich eine Schicht Kesselstein von 6 mm Dicke bilden. Der Kesselstein ist ein schlechter Wärmeleiter. Je nach seiner chemischen Zusammensetzung beträgt seine Wärmeleitfähigkeit ungefähr 1/50 bis 1/1000 der Wärmeleitfähigkeit von Eisen und Stahl.
Wegen der schlechten Wärmeleitfähigkeit des Kesselsteins wird der Wärmedurchgang durch die Kesselwände stark behindert, so daß das Metall örtlich überhitzt wird. Versuche zeigen, daß eine Stehkesselseitenwand ohne Kesselstein bei einer Heizflächenbelastung von 40 bis 80 kg/m² h eine Temperatur von 232 bis 244° C annimmt. Nachdem Kesselstein mit einer Schicht von 0,8 bis 1,0 mm an der Stehkesselseitenwand gebildet worden ist, erhöht sich die Temperatur auf 356–392° C. Mit der Steigerung der Temperatur verringert sich die mechanische Festigkeit des Metalls. Unter ungünstigen Umständen werden Schäden hervorgerufen, wie Verbrennung und Verformung der Feuerbüchswände, Bruch von Stehbolzen und Rundrisse an Rauchrohren.
Versuche haben außerdem gezeigt, daß eine 1 mm dicke Kesselsteinschicht einen Mehrverbrauch von 8 % Kohle für die Verbrennung verursacht. Auch die Leistung der Lokomotive wird durch Kesselsteinbelag und somit der langsameren Verdampfung des Wassers beeinträchtigt.
Im Wasser gibt es noch manche leicht lösliche Beimischungen. Erreichen diese Beimischungen eine bestimmte Konzentration, kann infolge Schäumens der Kesselwasseroberfläche und dadurch Überreißen von Wasser in den Regler leicht ein Ausschleudern des Wassers aus dem Schornstein verursacht werden. Nach den thermochemischen Versuchen an der Lokomotive beträgt der Anteil an Wasser im Dampf beim Überreißen sogar 30–90 %. 1 % Wasser im Dampf kann die Temperatur des Heißdampfes um 10 % herabsetzen und einen Mehraufwand von 15 % Kohle und 1,5 % Wasser hervorrufen. Daraus kann man ersehen, von welcher großen Bedeutung die Speisewasseraufbereitung für die Eisenbahn ist.
Anfang der fünfziger Jahre begann man bei den

Chinesischen Eisenbahnen mit der Speisewasseraufbereitung im Kessel der Lokomotive und danach auch in stationären Anlagen. Ziel der beiden Verfahren der Speisewasseraufbereitung bestand hauptsächlich in der Reduzierung der Gesamthärte des Wassers.

2.17.1 *Die innere Kesselspeisewasseraufbereitung*

Das Verfahren der Speisewasseraufbereitung besteht darin, daß man während der Zufuhr des Speisewassers in den Kessel gleichzeitig Enthärtungsmittel dazusetzt, so daß sich die Salze im Speisewasser, die im Kessel Kesselstein bilden, in wenig wasserlösliche Ablagerungen (Schlamm) im Kessel umwandeln. Dieser gelöste Schlamm wird zusammen mit Wasser durch ein Abschlammventil an der tiefsten Stelle des Kessels in bestimmten Zeitabständen ausgeblasen, um die Bildung von Kesselsteinablagerungen zu verhindern.
Gegenwärtig werden in China hauptsächlich zwei Gruppen von Enthärtungsmitteln verwendet: 1. Natriumhydroxid, Natriumkarbonat und Natriumphosphat, deren Wirkung darin besteht, daß sie auf Salze wie Kalzium, Mangan, die im Wasser gelöst sind, reagieren und Schlammbildung sowie Kesselwasserenthärtung erreichen. 2. Kondensationsmittel, wie Tanninextrakt, deren Wirkung hauptsächlich darin besteht, das Kondensationsverhalten der ausgeschiedenen Mineralien zu verändern und Korrosion zu verzögern.
Neben der Vermeidung von neuem Kesselstein wird der gebildete alte Kesselstein durch das Auswaschen des Kessels mit Säure entfernt. Auf diese Weise kann man mit der Verbesserung des Kesselzustandes, der Erhöhung der Verdampfungsleistung und der Dampfqualität erhebliche wirtschaftliche Erfolge erringen (siehe Tabelle 2–12).

2.17.2 *Die Speisewasseraufbereitung in stationären Anlagen*

Bei der Speisewasseraufbereitung im Kessel muß man das Wasser mit den als Schwebeteilchen gelösten Ablagerungen aus dem Kessel ablassen, um den Schlammgehalt im Wasser und die Konzentration der gelösten Salze zu beschränken. Häufiges Abschlammen in Gegenden mit schlechter Wasserqualität bedeutet größere Energieverluste. Daher begann man bei einigen Eisenbahndirektionen seit 1964 mit der Speisewasseraufbereitung in stationären Anlagen. Bei dieser Art Speisewasseraufbereitung hat man folgende Verfahren eingeführt:

Tabelle 2.12
Gegenüberstellung einiger Kennziffern aus den Jahren 1950 und 1981

Bezeichnung	1950	1981	Unterschied
Auswaschfrist der Lokomotiven, durchschnittlich für die ganze Eisenbahn nach	2768 km	7933 km	das 2,86fache
Betriebsausbesserung der Lokomotiven, durchschnittlich für die ganze Eisenbahn nach	49 078 km	96 697 km	das Doppelte
Durchschnittliche Anhängelast der Lokomotiven für die ganze Eisenbahn	1016 t	2062 t	das Doppelte
Kohlenverbrauch je 10 000 km in SKE	250 kg	104,9 kg	um 58 % weniger
Austausch der Kesselwandung bei der Hauptausbesserung	grundsätzlich Austausch der ganzen Feuerbüchse	weniger als eine Wand pro Lokomotive ausgetauscht	

2.17.2.1 Enthärtungsverfahren mit Kalk: Das ist ein altes traditionelles Enthärtungsverfahren mit Chemikalien. Enthärtungschemikalien aus Kalk gibt es in großen Mengen, und die Selbstkosten für die Wasserenthärtung sind niedrig. Schwierigkeiten dabei sind die verhältnismäßig lange Reaktionszeit, die ziemlich großen Anlagen und die Entfernung der Ablagerungen aus der Anlage.

2.17.2.2 Enthärtungsverfahren durch Ionenaustausch: Das ist ein gegenwärtig verbreitetes Wasserenthärtungsverfahren. Dieses Verfahren kann in Natriumionenaustausch, Wasserstoff-Natrium-Parallelschaltungsionenaustausch, Wasserstoff-Natrium-Reihenschaltungsionenaustausch und säurearmen Wasserstoffionenaustausch unterteilt werden. Das Natriumionenaustauschverfahren stellt das einfachste Ionenaustauschenthärtungsverfahren dar. Es kann die

Wasserhärte bis auf etwa Null herabsetzen, dagegen aber wird das Natriumsalz im enthärteten Wasser um 2,96 mg/l erhöht. Für Wasser mit verhältnismäßig hoher Karbonathärte ist dieses Verfahren nicht empfehlenswert.
Beim Wasserstoff-Natrium-Parallelschaltungsionenaustausch kann man große Mengen von enthärtetem Wasser gewinnen, die Härte auf die gewünschte Norm herabsetzen, den Alkaligehalt beliebig ändern und den Gehalt an gelösten Salzen in bestimmtem Maße reduzieren, dagegen aber erfordert dieses Verfahren eine hohe Stabilität der Speisewasserqualität. Nur für das Wasser, dessen Karbonathärte etwa 50 % von der Gesamthärte ausmacht, ist dieses Verfahren geeignet. Beim Wasserstoff-Natrium–Reihenschaltungsionenaustausch kann man die Härte auf die gewünschte Norm herabsetzen, den Alkaligehalt beliebig ändern und den gesamten Gehalt an gelösten Salzen in bestimmtem Maße reduzieren. Dieses Verfahren erfordert keine hohe Stabilität der Speisewasserqualität. Es eignet sich für Wasser mit verhältnismäßig großer Härte, dessen Nichtkarbonathärte über 50 % von der Gesamthärte ausmacht. Da sämtliches Wasser durch den Natriumionenaustauscher fließen muß, ist die Menge des vom Ionenaustauscher aufbereiteten Wassers größer als die des obengenannten Verfahrens. Das Wasserstoffionenaustauschverfahren mit säurearmen Harz gilt für das Wasser, dessen Alkaligehalt höher als dessen Härte ist. Nach der Aufbereitung im Austauscher verbleibt die ganze Nichtkarbonathärte im Wasser, so daß das Wasser nochmals eine Stufe des Natriumionenaustausches zu durchlaufen hat.
Bei allen Ionenaustauschverfahren ist Ionenaustauschharz als Austauschmittel zu verwenden. Je nach den verschiedenen Eigenschaften der Austauschgruppen unterscheidet man die Austauschharze in positive, negative und amphotere. Harze mit saueren Austauschgruppen wie Sulfonat ($-SO_3H$), Carboxyl ($-COOH$) oder Hydroxyl ($-OH$) sind die positiven Ionenaustauschharze; Harze mit laugenartigen Austauschgruppen wie Tetraamin ($\equiv NOH$), primäres Amin ($-NH_3OH$), sekundäres Amin ($=NH_2OH$) und tertiäres Amin ($\equiv NHOH$) sind die negativen Ionenaustauschharze; Harze mit den beiden Austauschgruppen nennt man amphotere Ionenaustauschharze oder thermische Regenerierharze. In China sind die letztgenannten noch im Versuchsstadium.

2.17.2.3 Elektrodialysenverfahren: Das ist ein in den letzten Jahren in China entwickeltes Verfahren. Man fertigt eine positive Membrane aus dem Austauschharz mit positiven Ionen und eine negative Membrane aus dem Austauschharz mit negativen Ionen an. Die Salze im Speisewasser werden in positive und negative Ionen elektrodialysiert. Unter der Wirkung des Gleichstromfeldes strömen die positiven Ionen nur durch die positive und die negativen nur durch die negative Membrane. Auf diese Weise werden die positiven und negativen Ionen im Speisewasser alternativ beseitigt und somit das Wasser enthärtet.
Beim Elektrodialysenverfahren ist die Anlage einfach, es werden wenig Chemikalien verbraucht, und der Salzgehalt läßt sich proportional herabsetzen. Wasser und Energie aber werden in verhältnismäßig großen Mengen verbraucht, und die Unterhaltung der Anlage ist verhältnismäßig aufwendig. Für wasserreiche Gegenden mit sicherer Energieversorgung ist dieses Verfahren geeignet.
Aus den Erfahrungen der Speisewasseraufbereitung für Dampflokomotiven in den vergangenen Jahren in China ergibt sich, daß die zulässige Dicke des Kesselsteinbelags bei den in Betrieb eingesetzten Lokomotiven nicht höher als 0,2 mm betragen, das Zuwachstempo des Kesselsteinbelags 0,1–0,15 mm/10^4 km nicht überschreiten und die Abschlamm-Menge unter 5 bis 7 % der verdampften Wassermenge bleiben soll. Diese Bedingungen sind für den Kessel im Hinblick auf Korrosionsschutz, Kesselsteinentfernung, Verminderung des Überreißens von Wasser und der Reduzierung des Abschlammprozentsatzes von großem Nutzen. Daher kann die Laufleistung zwischen zwei Kesselwaschtagen erhöht und Kohle eingespart werden. Die Lokomotiven können dann unter den Bedingungen von guter Qualität, hoher Produktivität und niedrigem Kohlenverbrauch die Transportaufgaben erfüllen.

2.18 Kann die Dampflokomotive weiter verbessert werden?

Die Entwicklungsgeschichte der Dampflokomotiven reicht schon mehr als 180 Jahre zurück. Durch vielseitige Verbesserungen aller Länder der Welt wurde die Dampflokomotivtechnik bis zum heutigen Stand entwickelt. Gegenwärtig beträgt der Anteil der Dampflokomotiven an dem

Einsatzbestand aller Traktionsarten bei der Chinesischen Eisenbahn noch 70 %. Da Kohle in China von guter Qualität ist und mit niedrigem Preis in großer Menge zur Vefügung steht, wird deshalb die Dampflokomotive in nächster Zukunft noch als hauptsächliche Zugförderungsart beibehalten. Aus diesem Grund ist es für China von aktueller Bedeutung, die Entwicklungsmöglichkeiten zu nutzen, die Konstruktion der Lokomotive zu verbessern und die Leistungen zu erhöhen, um den Transporterfordernissen entsprechen zu können.

2.18.1 *Die Verwendung des Flachschornsteins zur Verbesserung der Ejektor-Saugzuganlage*

Der ovale Flachschornstein ist nach seiner Querschnittsform genannt. Dieser Name stammt aus dem «Giesl ejector drafting System» (Abdampf-Ejektor-Saugzuganlage), die 1959 in Österreich entwickelt wurde. Das Patent der österreichischen Giesl-Abdampf-Ejektor-Saugzuganlage gilt im Ausland als eine grundsätzlich reife Technik. Nach unvollständigen statistischen Angaben aus dem Jahre 1973 waren schon über 2500 Dampflokomotiven in mehr als 10 Ländern und Gebieten auf diese Saugzuganlage umgebaut und gute Erfolge bei der Einsparung von Kohlen erzielt worden. Anhand ausländischer Unterlagen wurde diese Saugzuganlage in China seit den sechziger Jahren auf den Lokomotiven der Baureihen FD, SL und JF erprobt und Erfolge bei der Herabsetzung des Gegendruckes der Zylinder, bei der Erhöhung der Zugkraft und Leistung der Lokomotive sowie bei der Verbesserung des Kesselwirkungsgrads errungen.

Lokomotive, Baureihe JF, mit Flachschornstein.

1964 hatte man erstmals den Flachschornstein an der neu hergestellten Dampflokomotive, Baureihe QJ, Nr. 173, angebracht und damit Erfolge erzielt. 1972 wurden Vergleichsmessungen mit den normalen runden und Giesl-Flachschornsteinen an der Lokomotive, Baureihe QJ, auf dem Versuchsring in Beijing durchgeführt. Anhand der Ergebnisse für 49 Varianten und 136 Gruppen von Prüfungsdaten hatte man die Parameter für die Saugzuganlage festgestellt. Durch Vergleich von Versuchsergebnissen und Untersuchungen verschiedener Varianten wurde die gesamte Geometrie der Saugzuganlage endgültig festgelegt. Die Anlage wurde Typ 710 genannt. Es gibt zwei Bauarten davon: mit 7 und mit 10 Düsen. Nach dem Einbau dieser Anlage kann man aufgrund der Betriebsverhältnisse mit einer Drosselscheibe die Saugzugstärke und die Gleichmäßigkeit des Saugzuges einstellen.
In der Zeit von Juni bis Dezember 1980 wurden komplexe Vergleichsuntersuchungen mit dem Flachschornstein, Typ 710, und dem runden Schornstein an der Lokomotive, Baureihe QJ, auf den Versuchsring in Beijing durchgeführt. Die Ergebnisse weisen folgende Vorteile auf:

2.18.1.1 Die Saugzugleistung wurde mit dem Giesl-Flachschornstein um 50–80 % gesteigert (gerechnet nach der Größe des Vakuums an der vorderen Rauchkammerrohrwand), der Querschnitt des Blasrohrauspuffs wurde etwa um 30 % vergrößert. Der Zylindergegendruck wurde herabgesetzt und die Zugkraft am Radumfang erhöht.

2.18.1.2 Der Saugzug bei der Lokomotive mit dem Giesl-Flachschornstein war gleichmäßig mit guter Dampf- und Wasserzufuhr. Bei der spezifischen Rostbelastung von 100 bis 600 kg/m^2 h wurde die Heizflächenbelastung der Lokomotive um 2–5 kg/m^2 h gesteigert (unter Verwendung von

Kohlenpulvergemisch aus Datong, Provinz Shansi).

2.18.1.3 Der Flachschornstein begünstigt kleinere Wärmeverluste durch Verminderung von Lösche und die Erhöhung des Kesselwirkungsgrads. Bei der Rostwärmebelastung von 1000 bis 4000 Mcal/ m^2 h wurde der spezifische Wärmeverlust durch Lösche um 14–30 % vermindert und der Kesselwirkungsgrad um 5–10 % erhöht (unter Verwendung von Kohlenpulvergemisch aus Datong, Provinz Shansi).

2.18.1.4 Der Giesl-Flachschornstein kann die Überhitzungstemperatur erhöhen und damit die Wirtschaftlichkeit der Dampfmaschine verbessern. Bei Heizflächenbelastung von 30 bis 70 kg/m^2 h kann die Überhitzungstemperatur um 3–10^0 C erhöht werden (unter Verwendung von Kohlenpulvergemisch aus Datong, Provinz Shansi).
Die Variante Typ 710 ist inzwischen serienreif. Sie wird in die Lokomotive, Baureihe QJ, Schritt für Schritt eingebaut und zur Betriebserprobung in größerer Zahl eingesetzt. Bis jetzt sind schon 33 Stück davon eingebaut und haben sich im Betrieb recht gut bewährt.
Die in Kombination mit der Giesl-Saugzuganlage vorgesehene Drosselklappe ist eine Vorrichtung, mit der man die Saugzugstärke der Lokomotiven mit Flachschornstein einstellt. Die Drosselklappe wird vor den Heizrohrenden der Rauchkammerrohrwand befestigt. Entsprechend den Erfordernissen kann man damit die Rauchgasaufteilung der Rauch- und Heizrohre verändern und somit die Verbrennungsverhältnisse verbessern und die Heißdampftemperatur erhöhen.

2.18.2 *Der Einbau einer Abdampfstabilisierungskammer*

Um die ungünstige Wirkung der Pulsation beim Abdampfauslaß auf den Saugzug und die Verbrennung zu vermindern, wurde eine Abdampfstabilisierungskammer im Abdampfkanal der Zylinder eingebaut, so daß der Abdampf zuerst durch die Stabilisierungskammer und dann durch Blasrohr und Schornstein ins Freie ausgepufft wird. Die Ausdehnung des Abdampfes in der Stabilisierungskammer kann die Pulsation des Abdampfauslasses mindern und damit den Saugzug gleichmäßig und stabil machen.
Seit 1953 hat die Japanische Eisenbahn Forschungen und Versuche über die Frage der Abdampfstabilisierung lange Zeit durchgeführt. Die Ergebnisse waren positiv. Später hat man aufgrund der Entscheidung der Forschungsberatung für Eisenbahnfahrzeuge in je eine Personen- und Güterzugdampflokomotive eine Stabilisierungskammer eingebaut. Messungen zeigten, daß der Gegendruck der Zylinder herabgesetzt und bis unter 0,10 und manchmal sogar bis 0,05 bar ausgenutzt werden kann.

2.18.3 *Die Erhöhung der Heißdampftemperatur*

Um die Heißdampftemperatur zu erhöhen, kann man folgende Maßnahmen ergreifen: den Durchmesser der Überhitzerrohre vergrößern (von 35 auf 38 mm), Überhitzerheizfläche vermehren, Verluste der Dampfströmungswege vermindern, den Druck des in die Zylinder eintretenden Dampfes erhöhen, Effektivleistung der Dampfmaschine vergrößern. Um die Heißdampftemperatur zu erhöhen, kann man an den vorderen Enden der Heizrohre eine Drosselklappe anbringen und die Rauchgasverteilung zugunsten der Rauchrohre und der darin befindlichen Überhitzerrohre ändern. (Abschnitt 2.18.1.4)

2.18.4 *Der Einbau von Leitvorrichtungen für die Verbrennungsluft*

Im allgemeinen werden die Luftleitvorrichtungen unterhalb der Feuerbüchse an den Achskastenseitenwänden angebracht, die mit Dampf als Arbeitsmedium unter Ejektorwirkung die Sekundärluft mit entsprechendem Überdruck und Winkel über dem Rost in das brennende Feuer leiten, um Luft mit den Verbrennungsgasen zu mischen. Nach vollständiger Mischung der Sekundärluft mit dem Rauchgas kann es vollständig verbrennen, und der schwarze Rauch wird vermindert. Nach siebenmaligen Lokomotivprüfstandversuchen und der Probefahrt mit bespanntem Zug bei der Japanischen Eisenbahn kam man zu folgenden Ergebnissen: Wenn die Luftleitvorrichtung richtig angebracht wird, kann der schwarze Rauch durchschnittlich um einen Drittel vermindert, Kohle um 5–6 % gespart, der Kesselwirkungsgrad um 4–6 % erhöht werden und keine Schlackebildung auf dem Rost entstehen.

2.18.5 *Die zweckmäßige Erhöhung des Kesseldrucks ohne großer Veränderung der Lokomotivkonstruktion*

Die Grenzwerte des Kesseldrucks der Dampflokomotiven klassischer Bauart in anderen Ländern betragen z. B. in den USA und Kanada – 21,1 kp/cm^2, in Frankreich – 21 kp/cm^2, in der UdSSR – 17 kp/cm^2, in Japan – 16 kp/cm^2. Einige Bahnen sind nach ihren Erfahrungen der Auffassung, daß für die herkömmliche Dampflokomotive mit Feuerrohrkessel der Kesseldampfdruck unter 21,1 kp/cm^2 zweckmäßig sei. Vor dem Zweiten Weltkrieg baute man in Deutschland viele neue Lokomotiven mit 20 kp/cm^2 Kesseldruck, was man damals als optimal im Hinblick auf die Kesselkonstruktion ansah. Gegenwärtig ist der Kesseldruck der Dampflokomotiven in China im allgemeinen 15 kp/cm^2. Von der Kesselfestigkeit aus gesehen, gibt es noch Möglichkeiten, den Kesseldruck auf 16 kp/cm^2 zu erhöhen.

2.18.6 *Brikett- und Gasfeuerung*

Der Kohlenverbrauch der Dampflokomotiven der Chinesischen Eisenbahn beträgt mehr als 20 Millionen t pro Jahr. Die Ausgaben für Kohle nehmen mehr als 60 % der Gesamtausgaben eines Bahnbetriebswerks ein. Wegen großer Verluste des Funkenfluges (etwa 20–30 %) ist der Kesselwirkungsgrad der Dampflokomotive niedrig.
Mit der Mechanisierung der Kohlenproduktion wird der spezifische Feinkohlegehalt weiter steigen. Gegenwärtig beträgt der Feinkohleanteil in der Kohle für Dampflokomotiven in China im allgemeinen 50–60 %. Um Energie zu sparen und Kohle effektiv auszunutzen, kann man Brikettfeuerung als eine effektive Maßnahme betrachten, d. h., es wird in Brikettform gepreßte Kohle verfeuert, wobei vor allem Eierbriketts zum Einsatz kommen.

Verbessert man die vorhandenen Dampflokomotiven durch Anwendung obenerwähnter technischer Maßnahmen, sind Erfolge zu erwarten.
In der letzten Zeit wurde eine Anzahl solcher Lokomotiven in China hergestellt und in Betrieb geprüft. In absehbarer Zeit wird man mit diesen Lokomotiven abermals technische Sachverständigenprüfungen durchführen.
In China wie in anderen Ländern hatte man auch verschiedene Vorstellungen über Dampflokomotiven neuer Bauart und Untersuchungen durchgeführt. Als Beispiel hat man in China sich vorgestellt, Gas als Brennstoff für Dampflokomotiven zu verwenden. Ersetzt man den Tender durch einen Gaserzeuger mit zugehörigen Vorrichtungen und verwandelt man die Feuerbüchse und den Rost des Kessels in einen geeigneten Brennraum für Gasverbrennung, ohne die übrige Konstruktion zu verändern, so erhält man eine Dampflokomotive mit Gasfeuerung. In diesem Fall wird der Kessel mit Festbrennstoffeuerung in Schichten in einen Kessel mit Gasbrennstofffeuerung im Raum verwandelt. Man kann im voraus sagen, daß auf diese Weise Brennstoffverluste in großen Mengen durch Funkenflug und Rostdurchfall grundsätzlich beseitigt werden können.
Bei der Gasfeuerung wird die Heizgastemperatur in der Feuerbüchse erhöht und Ruß auf den Heizflächen vermindert, was das Wärmeleitvermögen verbessert und die Kesselverdampfungsleistung und damit die Lokomotivleistung erhöht.
Bei der Sekundärverbrennung von Kohle auf der Dampflokomotive nach Vergasung mit Gasfeuerung wird der Kohlenstaubauswurf von einigen Gramm auf unter 200 mg/m^3 herabgesetzt und schwarzer Rauch beseitigt, was das Umweltverhalten erheblich verbessert. Diese Lokomotive befindet sich noch im Anfangsstadium der Entwicklung. Unter Berücksichtigung der Bedienungstechnologie des Gaserzeugers, der Auswahl der Kohlensorte, der möglichen ununterbrochenen Fahrzeit und der Lebensdauer des Gaserzeugers wird das Tempo der Entwicklung der Lokomotive von den Ergebnissen der Untersuchungen abhängen.

Lokomotive Nr. 751, Bauart SL7.

Lokomotive Nr. 561, Bauart KD_7.

Lokomotive Nr. 1861, Baureihe JF_1.

>
Die neuentwickelte Lokomotive Nr. 5794, Baureihe JS.

Lokomotive Jefang Nr. 2440, Baureihe JF_1.

5794

4–6–2-Schnellzug-
lokomotive,
Baureihe RM.

>
Die verbesserte Lokomotive,
Baureihe QJ.

Lokomotive, Baureihe QJ, mit
einem sechsachsigen Tender
gekuppelt.

Lokomotive Nr. 85, Baureihe DF_4.

>
Lokomotive, Baureihe DF_1, auf der Strecke Chen Kun.

Lokomotive der Baureihe Beijing.

Links oben:
Lokomotive Nr. 5, Baureihe NY_6.

Rechts oben:
Diesellokomotive Nr. 1630, Baureihe DF_1.

Links unten:
Lokomotive Nr. 1, Baureihe DF_7.

Rechts unten:
Führerraum der Lokomotive, Baureihe Beijing.

Lokomotive der Baureihe Beijing befördert einen Zug.

Elektrische Lokomotive, Baureihe SS_1, Nr. 394.

>
Lokomotive der Baureihen 6G und SS1, im Depot für elektrische Lokomotiven.

Lokomotive, Baureihe SS_3, vor einem Zug, fährt auf einer Bergstrecke.

Übernächste Seite:
Elektrifizierte Strecke im Abendsonnenschein.

韶山1087
6G-74
6G-82

3 Die Diesellokomotive

3.1 Entwicklung und Aufschwung der Diesellokomotiven bei der Chinesischen Eisenbahn

Die Chinesische Eisenbahn begann im Jahre 1958 mit der Entwicklung der Diesellokomotiven, die zur Grundlage des Aufschwungs der Entwicklung dieser Lokomotiven wurde. Die Fertigstellung der dieselelektrischen Güterzuglokomotive, Baureihe DF_1, von der Lokomotivfabrik Dalian im Jahre 1964 wurde zum Auftakt für die Verdieselung der Zugförderung bei der Chinesischen Eisenbahn. Zur gleichen Zeit wurde in der Lokomotivfabrik Sifang auch die dieselhydraulische Personenzuglokomotive Baureihe DFH_1 entwickelt und probeweise hergestellt. In den folgenden Jahren wurden Diesellokomotiven anderer Baureihen entwickelt, die die erste Generation bei der Chinesischen Eisenbahn bildeten.

Mit dem Nachbau des sowjetischen stehenden Dieselmotortyps mit zwei gegenläufigen Kolben wurden damals in den Lokomotivfabriken Dalian und Qishuyan die Gegenkolben-Zweitaktmotoren 10L 207 und 6L 207 mit einer Zylinderbohrung von 207 mm mit Erfolg probeweise hergestellt und in die Diesellokomotiven der Baureihen DF_{1-3} eingebaut.

Im Jahre 1959 wurde in der Lokomotivfabrik Sifang unter Anwendung von zwei schnellaufenden Dieselmotoren, Typ 12V 175, in Verbindung mit dem hydraulischen Getriebe die erste vierachsige Diesellokomotive mit einer Motorleistung von 1340 kW bzw. 1820 PS für den Reisezugdienst erfolgreich entwickelt. Sie bestand im Jahre 1966 die Typenprüfung und wurde zur Serienproduktion freigegeben mit der Benennung DFH_1. Diese Fabrik hat auch eine dieselhydraulische Rangierlokomotive mit der Benennung «Kleiner roter Stein» entwickelt. Die Lokomotive wurde mit zwei schnellaufenden Dieselmotoren, je 220 kW bzw. 300 PS, und zwei separaten hydraulischen Getrieben ausgestattet. Wegen ihrer niedrigeren Achslast (16 t) und einfachen Bedienung wurden sie in kleiner Serie für Fabriken und Bergbau produziert. Mit der immer weiteren Erhöhung des Transportvolumens der Eisenbahn wurden neue Lokomotiven mit größerer Zugleistung und fortgeschrittener Charakteristik gefordert. Ab 1965 wurde deshalb eine neue Etappe für die Entwicklung und Fertigung von Diesellokomotiven der zweiten Generation eingeleitet. Diese neue Etappe begann auch mit der Entwicklung und Fertigung von Hochleistungsdieselmotoren. Man hat insgesamt vier Typen von mittelschnelllaufenden und schnellaufenden Motoren entwikkelt, und zwar: der mittelschnellaufende Dieselmotor, Typ 16V 240, mit Parallelpleuelstangen; der mittelschnellaufende Dieselmotor, Typ 12V 240, mit Haupt- und Nebenpleuelstangen; die schnellaufenden Dieselmotoren Typ 12V 180 und 16V 200. Alle vier Typen von Dieselmotoren haben die 100stündige Typenprüfung und die Dauererprobung bestanden und sind durch Gutachten auf der ministeriellen Ebene bestätigt. Im Jahre 1969 wurde in der Lokomotivfabrik Dalian unter Anwendung eines 2428-kW- bzw. 3300-PS-Dieselmotors, Typ 16V 240 A, in Verbindung mit einer elektrischen Wechselstrom-Gleichstrom-Übertragung die Streckendiesellokomotive, Baureihe DF_4 für den Güterzugdienst gebaut. Durch wesentliche Verbesserungen wurde danach der Dieselmotor, Typ 16V 240 B, entwickelt, wodurch die Leistung am Radumfang der Lokomotive, Baureihe DF_4 von 1958 kW bzw. 2660 PS auf 2020 kW bzw. 2745 PS erhöht und der spezifische Kraftstoffverbrauch am Zughaken von 267 g/kWh bzw. 196,6 g/PSh auf 258,4 g/kWh bzw. 190 g/PSh gesenkt wurde.

Im Jahre 1971 hatte die Lokomotivfabrik «der 7. Februar» unter der Verwendung eines mittelschnellaufenden Dieselmotors Typ 12V 240, mit 1987 kW bzw. 2700 PS in Verbindung mit dem hydraulischen Getriebe, Typ E Q 2027, die Streckendiesellokomotive, Baureihe «Beijing» für den Reisezugdienst fertiggestellt. 1973 wurden wesentliche konstruktive Verbesserungen am Dieselmotor, am hydraulischen Getriebe und an der Lokomotive im ganzen durchgeführt. Am 22. September 1974 wurde diese Lokomotivbaureihe vom Eisenbahnministerium genehmigt und mit kleiner Serienproduktion begonnen. Nach den Statistikangaben der Betriebsdienststelle ist der spezifische Kraftstoffverbrauch der Lokomotive «Beijing» verhältnismäßig niedrig und die Betriebszuverlässigkeit relativ gut.

In der Lokomotivfabrik Sifang wurden ab 1970 unter Verwendung des Dieselmotors, Typ 12V 180, als Kraftquelle die Diesellokomotiven, Baureihe DFH_1 (TZ) und DFH_2 (TZ) für die Tansanisch-Zambische Eisenbahn gebaut. Um den Bedarf des gestiegenen Personenverkehrs zu decken, wurde zugleich das hydraulische Getriebe, Typ SF 2010, mit einem hochleistungsfähigen Drehmomentwandler eingeführt und die Strekken-Diesellokomotive, Baureihe DFH_3, für den Reisezugdienst fertiggestellt sowie im Januar 1976 mit der Serienproduktion begonnen, wobei ihre Motorleistung bis 2 × 993 kW bzw. 1350 PS erreichte. Um den Bedarf der Meterspurbahn in der Provinz Yun Nan zu decken, hatte die Lokomotivfabrik Sifang auf der Grundlage der Diesellokomotive, Baureihe DFH_1 (TZ), außerdem eine Anzahl Diesellokomotiven, Baureihe DFH_2, produziert. Die Lokomotivfabrik Zi Yang, ein ausgezeichneter Nachwuchs, hat im Jahre 1973 unter Verwendung eines Dieselmotors, Typ 12V 180, in Verbindung mit einem hydraulischen Getriebe, Typ SF 2010, die Rangierdiesellokomotive, Baureihe DFH_2, mit einer Motorleistung von 790 kW bzw. 1075 PS fertiggestellt. Nach der Serienproduktion von 50 Stück dieser Lokomotiven wurden im Jahre 1975 Konstruktionsverbesserungen durchgeführt, wobei die Leistung des Dieselmotors erhöht, das Dienstgewicht der Lokomotive vergrößert und ein Stufengetriebe zusätzlich angeordnet wurde. Somit konnte sie als Lokomotive mit 920 kW bzw. 1250 PS sowohl für den Rangierdienst als auch für den Nahverkehr eingesetzt werden. Sie wurde als Baureihe DFH_5 benannt.

Im Jahre 1975 wurde in der Lokomotivfabrik Tangshan unter Verwendung eines aus der Typenreihe 16V 240 hergestellten Dieselmotors 8V 240 mit 1214 kW bzw. 1650 PS als Kraftquelle in Verbindung mit der elektrischen Kraftübertragungsanlage der Lokomotive, Baureihe DF_4, die Rangierlokomotive, Baureihe DF_5 entwickelt. Bei der praktischen Verwendung wurde von den Betriebsdienststellen festgestellt, daß sowohl der Dieselmotor als auch die elektrische Kraftübertragungsanlage mehrere Nachteile aufwiesen. Der Achtzylinder-Reihendieselmotor, Typ 8L 240, ist gegenwärtig in der Entwicklung und wird in absehbarer Zeit den Dieselmotor 8V 240 ersetzen. Schon im Jahre 1965 hat die Lokomotivfabrik Sifang unter Verwendung von zwei selbst konstruierten 1840-kW-Dieselmotoren, Typ 16V 200, in Verbindung mit zwei hydraulischen Getrieben eine Streckendiesellokomotive mit 3680 kW bzw. 5000 PS Motorleistung für den Güterzugdienst entwickelt und probeweise hergestellt. Nach Konstruktionsänderung durch die Lokomotivfabrik Qishuyan wurde 1974 wieder eine Lokomotive gebaut. Im Jahre 1976 wurden durch die Fabrik Ziyang abermals wichtige Verbesserungen vorgenommen, indem neue hydraulische Elemente angewandt und anstatt des Verteilergetriebes Achsgetriebe angeordnet wurden, die direkt von den hydraulischen Getrieben angetrieben wurden. Im Jahre 1977 wurde eine Lokomotive zur Betriebserprobung fertiggestellt. Diese Lokomotive erhielt eine Motorleistung von 3312 kW bzw. 4500 PS und ist als Baureihe DFH_4 benannt. Gegenwärtig befindet sie sich noch im Betriebsversuch.

Um den Bedarf des Eisenbahntransports zu dekken, wurden ab 1967 Diesellokomotiven importiert, darunter waren dieselhydraulische Lokomotiven der Baureihen NY_5, NY_6 und NY_7 mit der Leistung von 2504–3974 kW bzw. 3400–5400 PS aus der Bundesrepublik Deutschland, dieselelektrische Lokomotiven der Baureihe ND_4 mit der Leistung von 2686 kW bzw. 3650 PS aus Frankreich sowie dieselelektrische Lokomotiven der Baureihe ND_2 mit der Leistung von 1545 kW bzw. 2100 PS aus Rumänien.

Nach mehr als zwanzigjährigen Bemühungen verfügt die Chinesische Eisenbahn über eine primäre Produktionsbasis für den Diesellokomotivbau. Bis Ende 1983 zählte der gesamte Bestand an Diesellokomotiven schon mehr als 2700 Stück, was einen Anteil von etwa 27 % des Lokomotivparks einnimmt (die importierten Diesellokomotiven inbegriffen). Die Transportleistung durch die Dieseltraktion erreichte im selben Jahr einen Anteil von 16,6 % im Gütertransport und 55,1 % im Personentransport.

Bis heute sind insgesamt 15 Baureihen von in China hergestellten Diesellokomotiven vorhanden, darunter nicht nur mit mittelschnelllaufendem Motor, sondern sowohl dieselelektri-

sche als auch dieselhydraulische. Man verwendet für Diesellokomotiven Dieselmotoren mit fünf unterschiedlichen Zylinderbohrungen, zwei Typen elektrischer Kraftübertragung und fünf Typen von hydraulischen Getrieben in Anpassung an verschiedene Verwendungszwecke und Leistungsklassen. Näheres zeigt die Tabelle 3–1.
Von den 15 Lokomotivbaureihen, die in der Tabelle aufgeführt sind, werden jetzt nur noch die Lokomotiven der fünf Baureihen DF_4, DF_5, DFH_3, DFH_5 und «Beijing» weiter produziert. Bei den Dieselmotoren sind nur noch vier Typen vorhanden: 16V 240, 12V 240, 8V 240 (8L 240) und 12V 180. Was die Kraftübertragung betrifft, ist China heute in der Lage, konkurrenzfähige elektrische und hydraulische Leistungsübertragungen zu produzieren.

3.2 Überblick über die Baureihen der Diesellokomotiven der Chinesischen Eisenbahn

Die Baureihe der Diesellokomotive wird im allgemeinen mit dem ersten Buchstaben der buchstabierten chinesischen Schrift bezeichnet. Zum Beispiel, DF bedeutet die Baureihe «Dong Feng» (Ostwind) und gehört zu den dieselelektrischen Lokomotiven; DFH bedeutet die Baureihe «Dong Fang Hong» (der Osten ist rot) und gehört zu den dieselhydraulischen Lokomotiven; ND bedeutet importierte dieselelektrische Lokomotive; NY bedeutet importierte dieselhydraulische Lokomotive; die Baureihe «Beijing» bedeutet die von China hergestellte dieselhydraulische Lokomotive. Die Ziffer unten rechts der Baureihenbezeichnung bezeichnet die Bauart der jeweiligen Lokomotivbaureihe. Für die Bezeichnung der Exportlokomotiven wird die Abkürzung des Bestimmungslandes hinter der Baureihen- und Bauartbezeichnung hinzugefügt, z. B. bedeutet TZ die Lieferung an die Tansanisch-Zambische Eisenbahn.
Die Achsfolge der Diesellokomotive wird auf internationaler Ebene entweder mit Ziffern oder mit Buchstaben gekennzeichnet. Bei der Chinesischen Eisenbahn wird sie mit Ziffern angegeben. Die Ziffer bedeutet die Zahl der Achsen je Drehgestell. Die «0» unten rechts bedeutet, daß jede Triebachse einzeln angetrieben wird. Die Ziffer ohne «0» bedeutet, daß Triebachsen in Gruppen angetrieben werden; z. B. die Achsfolge der die-

Tabelle 3.1
Übersicht der in China gebauten Diesellokomotiven der Chinesischen Eisenbahnen

			Kraftübertragung	elektrisch		hydraulisch						
				TQFR-1350 + TQDR-204	TQFR-3000 + TQDR-410	EQ 2021 (QB_3+TQ_3)	ZJ 2022 (B46+B85)	SF 2021 (B8-III+B-10)			ZJ 2011 (B8-III+B-10)	SF 3010-1 (B8+3×B4)
								SF 2010-2	SF 2010-A	SF 2010-Z1		
Dieselmotor: Gegenkolben-Dieselmotor n=350 U/min	Zylinderbaureihe mit 207 mm Bohrung		10L 207	DF, DF_3								
			6L 207	DF_2								
Mittelschnellaufender Dieselmotor (n=850–1100 U/min)	Zylinderbaureihe mit 240 mm Bohrung	Kolbenhub 275 mm mit Parallelpleuelstangen	16V 240		DF_4							
			8V 240 (8L 240)		DF_5							
		Kolbenhub 260 mm mit Haupt- und Nebenpleuelstangen	12V 240		DF_7	«Beijing»						
Schnellaufender Dieselmotor (n=1300 U/min)	Zylinderbaureihe mit 175 mm Bohrung		12V 175									DFH_1
	Zylinderbaureihe mit 180 mm Bohrung		12V 180					DFH_2 DFH_{21} DFH_1(TZ)	DFH_3	DFH_2(TZ)	DFH_5	
	Zylinderbaureihe mit 200 mm Bohrung		16V 200				DFH_4					

selelektrischen Lokomotive, Baureihe DF, wird mit 3_0–3_0 bezeichnet, d. h. die Achsen sind einzeln angetrieben; die Achsfolge der dieselhydraulischen Lokomotive, Baureihe «Beijing», wird mit 2–2 bezeichnet, d. h. die Achsen sind in Gruppen angetrieben.

Bei dieselelektrischen Lokomotiven wird mit einem Dieselmotor ein Gleichstrom-Traktionsgenerator angetrieben, wobei der erzeugte Gleichstrom mehreren Gleichstromfahrmotoren zugeführt wird, welche durch Zahnradgetriebe die Räder in Bewegung setzen. Die Kraftübertragungsart wird als DC/DC-Kraftübertragung bezeichnet, angewandt bei den Lokomotiven der Baureihen DF_1, DF_2. Mit der Erhöhung der Leistung von Diesellokomotiven und damit der Leistung und Drehzahl der Dieselmotoren ergaben sich bei der Konstruktion und Herstellung von Gleichstrom-Kraftübertragungen für mehr als 2200 kW (3000 PS) Generatoreingangsleistung Schwierigkeiten. Mit der Entwicklung von Hochleistungs-Siliziumgleichrichterelementen in den sechziger Jahren ist ein neues Gebiet für die Verwendung von kompakten Synchrongeneratoren in den Diesellokomotiven erschlossen worden; die Drehstrom-Gleichstrom-Kraftübertragung (AC/DC), angewandt bei den Lokomotiven der Baureihen DF_4 und DF_5.

Die hydraulische Leistungsübertragung besteht aus einem Getriebe mit Strömungswandlern, Zahnradübersetzungen mit Wendeteil, den Gelenkwellen sowie den Achsgetrieben. Ihr wichtigstes Bauteil ist der Strömungswandler. Der Strömungswandler ist eine «flexible Kupplung» und besitzt gleichzeitig die Aufgabe, das Ausgangsdrehmoment zu verändern. Die Strömung der Arbeitsflüssigkeit im Wandler überträgt nicht nur die mechanische Energie des Dieselmotors auf die Räder, sondern sie verwandelt während der Übertragung auch das Drehmoment des Dieselmotors in die für die Lokomotive benötigte Zugkraft. Auf diese Weise wird eine gute Traktionscharakteristik erzielt. Im Vergleich zu der elektrischen Kraftübertragung besitzt die dieselhydraulische Lokomotive als Vorteile kleineres Gewicht und geringen Kupferverbrauch. Das ganze hydraulische Getriebe besteht aus mechanisch bearbeiteten Teilen. Seine Produktionskosten sind vergleichsweise niedrig, die Zuverlässigkeit wie bei den Lokomotiven der Baureihen DFH, «Beijing» und NY sehr gut.

Sämtliche Personenwagen sind mit Einzelheizungen ausgerüstet, weshalb die Diesellokomotiven bisher auch keine Zugheizanlagen erhalten haben.

Die wichtigsten Daten für Diesellokomotiven verschiedener Baureihen, die jetzt in Betrieb bei der Chinesischen Eisenbahn eingesetzt sind, zeigt die Tabelle 3-2.

3.3 Die dieselelektrischen Lokomotiven der ersten Generation Chinas – Lokomotiven der Baureihen DF_1, DF_3

3.3.1 *Die Diesellokomotiven, Baureihen DF_1 und DF_3*

Die im Jahre 1964 gebaute Lokomotive, Baureihe DF_1, mit einer Höchstgeschwindigkeit von 100 km/h war ursprünglich für den Güterzugbetrieb bestimmt. Die Lokomotive bestand aus zwei Einheiten. In jeder Lokomotiveinheit treibt ein Zehnzylinderzweitaktmotor mit gegenläufigen Kolben, Typ 10L 207, einen Gleichstrom-Traktionsgenerator Typ ZQFR–1350, an. Der erzeugte Gleichstrom wird den sechs Gleichstromfahrmotoren zugeführt. Jede Lokomotiveinheit ist nur mit einem Führerraum an einem Ende ausgerüstet.

Die beiden Lokomotiveinheiten sind durch Mittelpufferkupplungen mit unterer Betätigung zu-

Tabelle 3.2
Die technischen Daten für die im Betrieb eingesetzten wichtigsten Diesellokomotiven bei den Chinesischen Eisenbahnen

Lfd. Nr	1	2	3	4	5	6	7	8	9	10	11	12	13	14	15
Baureihe Bezeichnung	DF_3	DF_2	DF_4	DF_5	DF_7	DFH_1	DFH_3	DFH_5	Beijing	ND_2	ND_4	NY_5	NY_6	NY_7	DFH_{21}
Baujahr	1964	1964	1969	1976	1978	1959	1971	1976	1971	1972	1973	1967	1972	1972	1975
Hersteller	Dalian	Qishuyan	Dalian	Tangshan	«Der 7. Februar»	Sifang	Sifang	Ziyang	«Der 7. Februar»	Elektro-putere Rumän.	Alsthom Frank-reich	Henschel BRD	Henschel BRD	Henschel BRD	Sifang
Verwendungs-zweck	für den Reise- und Gü-terzug-dienst	für den Rangier-dienst	für den Güterzug-dienst	für den Rangier-dienst	für den Rangier-dienst und Nah-verkehr	für den Reisezug-dienst	für den Reisezug-dienst	für den Rangier-dienst und Nah-verkehr	für den Reisezug-dienst	für den Reisezug-dienst	für den Güterzug-dienst	univer-sell	univer-sell	univer-sell	für Meter-spur
Kraftüber-tragungsart	elektr. Gleich-Gleich-strom	elektr. Gleich-Gleich-strom	elektr. Wechsel-Gleich-strom	elektr. Wechsel-Gleich-strom	elektr. Wechsel-Gleich-strom	hydr.	hydr.	hydr.	hydr.	elektr. Gleich-Gleich-strom	elektr. Wechsel-Gleich-strom	hydr.	hydr.	hydr.	hydr.
Achsfolge	3–3	3–3	3–3	3–3	3–3	2–2	2–2	2–2	2–2	3–3	3–3	3–3	3–3	3–3	2–2
Achslast (t)	21	18,8	23	20	22,5	21	22	21,5	23	20	23	21,5	23	23	15
Ges.-Gewicht d. Lokomotive (t)	126	113	138	120	135	84	88	86	92	120	138	130	138	138	60
Höchst-geschwindig-keit (km/h)	100/120	95,3	100	100	80	120	120	40 (Rang.) 80 (Nahv.)	120	120	100	160 (Reise) 120 (Güter)	108,2	113,4	50
Dauer-geschwindig-keit (km/h)	18	9,3	21,9	8,9	12,7	19,5	30	8,5 (Rang.) 17 (Nahv.)	24,3	25,2	24	27 (Reise) 20 (Güter)	21	22	12
Anfahr-zugkraft (kp)	30 800	30 000	42 100	34 900	40 360	28 000	24 800	28 380	23 710	28 500	42 000	40 000 (Reise) 42 900 (Güter)	45 500	45 500	
Dauer-zugkraft (kp)	19 400	20 350	30 800	30 200	29 800	16 700	15 300	20 200	16 270	17 200	31 000	22 000 (Reise) 28 500 (Güter)	33 600	37 000	
Ges.-Länge üb. Kupplung (m)	16,92	16,34	21,10	16,90	18,80	18,35	18,55	14,90	16,51	16,91	23,02	22,96	23,46	23,46	12,676
Kleinst befahr-barer Bogen-halbmesser (m)	145	80	145	80	100	145	145	100	125	100	125	125	125	125	70
Kraftstoff-vorrat (t)	5,4	4,0	7,38	5,0	5,4	4,0	4,5	3,2	4,4	3,8	8,2	6,2	8,2	8,2	2,0

sammengekuppelt. Man kann aus dem Führerraum jeder der gekuppelten Lokomotiveinheiten aus die ganze Lokomotive steuern.
Um den Bedarf für die Beförderung von Reisezügen zu decken, wurde das Getriebeübersetzungsverhältnis von 4,41 (75/17) auf 3,36 (71/25) geändert, wodurch die Höchstgeschwindigkeit der Lokomotive 120 km/h erreichte. Diese Lokomotive wurde in Baureihe DF_3 umbenannt.

Die dieselelektrische Lokomotive, Baureihe DF_1, ist mit Gleichstrom-Kraftübertragung versehen. Die Nennleistung des Traktionsgenerators beträgt 1350 kW. Beim Starten des Dieselmotors wird der Traktionsgenerator gleichzeitig als Startermotor benutzt.
Die Tatzlagerfahrmotoren sind je zwei in Reihe und dann parallel geschaltet. Die Lokomotive hat zwei Feldschwächstufen, wovon die erste Stufe 53 % und die zweite 35 % aufweist.

Tabelle 3.2 (Fortsetzung)

Lfd. Nr	1	2	3	4	5	6	7	8	9	10	11	12	13	14	15
Dieselmotor															
Typ	10L 207	6L 207	16V 240	8V 240	12V 240	12V 175	12V 180	12V 180	12V 240	12 LDA 28 B	AGO 240V 16	MB 839Bb	MB 16 V 652TB10	MA12V 956SB10	12V 180
Anzahl der Motoren	1	1	1	1	1	2	2	1	1	1	1	2	2	2	1
Installierte Leistung (kW)	1325	795	2430	1213	1470	2 × 740	2 × 993	920	1990	1550	2650	2 × 1250	2 × 1580	2 × 1840	810
Installierte Leistung (PS)	1800	1080	3300	1650	2000	2 × 1050	2 × 1350	1250	2700	2100	3650	2 × 1700	2 × 2150	2 × 2500	1100
Nenndrehzahl (U/min)	850	850	1100	1100	1100	1500	1500	1500	1100	750	1350	1450	1430	1500	1500
Spezifischer Kraftstoffverbrauch (g/PS·h)	175 + 5	175 + 5	155 + 5	155 + 5	155 + 5	175 + 5	≤ 175	≤ 175	≤ 155	≤ 175	≤ 155	157–158 ± 5%	≤ 175 ± 5%	≤ 155 ± 5%	
Kraftübertragung / Traktionsgenerator															
Typ	ZQFR–1350	ZQFR–1350	TQFR–3000	TQFR–3000	TQFR–3000					GCE 1100/10	AT–73				
Nennleistung (kW)	1350	1350	2985 KVA	2985 KVA	2985 KVA					1350	343				
Nennstrom/ Nennspannung	550/2460	550/2460	438/3936	438/3936	438/3936					550/2460	430/5400				
Gewicht (kg)	8600	8600	4860	4860	4800					7700	4800				
Kraftübertragung / Fahrmotor															
Typ	ZQDR–204	ZQDR–204	ZQDR–410	ZQDR–410	ZQDR–410					GDTM 553M	TAO 659				
Nennleistung (kW)	204	204	410	410	410					200	342				
Drehzahl, Nennndrehzahl/max.	515/2200	515/2200	630/2365	630/2365	630/2365					495/2300	580/2450				
Gewicht (kg)	3200	3200	2800	2800	2800					2500	3240				
Kraftübertragung / Hydraulisches Getriebe															
Typ						SF 3010–1	SF 2010–1A	ZJ–2011	EQ2027			L830 rU	L820 rU	L820 rU	SF 2010–2
Übersetzung						1,63			2,357				2,21	2,21	
Gewicht (t)						4,9			7,5			6,0	5,65	5,65	
Drehgestell															
Achsstand (mm)	2100 2100	2100 2100	1800 1800	1800 1800		3100	2400	2400	9,25	2150 1950	2050 1950	2550 1800	2550 1800	2550 1800	2200
Gewicht (t)	24	24	22,64	22,64		12				23,5	24,0	21,25	21,15	21,15	

Zum Laufwerk der Lokomotive gehören zwei dreiachsige Drehgestelle gleicher Ausführung. Für das Bremssystem wird die Druckluftbremse, Typ TE, verwendet. Das Übersetzungsverhältnis des Bremsgestänges beträgt 11.

3.3.2 *Die Diesellokomotive, Baureihe DF_2*

Die Diesellokomotive, Baureihe DF_2, die im Jahre 1964 von der Lokomotiv- und Wagenfabrik Qishuyian für den Rangierdienst projektiert und hergestellt wurde, hat auch dieselelektrischen Antrieb. Sie ist mit dem Dieselmotor, Typ 6L 207, ausgerüstet. Die Fahrmotoren und der Fahrgenerator im elektrischen Antriebssystem dieser Lokomotive sind die gleichen wie bei der Lokomotive, Baureihe DF_1 aber mit einer anderen Gesamtanordnung.

Die Lokomotive hat außerhalb des Führerhauses durchgehende schmale Aufbauten mit offenen Seitengängen.

Um im Geschwindigkeitsbereich die Leistung der Lokomotive möglichst gut auszunutzen, wurden für die erste Feldschwächstufe 44 %, für die zweite 29 % gewählt. Der Maximalstrom wird von der Drehzahl abhängig über die Erregung begrenzt.

3.4 Die dieselelektrischen Lokomotiven der zweiten Generation Chinas – Lokomotiven der Baureihen DF_4 und DF_5

3.4.1 *Die Lokomotive, Baureihe DF_4*

Die von der Lokomotivfabrik Dalian entwickelte und hergestellte dieselelektrische Lokomotive, Baureihe DF_4, ist eine Streckenlokomotive mit AC/DC-Kraftübertragung. Bei dieser Lokomotive wurde für den Dieselmotor die Kurbelwelle aus legiertem Kugelgraphiteisen hergestellt. Es gelang der Fabrik, neue Technologien, wie z. B. Gießen mit niedrigem Überdruck und Sprühhärten, erfolgreich zu verwenden, um die Festigkeit und Verschleißbeständigkeit dieser Kurbelwelle zu erhöhen. Für die Siliziumgleichrichter, die von der Fabrik selbst gebaut wurden, wurden zwangsgekühlte Siliziumbauelemente in Tablet-

Lokomotive, Baureihe DF_1, auf der Strecke Chen Kun.

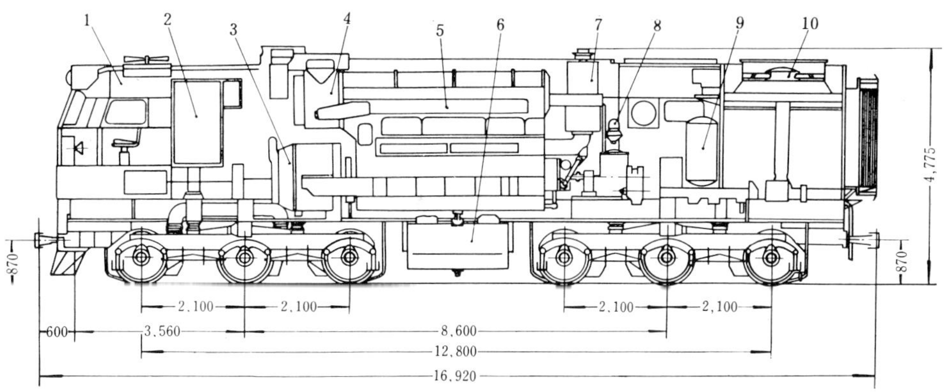

Gesamtanordnung der Lokomotive, Baureihe DF_1.

1 Führerraum
2 Raum für elektrische Anlage
3 Traktionsgenerator
4 Turbolader
5 Dieselmotor
6 Kraftstoffbehälter
7 Auspuffschalldämpfer
8 Kompressor
9 Schmierölwärmetauscher
10 Kühlanlage

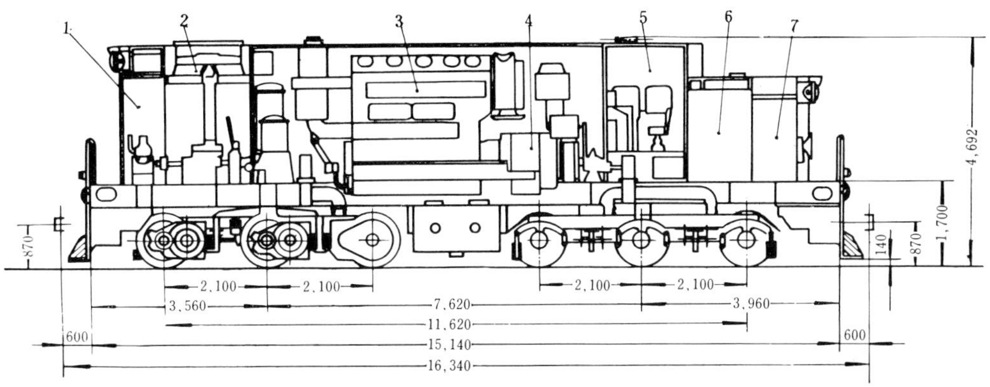

Gesamtanordnung der Diesellokomotive, Baureihe DF_2.

1 Kompressor
2 Kühlanlage
3 Dieselmotor
4 Traktionsgenerator
5 Führerhaus
6 Maschinenraum hinten
7 Batterieraum

Drehstarre Membrankupplung zwischen Dieselmotor 16 V 240 und Traktionsgenerator TQFR 3000 in Lokomotive Baureihe DF_4.

1 Verbindungsschrauben
2 Druckring
3 Primärscheibe
4 Membranscheiben
5 Sekundärscheibe

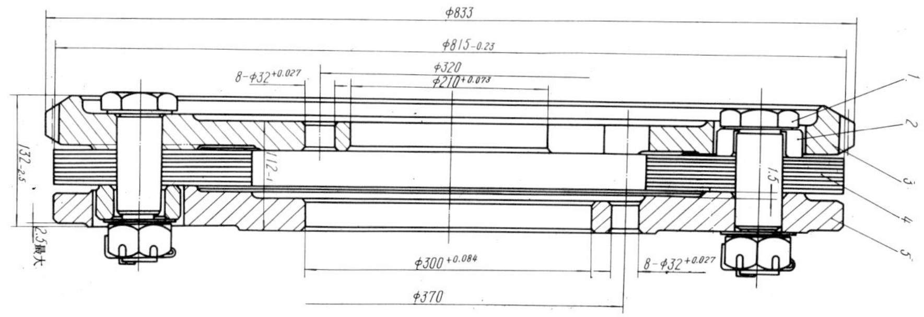

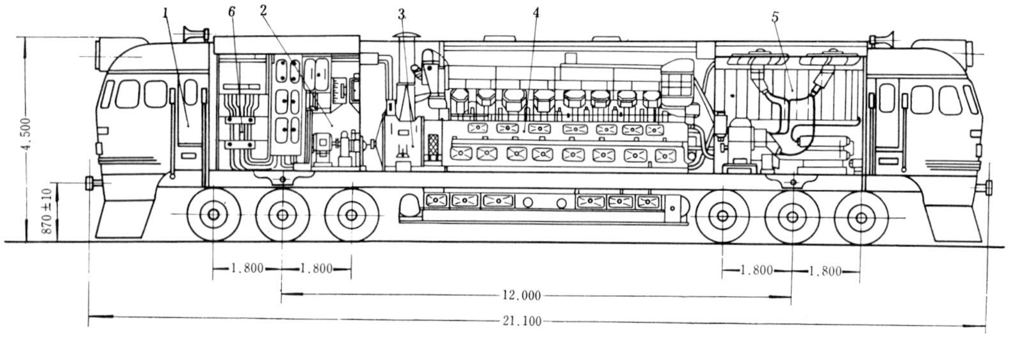

Gesamtanordnung der Lokomotive, Baureihe DF_4.

1 Führerraum
2 Gleichrichter
3 Traktionsgenerator
4 Dieselmotor
5 Kühler
6 Bremswiderstand

Diese Lokomotive besitzt vorne und hinten je einen Führerraum.

Lokomotive Nr. 3284, Baureihe DF_2.

tenform verwendet. Der maximale Nennstrom beträgt 1000 A und die Spitzensperrspannung 2400 V. In Zusammenarbeit mit Partnerfabriken wurde die Entwicklung und Herstellung des großen Synchrongenerators FQFR-3000 kVA abgeschlossen. Nachdem die erste dieser Lokomotiven 1969 fertiggestellt war, wurde sie sofort im Erprobungsbetrieb auf der Strecke eingesetzt.
Zur Lösung der während der Erprobung aufgetretenen Probleme, wurden am Dieselmotor eine Reihe von Verbesserungen durchgeführt. 1978 bestand diese Lokomotive die Begutachtung auf ministerieller Ebene.
Die Diesellokomotive, Baureihe DF_4, übernimmt in zunehmendem Maß Transportaufgaben auf Hauptstrecken.
Von jedem Führerraum aus kann man die Lokomotive bedienen. Für den Lokomotivkasten wird eine Rahmenkonstruktion mit tragenden Seitenwänden angewandt. Der Kraftstoffbehälter ist in der Mitte unter dem Lokomotivboden aufgehängt. Die Lokomotive ist außerdem mit einer dynamischen Bremse ausgerüstet. Während der Bremsungen der Lokomotive arbeiten die Fahrmotoren als Generatoren, der erzeugte Strom wird im Bremswiderstand in Wärme umgewan-

delt und abgeführt. Der Traktionsgenerator (Typ TQFR-3000) wird durch eine Stahlscheibenkupplung mit geringer Elastizität in Axialrichtung (Membrankupplung) von der Kurbelwelle des Dieselmotors angetrieben. Eine Wechselstrom-Synchron-Erregermaschine, die vom Dieselmotor angetrieben wird, erzeugt Wechselstrom, welcher über Gleichrichter der Erregerwicklung des Traktionsgenerators zugeführt wird.
Die Lokomotive hat einen Hauptgleichrichterschrank, Typ GTF-4800/770, in dem zwei Gleichrichter untergebracht sind. Im unteren Teil des Schrankes ist der Dreiphasen-Gleichrichter, der aus 24 Siliziumbauelementen in Brückenschaltung besteht, eingebaut und für die Stromversorgung der Fahrmotoren bestimmt. Im oberen Teil des Schrankes ist ein zweiter Dreiphasengleichrichter mit Brückenschaltung untergebracht, der aus 6 Siliziumbauelementen besteht. Dieser dient für die Stromversorgung der Erregermaschine.
6 vierpolige Fahrmotoren (Typ ZQDR-410) mit je 410 kW sind parallel an den beiden Ausgangsklemmen des Silizium-Gleichrichterschranks angeschlossen. Mit zwei Schützen werden die zwei Feldschwächstufen des Fahrmotors geschaltet. Die erste Feldschwächstufe hat 60 %, die zweite 43 %.
Der Typ des Startermotors ist ZQF-80, er dreht über ein Anfahrgetriebe den Dieselmotor hoch. Nach dem Starten des Dieselmotors wird automatisch in fremderregten Generatorbetrieb umgeschaltet.
Als Laufwerk der Lokomotive dienen zwei gegenseitig austauschbare drehzapfenlose, dreiachsige Drehgestelle ohne Achshalter und Ausgleichshebel. Die Tatzlagerfahrmotoren sind in Reihe geschaltet.
Die Lokomotive ist mit der Druckluftbremse, Typ EL-14, und automatischen Bremsgestängesteller ausgerüstet.
Die Druckluft liefert ein Kompressor Typ NPT-5 mit einer Ansaugleistung von 2,4 m³/min. bei 1000 U/min. Zwei Hauptluftbehälter zu je 625 l Inhalt speichern die Bremsluft im Druckbereich von 7,5 bis 9 bar.
Seit der Produktion der Diesellokomotive, Baureihe DF_4, wurde sie mehrmals auf dem Rollprüfstand des Forschungsinstituts für Lokomotiven Dalian geprüft. Die Ergebnisse bestätigten, daß die Betriebseigenschaften dieser Lokomotive dem heutigen Stand der Technik entsprechen.

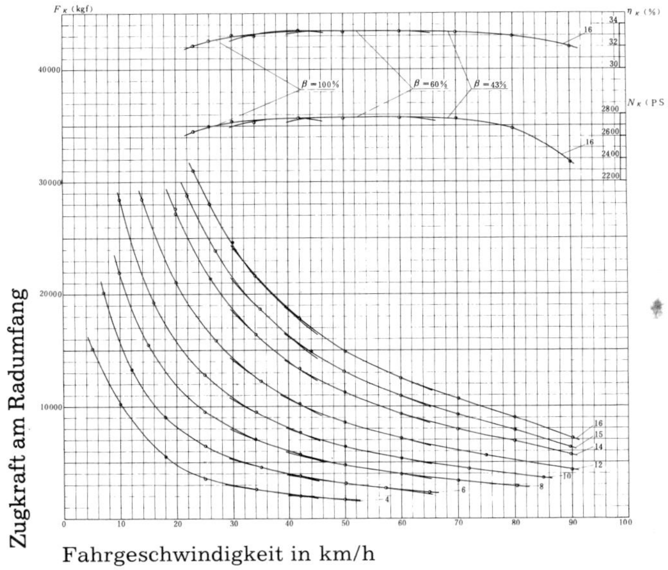

Traktionskennlinien der Lokomotive Baureihe DF_4.

β = Feldschwächstufen
η_K = Gesamtwirkungsgrad
N_K = Nutzleistung am Radumfang
F_K = Zugkraft bei den einzelnen Fahrstufen 4, 6, 8, 10, 14–16

3.4.2 *Die Lokomotive, Baureihe DF_5*

Diese ist eine dieselelektrische Rangierlokomotive mit AC/DC-Kraftübertragung. Die Lokomotive, Baureihe DF_5, wurde im Jahre 1975 von der Lokomotivfabrik Dalian auf der Basis der

Lokomotive Nr. 7, Baureihe DF_5.

Dieselelektrische Lokomotive Nr. 2000 der Südmandschurischen Eisenbahn.
Werkfoto SIG Neuhausen

Dieselelektrische Lokomotive Nr. 2001 der Südmandschurischen Eisenbahn
Werkfoto Maschinenfabrik Esslingen/Daimler-Benz, Hist. Archiv

Lokomotive DF_4 projektiert und der Lokomotivfabrik Tangshan für die Serienproduktion übergeben. Die Lokomotive hat offene Seitengänge außen. Im Führerhaus sind Haupt- und Nebenführerpult eingebaut. Beide Führerpulte sind mit Führerbremsventilen, Typ EL-14, versehen.
Die Lokomotive, Baureihe DF_5, hat einen Dieselmotor, Typ 8V 240. Dieser Motor und der Dieselmotor, Typ 16V 240, der Lokomotive, Baureihe DF_4, gehören zu derselben Motorenbaureihe, seine Leistung ist jedoch halb so groß wie die des Typs 16V 240. Die 6 Fahrmotoren sind in 3 Gruppen zu je 2 in Reihe, die 3 Gruppen parallel geschaltet. Der Fahrmotor hat drei Feldschwächungsstufen; die erste Stufe mit 50 %, die zweite 38 % und die dritte 28 %. Die Feldschwächung wird automatisch beim Aufschalten der Leistung wie folgt wirksam: Bei 26 km/h die 1. Stufe, bei 37 km/h die 2. Stufe und bei 50 km/h die 3. Stufe. Die zwei Drehgestelle wurden im Vergleich zu dem Drehgestell der Lokomotive, Baureihe DF_4, wie folgt geändert: Die gesamte Länge der Lokomotive wurde verkürzt, wodurch der Kupplungsträger in den Kopfträger des Drehgestells hineinragt. Der kleinste befahrbare Kurvenradius wurde von 145 m auf 80 m herabgesetzt, weshalb der Durchmesser des seitlichen Gleitstücks von 380 mm auf 432 mm vergrößert werden mußte.

Bahn-Nr.	Bauart	Hersteller der Lok	Baujahr	Zahl	Motor	Leistung	DC-DC-Kraftübertragung
2000	Bo Bo	Schweizerische Industrie-gesellschaft SIG	1930	1	Sulzer	750 PS	Maschinenfabrik Oerlikon
2001	Bo Bo	Maschinenfabrik Esslingen ME	1931	1	MAN	700 PS	Brown Boveri & Cie.
7001/7002	A1A A1A	Kawasaki	1933	2	Niigata	750 PS	Hitachi

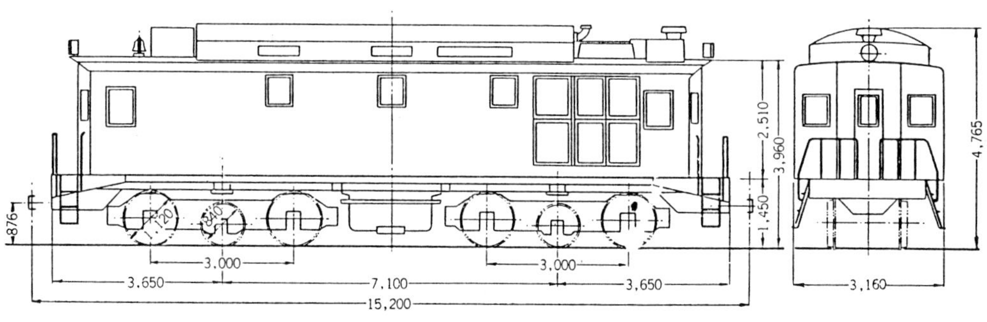

Dieselelektrische Lokomotiven Nr. 7000 7001 der Südmandschurischen Eisenbahn
Zeichnung: Kawasaki Heavy Industries

3.5 Die von China importierten dieselelektrischen Lokomotiven der Baureihen ND_1, ND_2, ND_4 und ND_5

Die ersten Diesellokomotiven in China wurden schon in den Jahren 1930 und 1933 von der Südmandschurischen Eisenbahn aus der Schweiz, aus Deutschland und aus Japan importiert. Es waren dieselelektrische Drehgestell-Lokomotiven folgender Bauarten, siehe vorhergehende Tabelle:

3.5.1 Die Diesellokomotive, Baureihe ND_1

Die Lokomotive der ursprünglichen Baureihe ND_1, später im Industrieeinsatz bezeichnet als die Baureihe ND_{15}, ist eine dieselelektrische DC/DC Lokomotive mit 600-PS-Motor, hergestellt in 1958 von Ganz Mavag in Ungarn. Um den Bedarf des Rangierdienstes zu decken, wurde Anfang der sechziger Jahre eine kleine Anzahl dieser Lokomotiven importiert. Wegen der niedrigen Leistung der Lokomotive wurde sie später schrittweise von der in China hergestellten Rangierlokomotive Baureihe DF_2 ersetzt. Bis Ende 1983 wurde ein Teil dieser Lokomotive ausgemustert, und die übrigen wurden an Fabriken und Bergwerke außerhalb des Eisenbahnministeriums übergeben.
Technische Haupteigenschaften der Lokomotive Baureihe ND_1 sind wie folgend:

Achsfolge		2o–2o
Gesamtgewicht der Lokomotive	(t)	63.34
Gesamtlänge über Kupplung	(m)	11.508
Höchstgeschwindigkeit	(km/h)	00
min. Dauergeschwindigkeit	(km/h)	11.6
Anfahrzugkraft	(kp)	18600
Dauerzugkraft	(kp)	9670
Radstand der Drehgestelle	(mm)	2200
Drehzapfenabstand	(mm)	5500
Raddurchmesser	(mm)	1000
kleinster befahrbarer Bogenhalbmesser	(m)	50
Dieselmotor:		
Typ XVIJV 170/240 Viertakt ohne Aufladung		
Zylinderdurchmesser (mm)		170
Kolbenhub (mm)		240
Zylinderzahl		16
Nennleistung	(kW/PS)	440/600
Nenndrehzahl	(min)	1100
spez. Brennstoffverbrauch	(g/PSh)	175 ± 10 %
elektrische Kraftübertragung:		
Traktionsgenerator Typ EBSC 41/200		
Nennleistung	(k.W)	370
Nennspannung	(V)	265
Nennstrom	(A)	1400
max. Spannung	(V)	485
max. Strom	(A)	1500
Fahrmotor Typ TC 32 44/14		
Nennleistung	(k.W)	79
Nennspannung	(V)	282
Nennstrom	(A)	815
max. Spannung	(V)	735
max. Strom	(A)	880
Feldschwächung		die erste Stufe: 30 %

Dieselelektrische Lokomotive Nr. 7000 der Südmandschurischen Eisenbahn

An dem hinteren Ende der Lokomotive befindet sich das Führerhaus. Im Maschinenraum vor dem Führerhaus sind der Dieselmotor und der Traktionsgenerator angeordnet. Das freie Ende der Kurbelwelle des Dieselmotors treibt durch eine Gelenkwelle und ein Getriebe den Hilfsgenerator und die Erregermaschine an. Die Lokomotive hat zwei zweiachsige Drehgestelle mit Gleitstück-Achslagerführungen. Vier Fahrmotoren sind in Reihen-Parallel-Schaltung geschaltet. Am Querträger des Drehgestells ist die Drehpfanne angeordnet, wodurch die Zugkraft des Drehgestells auf den Lokomotivrahmen übertragen wird. An den linken und rechten Seitenträgern des Drehgestellrahmens sind 4 Gleitstücke angeordnet, um die vertikale Last des Lokomotivkastens aufzunehmen. In der Lokomotive ist die Druckluftbremse von Knorr eingebaut. Jedes Drehgestell ist mit zwei Bremszylindern von 254 mm Durchmesser ausgerüstet. Die

Lokomotive Nr. 37, Baureihe ND_2.

Bremsklötze sind doppelseitig angeordnet. Das Übersetzungsverhältnis des Bremsgestänges beträgt 6.54. Das Gesamtvolumen des Luftbehälters beträgt 500 l und der Nenndruck 8 kg/cm^2.

3.5.2 *Die Diesellokomotive, Baureihe ND_2*

Die Lokomotive, Baureihe ND_2, ist eine im Jahre 1972 aus Rumänien importierte DC/DC-dieselelektrische Lokomotive: Motorleistung 1545 kW/ 2100 PS, Achsfolge 3_0–3_0, Achslast 20 t, Höchstgeschwindigkeit 120 km/h. Sie ist heute im Reisezugdienst eingesetzt.

Die Lokomotive dieser Baureihe hat je einen Führerraum an beiden Stirnseiten. In der Mitte befindet sich der Maschinenraum, wo ein Dieselmotor, Typ 12 LDA 28B, und ein Gleichstrom-Traktionsgenerator untergebracht sind. Die Zylinderbohrung des Dieselmotors beträgt 280 mm und der Kolbenhub 360 mm. Es ist ein Zweireihen-Dieselmotor, Bauart Sulzer, welcher in Lizenz hergestellt wurde. Der Kühlventilator wird von einem hydrostatischen Motor angetrieben. Ventilatordrehzahl und verstellbare Jalousieklappen an der Außenseite der Kühlelemente werden von einem Temperaturregler eingestellt. Die Drehgestellrahmen sind aus Stahlprofilen in geschweißter Konstruktion hergestellt. Beide Drehgestelle sind miteinander gekuppelt, um den Verschleiß der Spurkränze beim Bogenlauf zu verringern.

Jedes Drehgestell ist mit einer Spurkranzschmiereinrichtung ausgerüstet, die den zwei Paar Spurkränzen, die sich vor und hinter der Einrichtung befinden, Schmierfett zuführen. Als Achslager werden Pendelrollenlager mit zylindrischen Führungszapfen an beiden Seiten der Achslagergehäuse verwendet. Jedes Drehgestell hat für die Lokkastenauflage zwei seitliche Gleitstücke. Die Federung besteht aus Schraubenund Blattfedern.

In der Lokomotive ist eine Druckluftbremse von Knorr mit Mehrfachsteuerung eingebaut, so daß zwei Lokomotiveinheiten gleichzeitig gelöst oder gebremst werden können.

An beiden Enden der Lokomotive sind Stecker und Steckdosen für die Mehrfachsteuerung angebracht. Man kann nach Bedarf mit Doppeltraktion arbeiten.

3.5.3 *Die Diesellokomotive, Baureihe ND_4*

Die Lokomotive, Baureihe ND_4, ist eine mit 50 Stück im Jahre 1973 aus Frankreich importierte dieselelektrische Lokomotive mit AC/DC-Kraftübertragung, hergestellt von der Firma Alsthom. Sie hat die Achsfolge 3_0–3_0, eine Achslast von 23 t, eine Höchstgeschwindigkeit von 100 km/h und ist heute im Güterzugdienst eingesetzt. Die Motornenndrehzahl wurde von ursprünglich 1350 U/ min auf 1250 U/min herabgesetzt und die Dieselmotorleistung entsprechend von 2686 kW/3650 PS auf 2355 kW/3200 PS reduziert.

Die Lokomotive ist mit dem Dieselmotor, Typ AGO 240 V 16, ausgestattet, dessen Nennleistung 2944 kW/4000 PS beträgt. Der Traktionsgenerator ist ein Drehstromgenerator, Typ AT-73. Der erzeugte Drehstrom wird nach der Gleichrichtung durch einen Dreiphasen-Brückensiliziumgleichrichter in die 6 Fahrmotoren, Typ TA0-659, gespeist. Der Traktionsgenerator wird durch eine Generatorwicklung im Stator und einen kleinen Siliziumgleichrichter erregt. Diese Wicklung speist durch den kleinen Siliziumgleichrichter auch die Batterien und den Hilfsstromkreis mit Strom.

Im Hilfsaggregateraum befinden sich der Schrank für Pneumatik, der Startluftkompressor, der Lüfter und der Warmwasserkessel für Vor-

Diesellokomotive Nr. 9, Baureihe ND_4.

wärmung. Im Schrank für Pneumatik sind sämtliche Ventile des Bremssystems untergebracht. Die Antriebsleistung des Startkompressors beträgt 3,7 kW/5 PS. Im Kühlerraum sind die Kühlelemente in zwei Reihen vertikal angeordnet: Außen das Niedertemperatursystem, innen das Hochtemperatursystem. Die beiden Kühlerventilatoren werden von Zahnradgetrieben über senkrechte Gelenkwellen und hydraulische Kupplungen der Firma Voith angetrieben. Die Drehzahl der Ventilatoren und das Schließen und Öffnen der Jalousien werden von einem Temperaturfühler im Hochtemperaturkreis gesteuert. Durch hydraulische Regelkupplungen in den Ventilatorantrieben wird gewährleistet, daß die Kühlwassertemperatur für den Dieselmotor weitgehend konstant bleibt.
Im Raum für elektrische Ausrüstungen befinden sich der Hochspannungsschrank, die Schränke für Elektroapparate und der Gleichrichterschrank. Im oberen Teil jedes Schrankes ist ein Bremswiderstand eingebaut, der durch zwei mit je 17,5 kW/23,8 PS angetriebene Lüfter gekühlt wird. Der Lokomotivkasten ist als Fachwerkgerippe mit tragenden Seitenwänden konstruiert. Die Drehgestelle sind achshalterlos. Das Bremssystem besteht aus der Druckluftbremse, Typ 26 L, und einer Widerstandsbremse.
Um zu vermeiden, daß die zweite Lokomotive bei Doppeltraktion im Tunnel die Abgase von der ersten Lokomotive ansaugt, wurden die Luftfilter des Dieselmotors unten in den Seitenwänden des Lokkastens angebracht sowie Abgasführungsbleche auf dem Lokomotivdach über dem größten Teil der Dachlänge angeordnet, damit das Abgas oben bleibt und nach hinten abgeführt werden kann.

3.5.4 *Die Diesellokomotive, Baureihe ND_5*

Diese dieselelektrische AC/DC Streckenlokomotive für den Reisezug – und Güterzugdienst, wurde von der Firma General Electric Co., USA, auf der Grundlage der Lokomotive Baureihe C-36 für China konstruiert und hergestellt. Seit 1984 kamen diese Lokomotiven in Betrieb.
Als Maschinenanlage für die Lokomotive wurde ein GE-Viertaktdieselmotor Typ 16 V 7FDL verwendet. Die Hauptdaten des Dieselmotors sind: Zylinderbohrung 228.6 mm, Kolbenhub 266.7 mm,

Diesellokomotive Baureihe ND_5.

Nenndauerleistung (UIC) 2944 kW/4000 PS bei einer Nenndrehzahl von 1000 U/min, spez. Brennstoffverbrauch bei Nennleistung 200 g/kWh bzw. 147.4 + 3% g/Ph. Für die elektrische Kraftübertragung wurde ein Drehstromgenerator Typ GTA 24 Az verwendet. Die Hauptdaten des Generators sind: Polzahl – 10; Isolationsklasse – Stator Klasse H, Rotor Klasse F; Frequenz 83.3 Hz, Kühlluftleistung für den Generator- 198 m^3/min; Nenndrehstromspanung beim Dauerbetrieb 276 V. Die Lokomotive verwendet eine max. Drehstromspannung von 1000 V. Nach der Gleichrichtung beträgt der höchstzulässige Strom 960 A, und die höchstzulässige Spannung 1400 V.

Als Fahrmotor ist ein Gleichstromfahrmotor Typ GE 752 AF eingebaut. Hauptdaten sind: max. Strom/Spannung 1600 A/1300 V, Dauerstrom 1180 A, Isolationsklasse H, Temperaturanstieg von Stator und Rotor bis 160 °C zulässig.

Als Widerstandsbremse ist ein luftgekühltes Widerstandsband Typ GE 17 EAC 112 und 17 EA 7C 136 verwendet, seine höchstzulässige Temperatur beträgt 650 °C.

Der Lokomotivkasten ist mit Seitengang außen und einem Führerhaus ausgestattet. Im Führerhaus sind eine elektrische Heizanlage und Ventilatoren eingebaut. Der Schalldämmungseffekt im Führerhaus während der Fahrt beträgt 80 dB. Im Maschinenraum ist ein spezielles Lüftungssystem eingebaut. Die Luft, die durch ein Gebläse über zweistufige Luftfilter angesaugt wird, wird

Technische Hauptdaten der Lokomotive ND_5 sind wie folgt:

Achsfolge		3_0–3_0
Gesamtgewicht	(t)	138 ± 2%
Achslast	(t)	23
Höchstgeschwindigkeit	(km/h)	118
kleinste Dauergeschwindigkeit	(km/h)	22.2
max. Anfahrzugkraft	(t)	54,5
Übersetzungsverhältnis des Zahnrades:		82/21
Dauerzugkraft an den Fahrmotoren	(t)	36,7
bei Dauergeschwindigkeit:	(km/h)	22.2
Gesamtlänge über Kupplung	(mm)	19910
max. Höhe	(mm)	
max. Breite	(mm)	3022 ± 13
Radstand der Drehgestelle	(mm)	4140
Drehzapfenabstand	(mm)	11 887
Kupplungshöhe über S. O.	(mm)	880 ± 10
Raddurchmesser	(mm)	1050
kleinster befahrbarer Bogenhalbmesser	(m)	85
Kraftstoffvorrat	(l)	9900
Kühlwasserinhalt	(l)	1362
Sandvorrat	(l)	850

von unten der Lokomotive zugeführt, so daß im Maschinenraum ein Überdruck aufrechterhalten wird, wodurch guter Staubschutz und gute Lüftung erreicht werden.
In der Zugeinrichtung der Lokomotive wird die Kupplung Typ E verwendet. Die maximale Zugkraft beträgt 227 t. Der Dämpfer Typ NC 391 ist aus Gummi.
Das Laufwerk der Lokomotive besteht aus zwei dreiachsigen Drehgestellen. Die Last von der Drehpfanne des Lokomotivrahmens wird durch die schwebende Wiege über vier Gummigleitstükke auf den Drehstellrahmen übertragen. Die Lokomotive verwendet Primär- und Sekundärfedersystem. Als Primärfedersystem ist Schraubenfederaufhängung eingesetzt. Die Durchfederung bei statischer Belastung unter vollem Dienstgewicht der Lokomotive beträgt 117.5 ± 4 mm. Als Sekundärfedersystem wird die Gummifederaufhängung verwendet. Die Durchfederung bei statischer Belastung beträgt 12.3 ± 2.41 mm. Die senkrechte Schwingung der Lokomotive wird durch Reibungsdämpfer aufgenommen.
Für den Fahrmotor wird die Talzlageraufhängung verwendet. Jedes Drehgestell ist mit 4 Bremszylindern von 279.2 mm Durchmesser ausgerüstet. Bei Betriebsbremsungen wird eine Abbremsung von 29,4 % bei 3,41 kp/cm² spezifischem Klotzanpreßdruck erreicht. Als Bremsklötze werden synthetische Klötze Typ Cobra V-183 verwendet. Der spezifische Bremsklotzanpreßdruck beträgt 5.67 kp/cm² bei einem Bremszylinderdruck von 4.92 kp/cm². Zur Druckluftbeschaffung ist ein Kompressor Typ 3 CDCL mit einem Ansaugvolumen von 6683 l/min und einem Ausgangsdruck von 8.8–9.8 kp/cm² eingebaut. Die Bremsanlage ist von Typ 26 L und stammt von Westinghouse. Das Gesamtvolumen der beiden Hauptluftbehälter beträgt 915 l.
Das Entwässerungsventil am Hauptluftbehälter ist mit einer Heizung ausgerüstet, um es vor Einfrieren zu schützen.
Bei einer Geschwindigkeit von 112 km/h der Lokomotive in der Ebene erreicht der Bremsweg bei Schnellbremsung der Einzellokomotive nicht mehr als 700 m.

Die erste Lieferung der Lokomotive dieser Baureihe besteht aus 220 Stück. Nach einem etwas mehr als einjährigen Betrieb dieser Lokomotiven in der Ebene entlang dem Meer, zeichnete sich die Lokomotive als befriedigend aus. Nur bei den Elektrogeräten gibt es oft Fehler. Die 200 Lokomotiven der zweiten Lieferung sind schon nacheinander angekommen und haben bereits einen Teil der schnell steigenden Transportleistungen übernommen.

3.6 Die dieselhydraulischen Lokomotiven, Baureihe DFH

3.6.1 *Die dieselhydraulische Lokomotive, Baureihe DFH_1*

Das waren die ersten aus zwei Einheiten bestehenden dieselhydraulischen Lokomotiven, die in den sechziger Jahren in kleinen Serien hergestellt wurden. Als Kraftanlage wurden zwei 670-kW/910-PS-Dieselmotoren, Typ 12V 175, verwendet, die je eine hydraulische Kraftübertragungsanlage, Typ SF 3010-1, antrieben. Jede Einheit dieser Lokomotive hatte somit eine Motorleistung von 1340 kW/1820 PS, eine Höchstgeschwindigkeit von 120 km/h und eine Achsfolge 2–2.
Im Jahre 1968 wurde sie mit einem neuen hydraulischen Wandler umgerüstet und dem Dieselmotor ein Ladeluftkühler angebaut, so daß die Ausgangsleistung des Dieselmotors bis auf 772 kW/1050 PS erhöht wurde. Die Motorleistung für eine Doppellokomotive erreichte 1545 kW/2100 PS, und sie wurde als Baureihe DFH_1 benannt.

Im Jahre 1959 wurde die erste Lokomotive dieser Baureihe von der Lokomotivfabrik Sifang fertiggestellt. Nach mehrmaliger Verbesserung wurde sie ab 1966 in kleinen Serien gebaut. 1972 stellte man die Produktion ein. Jetzt werden diese Lokomotiven für den Reisezugdienst auf Hauptstrecken eingesetzt, wofür zwei Lokeinheiten zusammengekuppelt sind. Dazu wurde die Lokomotive mit der Ausrüstung für Doppeltraktion versehen, wo man aus jedem Führerraum die beiden gekuppelten Lokeinheiten bedienen kann. Je nach Betriebszustand kann man auch eine Dieselanlage einzeln verwenden. So ist die Lokomotive flexibel im Betrieb, und die Ausfallhäufigkeit im Betrieb ist wegen der vier Motoren gering.
Im hydraulischen Getriebe, Typ SF 3010-1, befinden sich drei Wandler, und zwar ein Anfahrwandler, Typ B_7, und zwei Marschwandler, Typ B_4.

Diesellokomotive Nr. 4303, Baureihe DFH_1.

Lokomotive Nr. 10, Baureihe DFH_2.

Der Lokomotivkasten ist als Fachwerk mit tragenden Seitenwänden konstruiert. Die zweiachsigen Drehgestelle sind ohne Drehzapfen und ohne Achshalter mit H-Rahmen in Schweißkonstruktion sowie Primär- und Sekundärfederung ausgeführt. Die Reaktionskraft der Achsgetriebe wird durch am Drehgestellrahmen befestigte horizontal angebaute Drehmomentstützen mit Gummieinlagen aufgenommen. Der Lokomotivkasten ist durch ein Zugstangensystem mit den Drehgestellen verbunden, welches gleichzeitig auch die Zugkraft überträgt.
Für das Bremssystem wird die Druckluftbremse, Typ ET_6, verwendet, wobei zu beiden Seiten des Drehgestells je ein Bremszylinder angeordnet ist.

3.6.2 *Die Rangierdiesellokomotiven, Baureihen DFH_2 und DFH_5*

Die Lokomotiven dieser Baureihen sind mit hydraulischer Leistungsübertragung ausgerüstet und von der Lokomotivfabrik Ziyang für den Rangierdienst der Eisenbahn sowie für den Betrieb bei den Werk- und Industriebahnen konstruiert und hergestellt worden. Die Lokomotiven der beiden Baureihen sind mit einem Führerhaus, schmalen Vorbauten und offenen äußeren Seitengängen ausgestattet (Achsfolge 2–2). Die Lokomotive, Baureihe DFH_2, wurde ab 1973 in Produktion genommen. Ihre Besonderheiten sind niedrige Achslasten (15 t) und kurze Lokomotivlänge (13,076 m). Im Jahre 1976 wurde die konstruktive Verbesserung vorgenommen, indem man ein 2-Stufen-Nachschaltgetriebe für 40/80 km/h eingebaut und das Dienstgewicht von 60 t auf 86 t erhöht hat. So wurde die Achslast auf 21,5 t erhöht und damit auch Anfahrzugkraft und die Bremskraft vergrößert. Diese Lokomotive wurde als Baureihe DFH_5 benannt und ist für den Rangierdienst und Nahverkehr eingesetzt. Die höchste Geschwindigkeit beträgt 80 km/h.
Als Kraftanlage für die beiden Lokomotiven wurde ein schnellaufender Viertaktdieselmotor, Typ 12V 180, mit Abgasturboaufladung verwendet, dessen Verbrennungsraum mit einer Vorkammer versehen ist. Die Zylinderbohrung beträgt 180 mm, der Kolbenhub 205 mm und die Nenndrehzahl 1500 U/min.

Diesellokomotive Nr. 141, Baureihe DFH_5.

Als hydraulische Getriebe für die beiden Lokomotiven sind in Verwendung: in Lokomotive, Baureihe DFH_2, Typ SF 2010, und in der Baureihe DFH_5, Typ ZJ 2011. Das hydraulische Getriebe, Typ ZJ 2011, besitzt zwei unterschiedliche hydraulische Wandler. Der hydraulische Wandler, Typ B8-III, dient zur Anfahrt und Fahren mit niedriger Geschwindigkeit; der hydraulische Wandler, Typ B_{10}, dient dem Schnellfahrtbetrieb. Das Nachschaltgetriebe hat die Aufgabe, die in zwei Stufen vorgesehenen unterschiedlichen Geschwindigkeitsbereiche der Lokomotive zu verwirklichen, damit sie sich wahlweise dem Rangierdienst und dem Nahverkehr anpassen kann. Die Umsteuerung für die Arbeitsbereiche 0 bis 40 km/h Rangierdienst und 0 bis 80 km/h Streckendienst erfolgt manuell. Die vier Achsgetriebe sind zweistufig ausgeführt.

Der Lokomotivkasten ist als Schweißkonstruktion ganz aus Stahl ausgeführt. Das Führerhaus befindet sich auf der vorderen Seite der Lokomotive und ist mit Haupt- und Nebenbedienungspult ausgerüstet. Das Drehgestell ist eine in Kastenbauweise aus Stahlblech zusammengeschweißte Konstruktion. Im Drehgestell sind die Achslagergehäuse mittels in elastischen Gummilagern geführten Lenkern gehalten. Die Achsaufhängung besteht aus Schraubenfedern und hydraulischen Stoßdämpfern. Das Federungssystem der Drehgestelle besteht aus Primär- und Sekundärferderung. Die Zugkraft der Lokomotive wird durch Drehzapfen übertragen, welche mit elastischer Drehzapfenführung und verschleißfester Büchse aus Nylon ausgerüstet sind. Für das Bremssystem wird die Druckluftbremse, Typ JZ-7, angewandt.

Jedes Rad ist mit einem separaten Bremszylinder und Bremsgestänge ausgerüstet, wodurch die Räder beidseitig gebremst werden. In den vier Ecken des Drehgestells ist je eine Sandstreuanlage eingebaut.

3.6.3 *Die Diesellokomotive, Baureihe DFH_3, für den Reisezugdienst*

Die Lokomotivfabrik Sifang begann im Jahre 1971 mit der Produktion der dieselhydraulischen Lokomotive, Baureihe DFH_3, für den Reisezugdienst. Die Lokomotive hat eine installierte Lei-

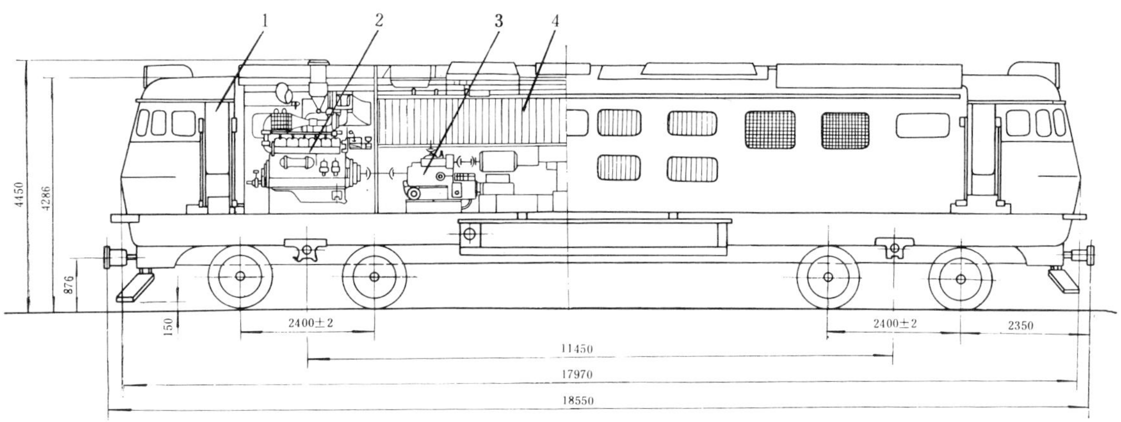

Gesamtanordnung der Lokomotive, Baureihe DFH_3.

1 Führerraum
2 Dieselmotor
3 Hydraulisches Getriebe
4 Kühlanlage

Lokomotive Nr. 65, Baureihe DFH_3.

stung von 2 × 1000 kW, eine Höchstgeschwindigkeit von 120 km/h und die Achsfolge 2–2. In der Lokomotive sind zwei Antriebsanlagen mit gleichen Dieselmotoren und hydraulischen Getrieben, symmetrisch angeordnet. So kann man je nach Bedarf ein Aggregat oder beide Aggregate in Betrieb nehmen. Die Lokomotive ist auch mit Doppeltraktionseinrichtung versehen, so daß man nach Bedarf zwei gekuppelte Loks von einem Führerraum aus fahren kann.
An beiden Lokenden ist jeweils ein Führerraum angeordnet. Im Anschluß daran befinden sich die Maschinenräume für die Antriebsanlagen und in Lokmitte der Kühlerraum.
Als Antriebsanlage für die Lokomotive, Baureihe DFH_3, wurden zwei schnellaufende Viertaktdieselmotoren, Typ 12V 180, mit Vorkammer und Abgasturboaufladung verwendet. Der Dieselmotor hat eine Zylinderbohrung von 180 mm, einen Kolbenhub von 205 mm, eine Nenndrehzahl von 1500 U/min und eine Stundenleistung von 993 kW/1350 PS.
Es wird das hydraulische Getriebe, Typ SF 2010-1A, verwendet, bei dem die Leistung auf einer Seite für ein Drehgestell abgegeben wird. Das Getriebe enthält die neuen hydraulischen Wandler, Typen BI und BII, deren übertragbare Leistung größer ist als die der Lokomotive der Baureihe DFH_2.
Der Lokomotivkasten ist als Fachwerk mit tragenden Seitenwänden konstruiert. Das Drehgestell ist eine in Kastenbauweise geschweißte Konstruktion, in dem achshalterlose Rollenachslager eingebaut sind. Die Lagergehäuse werden mit Gummigelenk und Lenkern geführt und Primär- und Sekundär-Federung angewandt. Jedes Drehgestell ist mit vier senkrechten hydraulischen Stoßdämpfern und zwei horizontalen Reibungsdämpfern ausgerüstet. Auf den rechten und linken Längsträgern des Drehgestells sind elastische Reibungsgleitstücke für die Kastenlagerung angebracht, wodurch die Schlingerbewegung des Drehgestells gedämpft sowie Stabilität und Laufgüte während der Fahrt erhöht werden.
Die Zugkraft der Lokomotive, Baureihe DFH_3 wird über Zugstange und Drehzapfen übertragen. Diese Zugstangenkonstruktion ermöglicht, die Höhe des Zugkraftangriffspunktes über SO abzusenken und die Achslaständerungen zu verringern.
Für das Bremssystem wird die Druckluftbremse, Typ JZ-7, angewandt. Jedes Rad ist mit einem eigenen Bremszylinder und einer Bremsausrüstung mit doppelten Bremsklötzen versehen.

3.6.4 *Die Diesellokomotive, Baureihe DFH_4, für den Güterzugdienst*

Die hydraulische Diesellokomotive der Baureihe DFH_4 für den Güterzugdienst hat eine Höchstgeschwindigkeit von 100 km/h, ein Gesamtgewicht von 138 t und eine Achsfolge von 3–3. Die Dauerleistung der Dieselmotoren beträgt 2 × 1656 kW/2250 PS. Mit der Entwicklung dieser Lokomotive wurde in der Lokomotivfabrik Sifang im Jahre 1969 begonnen und die erste Musterlokomotive fertiggestellt. Die zweite Musterlokomotive wurde nach Verbesserungen in der Lokomotivfabrik Qishuyan gebaut. Die dritte wurde nach der Konstruktionsänderung in der Lokomotivfabrik Ziyang hergestellt und mit ihr eine Probefahrt durchgeführt. Obwohl diese Lokomotive größere Leistung, höhere Fahrgeschwindigkeit und einfache Bedienung aufwies, wurde die Entwicklung dieser Lokomotivbaureihe wegen der ungenügenden Zuverlässigkeit der Motorenteile und des größeren spezifischen Kraftstoffverbrauches eingestellt.

3.7 Die Diesellokomotive, Baureihe BJ (Beijing), für den Reisezugdienst

Die Lokomotive der Baureihe Beijing ist gegenwärtig die leistungsstärkste dieselhydraulische Lokomotive mit Einzelmotor, die von der Chinesischen Eisenbahn hergestellt wurde. Ihre installierte Motorleistung beträgt 1987 kW/2700 PS, die Achsfolge ist 2–2, die Achslast 23 t und die Höchstgeschwindigkeit 120 km/h. Sie wurde im Jahre 1971 von der Lokomotivfabrik «Der 7. Februar» in Beijing entwickelt und zur Erprobung fertiggestellt. Im Jahre 1975 wurde offiziell mit der Serienproduktion begonnen, und sie ist für die Beförderung von Reisezügen auf den Hauptstrecken bestimmt. Bei der Projektierung der dieselhydraulischen Lokomotiven sind die Konstrukteure seit Jahren daran gewöhnt, schnelllaufende Dieselmotoren zu verwenden. Für die Lokomotive der Baureihe Beijing wurde aber ein mittelschnellaufender Dieselmotor mit 1100 U/min in Verbindung mit einem leistungsstarken hydraulischen 2-Wandler-Getriebe angewandt. Das war das erste Beispiel in China. Auf der Strecke Shi Tai wurden zwei Lokomotiven der Baureihe DF_1 durch eine Lokomotive der Baureihe Beijing ersetzt, wobei an Kraftstoff fast die Hälfte eingespart wurde.

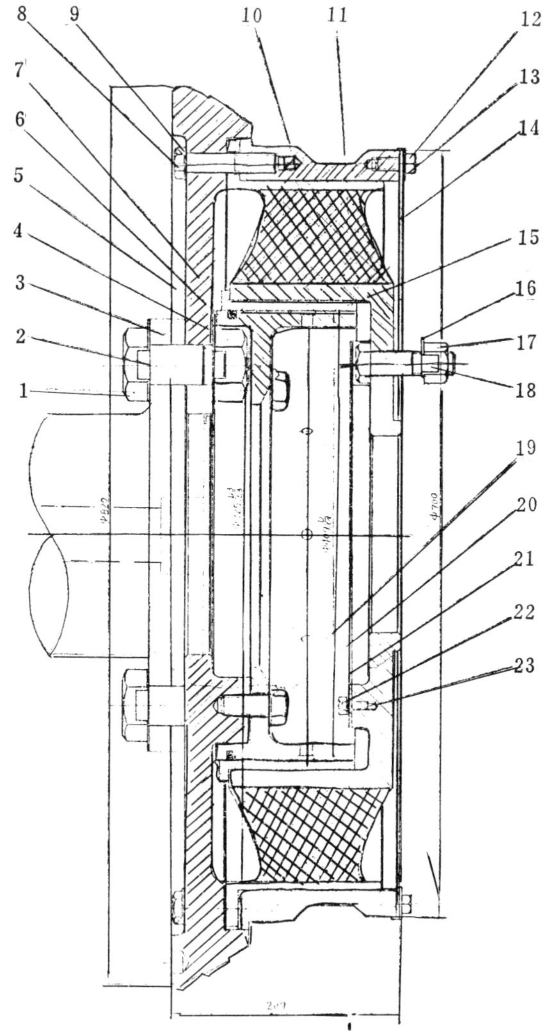

Hochelastische Kupplung zwischen Dieselmotor 12 V 240 und hydraulischer Kraftübertragung der Lokomotive Baureihe BJ.

1, 8, 12, 16, 20, 22 Schrauben
2, 3, 9, 13, 18, 19, 23 Unterlagscheiben
4, 17 Muttern
5 Motorschwungrad
6 Kupplungsprimärteil
7 Dichtring
10 Kupplungsaußenring
11 Gummielement
14 Abdeckscheibe
15 Kupplungsinnenring
21 Anschlagring

3.7.1 *Gesamtanordnung der Lokomotive*

An den beiden Stirnseiten befinden sich die Führerräume, dazwischen sind der Maschinenraum und der Kühlerraum. Im Maschinenraum ist ein mittelschnellaufender Viertaktdieselmotor, Typ 12V 240, mit Haupt- und Nebenpleuel und Abgasturboaufladung installiert.

Der Kühlerblock im Kühlerraum wurde in V-Form ausgebildet. Innerhalb des V-förmigen Raumes befinden sich zwei Ventilatoren und zwei hydraulische Kupplungen zum Antrieb dieser Ventilatoren. Im Kühlerraum sind außerdem der Wärmetauscher für das Getriebeöl, der Vorwärmkessel und die Handbremse untergebracht. Der Dieselmotor treibt durch die elastische Kupplung und Gelenkwelle das hydraulische Getriebe, Typ EQ 2027/Z511, dann weiter durch das Achsgetriebe auf dem vorderen und hinteren Drehgestell die Radsätze an. Auf dem Gehäusedeckel des hydraulischen Getriebes ist eine senkrechte Gelenkwelle angebracht, die die Kupplung für die Ventilatoren antreibt. Vom hinteren Teil des Getriebegehäuses aus ist durch eine elastische Kupplung und Gelenkwelle der Startergenerator angetrieben. Dieser Generator dient zugleich als Startermotor und Hilfsgenerator. Im Kühlwassersystem sind zwei getrennte Kreisläufe vorhanden. Der Hochtemperaturkreislauf dient zur Wärmeabfuhr des Dieselmotors, des Aufladers und des Arbeitsöls des hydraulischen Getriebes, während der Niedertemperaturkreislauf das Kühlen des Dieselmotors, des Öls aus der hydraulischen Bremse und der Ladeluft be-

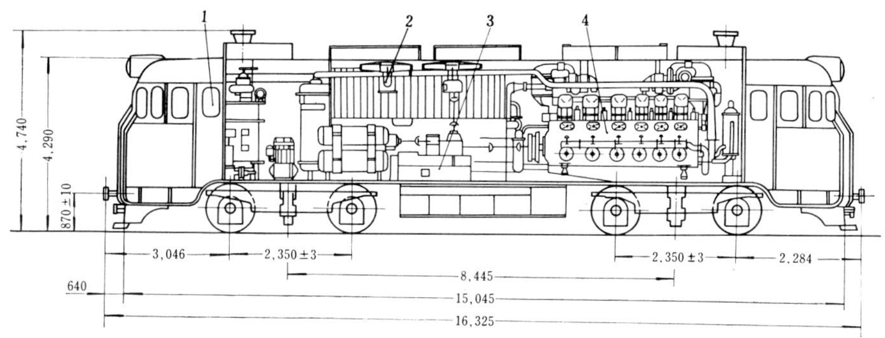

1 Führerraum
2 Kühlerraum
3 Hydraulisches Getriebe
4 Dieselmotor

Gesamtanordnung der Lokomotive, Baureihe Beijing.

sorgt. Der automatische Temperaturregler der beiden Kreisläufe bestimmt in Abhängigkeit von der Kühlwassertemperatur die Ölfüllung der Kupplung und damit die Drehzahl des jeweiligen Ventilators.

3.7.2 *Lokomotivkasten und Laufwerk*

Der Lokomotivkasten ist eine vollständig geschweißte Rahmenkonstruktion aus Stahl mit tragenden Seitenwänden, die mit verhältnismäßig guten Wärme- und Schallisolierungsmaterialien versehen sind. Die zweiachsigen Drehgestelle sind achshalterlos mit Primär- und Sekundärfederaufhängung, senkrechten und horizontalen hydraulischen Stoßdämpfern und Gummiauflagen unter der Primärfederung der Achslager. Dies ergibt eine gute Dämpfungswirkung. Beim Drehgestell sind an der linken und rechten Seite für die Kastenauflage Gleitstücke mit großem Querabstand angeordnet, damit die Wankschwingungen des Lokomotivkastens verringert werden. Zum Führen der Achslagergehäuse ist eine Lenkerstange mit Metallgummigelenk angeordnet. Durch die Anwendung der tief angelenkten Zugstangen ist der Zugkraftangriffspunkt nur 490 mm über der Schienenoberkante, wodurch die Achslaständerung verrringert wird.

Als Bremssystem ist die Druckluftbremse, Typ EL-14, eingebaut. An jedem Rad ist eine Doppelklotzbremse mit automatischer Bremsklotz-Nachstellvorrichtung angebracht.

Traktionskennlinien der Lokomotive Baureihe Beijing (BJ).

F_K = Zugkräfte bei den einzelnen Fahrstufen 2, 4, 6, 8, 10–16
η = Gesamtwirkungsgrad
N_K = Nutzleistung am Radumfang
n = Getriebeeingangsdrehzahl bei Fahrstufe 16

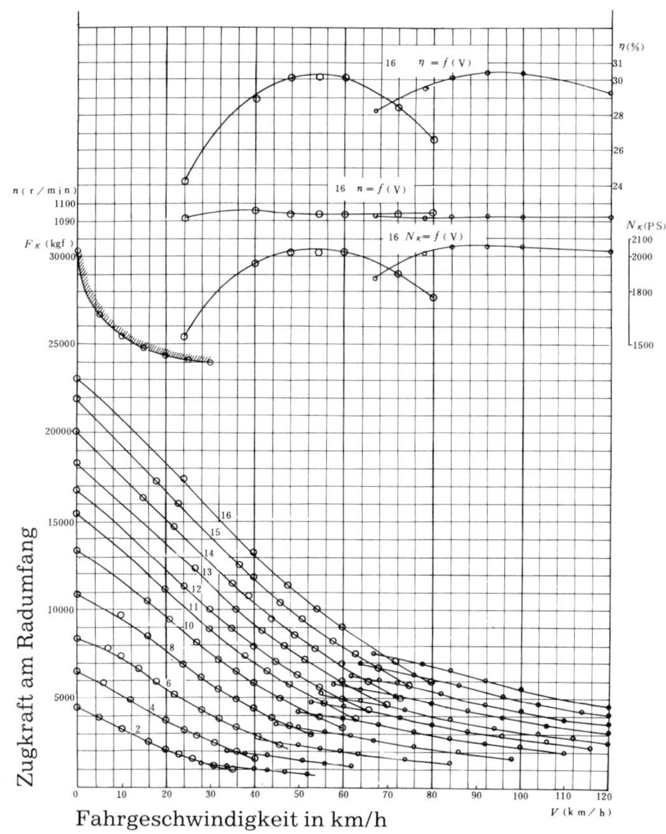

3.7.3 *Prüfungen und Betriebsverhalten*

Umfassende Funktionsprüfungen mit der Lokomotive, Baureihe Beijing, wurden auf einem Rollprüfstand durchgeführt und die Traktionskennlinien aufgenommen.

Die Versuchsergebnisse zeigen eindeutig, daß die Traktionscharakteristik dieser Lokomotive gut ist. Bei der höchsten Fahrstufe 16 beträgt die größte Leistung am Radumfang 1516 kW (2060 PS), die größte Anfahrzugkraft 23 100 kp. Bei einer Dauergeschwindigkeit von 24 km/h beträgt die Dauerzugkraft 17 400 kp. Bei der 15. Fahrstufe und der Geschwindigkeit von 104 km/h wird der höchste Wirkungsgrad am Radumfang von 31,32 % und ein entsprechender spezifischer Kraftstoffverbrauch am Radumfang von 275 g/kW bzw. 201,97 g/PSh erreicht.

Lokomotive Nr. 15, Baureihe DFH_1 (TZ).

Im Jahre 1984 hat diese Lokomotive auf der Strecke Jing Han die erste Probefahrt mit 20 Reisezugwagen und einem Zuggewicht von 1050 t bestanden. Die Höchstgeschwindigkeit wurde bei 105 km/h erreicht, und auf einer Steigung von 13 ‰ betrug die Geschwindigkeit im oberen Neigungswechselpunkt 30 km/h.

3.8 Die in der Erprobung stehende Güterzug-Diesellokomotive, Baureihe Beijing, und die Rangierdiesellok, Baureihe DF_7

Die Formgestaltung und die Konstruktion der Lokomotive, Baureihe Beijing, für den Güterzugdienst sind ähnlich die der Lokomotive für den Personenverkehr. Sie ist auch mit dem Dieselmotor, Typ 12V 240, und dem gleichen hydraulischen Getriebe mit 2 Wandlern ausgerüstet und hat eine installierte Motorleistung von 1840 kW (2500 PS). Durch Veränderung des Übersetzungsverhältnisses im Zahnradgetriebe und durch den Einbau der Doppeltraktionseinrichtung eignet sie sich zum Einsatz für den Güterzugdienst, wobei sie die Höchstgeschwindigkeit von 90 km/h erreicht. Bei der Doppeltraktion beträgt die Motorleistung der Lokomotive 3680 kW (5000 PS), die Anfahrzugkraft 60 700 kp und die Dauerzugkraft 43 800 kp. Es ist auch möglich, die Lokomotive einzeln für den Nahverkehr einzusetzen.

Mit dieser Lokomotive wurde 1982 ein Versuch, mit der Doppeltraktion einen Schwerlastzug zu ziehen, auf der Strecke Jing Qin durchgeführt. Das Zuggewicht betrug 3926 t (54 Wagen). Auf der 14. Stufe des Fahrschalters konnte die durchschnittliche Geschwindigkeit auf der ebenen Strecke 78 km/h erreichen. Der Versuch hat gezeigt, daß die Doppeltraktionseinrichtung den Synchronlauf bei den Lokomotiven gewährleisten kann und sich gut bewährt hat. Aufgrund des hohen Reibungsgewichtes der beiden gekuppelten Lokomotiven (184 t) und der hohen Leistung ist die Beschleunigung beim Anfahren sehr stark.

Wegen der geringen Lokomotivlänge und der zweiachsigen Drehgestelle wurde der Verschleiß an Spurkranz und Schiene verringert. Der Versuch hat auch gezeigt, daß der Kraftstoffverbrauch verhältnismäßig niedrig ist (16,9–17,3 kg/10^4 tkm).

Die beiden Lokomotiven der Baureihe DF_7 wurden von der Lokomotivfabrik «Der 7. Februar» in Beijing in der letzten Zeit entwickelt und fertiggestellt, sie befinden sich zur Zeit in der Erprobung.

Lokomotive Nr. 23, Baureihe DFH_3(TZ).

Die Rangierlokomotive der Baureihe DF_7 ist eine dieselelektrische Lokomotive mit AC/DC-Kraftübertragung. Es wird auch der Dieselmotor, Typ 12V 240, als Kraftanlage verwendet. Die Kraftübertragungsanlage und das Laufwerk sind ähnlich der Lokomotive, Baureihe DF_4. Der Lokomotivkasten ist mit äußeren Seitengängen und einem Führerhaus ausgestaltet. Die Lokomotive hat eine installierte Leistung von 1472 kW/2000 PS, die Achsfolge 3_0–3_0, eine Höchstgeschwindigkeit von 80 km/h und ist für den Rangierdienst der Schwerlastzüge in größeren Rangierbahnhöfen geeignet.

3.9 Die Schmalspurlokomotiven der Baureihen DFH_1 (TZ), DFH_2 (TZ) und DFH_{21}

3.9.1 *Die Lokomotiven der Baureihen DFH_1 (TZ) und DFH_2 (TZ)*

Das sind zwei Bauarten von dieselhydraulischen Lokomotiven, die von der Lokomotivfabrik Sifang für die Tansanisch-Zambische Eisenbahn mit der Spurweite von 1067 mm geliefert wurden. Um den Bedarf für den Bau der Tansanisch-Zambischen Eisenbahn zu decken, hat man zuerst die Lokomotive der Baureihe DFH_1 (TZ) mit äußerem Seitengang entwickelt. Das Führerhaus wur-

Lokomotive Nr. 35, Baureihe DFH_{21}, für die Meterspurstrecke.

de an einem Ende der Lokomotive angebracht. In diesem ist ein Führerpult für zwei Fahrrichtungen angeordnet. Die Lokomotive wird mit einem Dieselmotor, Typ 12V 180, über ein hydraulisches Getriebe angetrieben. Die eingestellte Motorleistung der Lokomotive ist 846 kW bzw. 1150 PS. Später wurde für den Betrieb der Tansanisch-Zambischen Eisenbahn die Lokomotive der Baureihe DFH_2 (TZ) sowohl für den Güterzug- als auch für den Reisezugdienst entwickelt. An beiden Stirnseiten der Lokomotive wurde je ein Führerraum angebracht. Die Lokomotive wurde mit zwei Aggregaten, bestehend aus einem Dieselmotor und einem hydraulischen Getriebe, ausgerüstet. Je nach Bedarf kann man die Aggregate einzeln oder doppelt anwenden.

Die technischen Hauptangaben der Lokomotive DFH_1 (TZ) sind:

Triebraddurchmesser	(mm)	915
Dienstgewicht	(t)	60
Achsfolge		2–2
Installierte Leistung	(kW/PS)	846/1150
Höchstgeschwindigkeit	(km/h)	60
Min. Dauergeschwindigkeit	(km/h)	nicht höher als 12
Haftreibungszugkraft ($\mu = 0{,}33$)	(kp)	19800
Kleinster befahrbarer Kurvenradius	(m)	70
Außenabmessungen (Länge × Breite × Höhe)	(mm)	12676 × 3016 × 3793

Der Dieselmotor und andere Bauteile der beiden Lokomotiven sind ähnlich der inländischen Lokomotive DFH_3. Als Kraftübertragungsanlage wurde auch das hydraulische Getriebe, Typ SF 2010, verwendet. Das hydraulische Getriebe der Lokomotive, Baureihe DFH_1 (TZ), wurde mit zwei Abtriebswellen versehen, die über Gelenkwellen die Achsgetriebe beider Drehgestelle antreiben. Bei der Lokomotive, Baureihe DFH_2 (TZ), sind zwei separate Kraftübertragungsanlagen gleichen Typs eingebaut. Die Ausgangswelle des Getriebes ist nur einseitig für den Antrieb eines Drehgestells vorgesehen, während auf der anderen Gehäuseseite die hydrodynamische Bremse montiert ist.

Das Starten des Dieselmotors erfolgt durch den Startermotor, Typ ZQF-23, der mit dem hydraulischen Getriebe verbunden ist und aus der Batterie gespeist wird. Nach dem Starten des Dieselmotors arbeitet der Startermotor automatisch als Generator.

Der Lokomotivkasten der Lokomotive, Baureihe DFH_1 (TZ), wurde als eine Konstruktion mit tragendem Untergestell und äußerem Seitengang ausgebildet. Für die Lokomotive, Baureihe DFH_2 (TZ), wurde dagegen eine Rahmenkonstruktion mit tragenden Seitenwänden angewandt. Der Aufbau der Drehgestelle der beiden Lokomotiven ist im Grunde genommen gleich. Da aber die Drehgestelle unterschiedliche Verwendung und Gewichte aufweisen, hatte man die Federn für die Achslagergehäuse unterschiedlich und ein dem Verwendungszweck angepaßtes Bremsgestänge-Übersetzungsverhältnis konstruiert. Die Drehgestelle erhielten achshalterlose Wälzlagergehäuse für die Radsätze. Als Achsführung kamen in Gummilagern gehaltene Achslenker sowie getrennte Aufhängungen mit Schraubenfedern und hydraulischen Stoßdämpfern zum Einbau. Die Zugkraft der Lokomotive wird durch die Drehzapfen-Zugvorrichtung übertragen.

		DFH_1 (TZ)	DFH_2 (TZ)
Triebraddurchmesser	(mm)	915	915
Dienstgewicht	(t)	60	80
Kleinster befahrbarer Kurvenradius	(m)	100	100
Kupplungshöhe	(mm)	895	895
Höchstgeschwindigkeit	(km/h)	60	90
Typ des hydraulischen Getriebes		SF 2010–2	SF 2010–Z1
Typ der Bremse		Druckluft-Vakuumbremse, Typ J2–6	
Typ der Vakuumpumpe		LW–6	LW–6
Kraftstoffvorrat	(t)	1,9	4,3

Lokomotive Nr. 2, Baureihe NY_5.

3.9.2 *Die Lokomotive der Baureihe DFH_{21}*

Die dieselhydraulische Lokomotive der Baureihe DFH_{21}, wurde von der Lokomotivfabrik Sifang entwickelt und hergestellt. Sie entspricht der Baureihe DFH_1 (TZ), aber mit Meterspur. Die Lokomotiven wurden für die Meterspurstrecke Kun He (Kunming–Hekou) in China gebaut.

Diese Lokomotive ist seit 1976 auf der Strecke Kun He in bergigem Gelände auf 2000 m. ü. M. eingesetzt. Diese Strecke hat zahlreiche direkt aufeinanderfolgende Kurven (Gegenbogen), deren Länge einen Anteil von 60 % der gesamten Strecke bilden. Außerdem sind 82 % der Gesamtstrecke Gefälle und Steigungen. Man kann sich vorstellen, wie schwierig die Betriebsbedingungen für die Lokomotive sind. Nach vierjährigem Betrieb der Lokomotive hat es sich gezeigt, daß sich die Störungshäufigkeit von Jahr zu Jahr vermindert und die Zuverlässigkeit ständig erhöht hat.

Tabelle 3.3
Störungshäufigkeit der Lokomotive, Baureihe DFH_{21} (Störungsfälle/$10^5 \cdot$km)

		1979	1980	1981	1982
Lokomotivschaden	%	2,86	0,68	0,70	0,61
Bedarfsausbesserung	%	8,96	2,83	1,24	2,33

Lokomotive Nr. 14, Baureihe NY_7.

3.10 Die importierten dieselhydraulischen Lokomotiven der Baureihen NY_5, NY_6, NY_7

Die Lokomotivbaureihen NY. 5, 6, 7 sind für den Reise- und Güterzugdienst geeignet und 1967 und 1972 aus der Bundesrepublik Deutschland eingeführt worden. Die gemeinsamen Merkmale dieser Lokomotiven sind zwei separate Antriebsaggregate, bestehend aus Dieselmotor, hydraulischem Getriebe und Kühlwassersystem; die Gesamtanordnung der Lokomotive ist symmetrisch; die Achsfolge ist 3–3; jedes Aggregat der Lokomotive treibt die drei Achsen eines Drehgestells an.

3.10.1 *Die Lokomotive der Baureihe NY_5*

Die vier Lokomotiven, Baureihe NY_5, wurden im Jahre 1967 eingeführt und von der Firma Rheinstahl-Henschel AG gebaut.

Die installierte Leistung beträgt 2500 kW bzw. 3400 PS. Die Höchstgeschwindigkeit beträgt 160 km/h für den Reisezugdienst und 120 km/h für den Güterzugdienst.

Der Lokomotivkasten ist in tragender Rahmenkonstruktion ausgeführt. Die Führerräume befinden sich an den beiden Stirnseiten der Lokomotive. Hinter dem Führerraum befinden sich die Maschinenräume, in dem je ein Dieselmotor, Typ MB 839 Bb installiert ist.

Zwei hydraulische 3-Wandler-Getriebe der Firma Voith, Typ L 830rU mit hydrodynamischer Bremse, Typ KB 510/1, sind in der Mitte der Lokomotive eingebaut. Oberhalb des Getriebegehäuses ist je eine Kühlergruppe der Firma Behr in V-Form angeordnet, in der Haupt- und Nebenkreisläufe vorhanden sind. Jeder Kühler ist mit zwei Ventilatoren, die von je einem hydrostatischen Motor angetrieben werden, ausgerüstet. Die Lokomotive ist außerdem mit einem Henschel-Warmwasserkessel, Typ WK 200, für die Kühlwasservorwärmung, einem Dieselmotor-Kompressor-Generatoraggregat und einem elektrisch angetriebenen Kompressor ausgerüstet.

Der Dieselmotor, Typ MB 839 Bb, ist ein schnelllaufender Viertaktmotor mit Abgasturboaufladung und Ladeluftkühlung. Der Dieselmotor hat eine Zylinderbohrung von 190 mm, einen Kolbenhub von 230 mm, eine Nenndrehzahl von 1450 U/min, eine eingestellte Leistung von 1251 kW/

1700 PS (niedriger als die UIC-Nennleistung von 1472 kW/2000 PS) und einen spezifischen Kraftstoffverbrauch von 157 bis 158 g/PSh bzw. 215 g/kWh.
Die Aufnahme-Nennleistung für das hydraulische Getriebe, Typ L 830rU beträgt 1472 kW/2000 PS, die installierte Leistung 1800 PS. Die Bremsleistung der hydrodynamischen Bremse, Typ KB 510, die von den beiden hydraulischen Getrieben angetrieben wird, beträgt 2 × 1100 kW/1500 PS.
Das Übersetzungsverhältnis des Nachschaltgetriebes, Typ VSG 1800, hat 0,855 für den Reisezugdienst und 1,125 für den Güterzugdienst. Als Bremssystem wird die Druckluftbremse der Firma Knorr angewandt. An jedem Radsatz ist ein Bremszylinder angeordnet, und die Räder werden doppelseitig abgebremst. Die Lokomotive ist außerdem mit der Doppeltraktionseinrichtung und Schleuderschutz versehen.

3.10.2 *Die Lokomotiven der Baureihen NY_6 und NY_7*

Die Lokomotiven der Baureihen NY_6 (10 Stück) und NY_7 (20 Stück) wurden 1972 aus der Bundesrepublik Deutschland importiert. Der Aufbau der beiden Lokomotiven ist, bis auf die Leistung des Dieselmotors, grundsätzlich gleich. Die Leistungen der beiden Lokomotiven sind entsprechend 3164 kW/4300 PS und 3680 kW/5000 PS, ihre Höchstgeschwindigkeiten 108,2 km/h und 113,4 km/h. Hersteller ist ebenfalls die Firma Rheinstahl-Henschel in Kassel.

Gesamtanordnung der Lokomotive: Führerraum I, Maschinenraum I, Kühlerraum I, Kühlerraum II, Maschinenraum II, Führerraum II. Zwischen den beiden Drehgestellen unter dem Lokomotivkasten sind der Kraftstofftank, der Batterieschrank und zwei Hauptluftbehälter untergebracht.
In den Maschinenräumen I und II ist je ein schnellaufender Dieselmotor mit seinen Hilfseinrichtungen eingebaut. Für die Lokomotive, Baureihe NY_6, ist der Dieselmotor, Typ MB 16V 652, installiert, der von derselben Baureihe wie der Motor, Typ MB 839 Bb, für die Lokomotive der Baureihe NY_5 stammt. Der Unterschied besteht nur in den Kolben und der Kühlungsart. Die Drehzahl beträgt 1400 U/min bei der Nennleistung 1582 kW/2150 PS. Die Lokomotive der Baureihe NY_7 ist mit dem Dieselmotor, Typ MA 12V 956 TB 10, ausgerüstet. Das ist ein schnellaufender Dieselmotor mit höherer Literleistung als die obengenannten beiden Motortypen.
Der Dieselmotor MA hat eine Zylinderbohrung von 230 mm, einen Kolbenhub von 230 mm, eine Nenndrehzahl von 1500 U/min, eine Nennleistung von 1840 kW/2500 PS und einen spezifischen Kraftstoffverbrauch von 211 g/kWh bzw. 155 ± 5 % g/PSh. In den Kühlerräumen I und II ist je ein hydraulisches Getriebe von Voith, Typ L 820rU, eingebaut. Über den Getrieben befinden sich zwei in V-Form angeordnete Kühlergruppen. Innerhalb des V-förmigen Raumes jeder Kühlergruppe sind zwei Ventilatoren eingebaut, die von je einem hydrostatischen Motor angetrieben werden. Im Getriebe ist eine Hilfsantriebswelle vorgesehen, deren eine Seite über Getriebe mit der hydrostatischen Pumpe und die andere Seite mit dem Startermotor verbunden ist. Der Startermotor dient dem Anlassen des Dieselmotors und arbeitet zugleich als Hilfsgenerator.
Bei der Lokomotive ist außer dem Wärmeaustauscher für Getriebeöl auch noch ein Wärmeaustauscher für das Arbeitsöl der hydraulischen Bremse vorhanden. Jedes der zwei separaten Wasserkühlsysteme in der Lokomotive teilt sich in zwei Kreisläufe, in den Hauptkreislauf und den Kreislauf für die Ladeluftkühlung. Die Wassertemperatur in den beiden Kreisläufen kann unabhängig voneinander geregelt werden.
Als Nachschaltgetriebe ist für die Lokomotive der Baureihe NY_6 die Typen VSG 1800 und VG 2500 für die Lokomotive der Baureihe NY_7 angewandt. Die Achsgetriebe beider Lokomotivbaureihen sind im Grunde genommen gleich. Für die Lokomotive NY_6 wurde das Achsgetriebe von Henschel, Typ ATV 22S, und für die Lokomotive der Baureihe NY_7 Typ ATV 22 verwendet.
Im Maschinenraum II ist ein Hilfsdieselaggregat vorgesehen. Wenn die Lokomotive auf Bahnhöfen für längere Zeit betriebsbereit steht, kann man den Hilfsdieselmotor laufen lassen, um den Hilfsgenerator und den Hilfskompressor anzutreiben. Dadurch kann der Leerlauf des Hauptdieselmotors für längere Zeit vermieden werden.
Die Drehgestelle der beiden Lokomotivbaureihen sind grundsätzlich gleich, wobei für Primär- und Sekundärfederung und für die Kastenabstützung im Ölbad getauchte Reibungsgleitstücke angewandt werden.

Als Bremssystem dient eine Knorr-Bremse. Dazu kommen noch die Schleuder- und Gleitschutzeinrichtungen und die Mehrfachsteuerungsanlage.

3.10.3 *Die Lokomotiven Baureihen V 100.2, V 100.3 und LDH 125*

Die dieselhydraulische Lokomotive Baureihe V 100.2 und V 100.3, bezeichnet als Baureihe NY_{14} während ihrem Staatsbahneinsatz, umfaßt eine Serie von 60 bzw. 130 dieselhydraulischen Lokomotiven, die vom VEB Lokomotivbau Elektrotechnische Werke (LEW) Hans Beimler DDR für das Ministerium für Erdöl- und Chemische Industrie Chinas hergestellt wurden. Diese Lokomotive ist eine modifizierte Lokomotive der Baureihe V 100. Eine Lokomotive dieser Serie unterzog man systematischen Messungen über die Traktionscharakteristik im Jahr 1977 auf dem Versuchsring des Eisenbahnministeriums. 4 Stück davon wurden im Rangierdienst vom Bahnbetriebswerk Yue Yang eingesetzt. Sämtliche Lokomotiven wurden im Jahr 1984 außer Dienst gestellt.

Die dieselhydraulische Lokomotive Baureihe LDH 125 als Baureihe NY_{16} im Staatsbahnbestand vorübergehend eingestellt, hat einen Motor der Bauart Sulzer 6 LDA 28 B mit 920 kW bzw. 1250 PS, und wurde vom Werk für Großmaschinen, Bukarest in Rumänien produziert. Zwei dieser Lokomotiven wurden Anfang siebziger Jahre als Musterlokomotiven, zusammen mit den später serienmäßig importierten dieselelektrischen Lokomotiven Baureihe ND_2 eingeführt. 1972 wurden mit der Lokomotive Nr. 002, Baureihe LDH 125, Messungen über die Traktionscharakteristik auf dem Versuchsring des Eisenbahnministeriums durchgeführt. Außerdem wurden Probeeinsätze im Rangierdienst und auf freier Strecke gefahren. Als Ergebnis der Untersuchungen hat das Eisenbahnministerium beschlossen, nur die dieselelektrische Lokomotive Baureihe ND_2 zu importieren.

Dieselhydraulische Lokomotive Baureihe V 100.3.
Werkfoto LEW Henningsdorf

Technische Haupteigenschaften dieser beiden Baureihen von Lokomotiven sind wie folgt:

		Baureihe V 100.3	LDH 125
Achsfolge		2–2	2–2
Gesamtgewicht der Lokomotive	(t)	70	78
Achslast	(t)	17.5	19.5
Gesamtlänge über Kupplung	(m)	13.945	12.400
Höchstgeschwindigkeit	(km/h)	65	–
Zugbetrieb		–	100
Rangierbetrieb		–	60
min. Dauergeschwindigkeit	(km/h)	12.3	–
Zugbetrieb		–	20
Rangierbetrieb		–	12
Anfahrzugkraft	(kp)	22500	–
Zugbetrieb		–	15800
Rangierbetrieb		–	22500
Dauerzugkraft	(kp)	14500	–
kleinster befahrbarer Bogenhalbmesser	(m)	100	–
Zugbetrieb		–	120
Rangierbetrieb		–	100
Radstand der Drehgestelle	(mm)	2300	2500
Drehzapfenabstand	(mm)	7000	7200
Raddurchmesser	(mm)	1000	1000
Kraftstoffvorrat	(kg)	2200	36501
Sandvorrat	(kg)	280	300
Dieselmotor			
Typ		RKVD 21A-3	6 LDA 28-B
Zylinderdurchmesser	(mm)	180	280
Kolbenhub	(mm)	210	360
Zylinderzahl		12V	6
Nennleistung	(PS)	1000	1250
Nenndrehzahl	(U/min)	1500	750
min. spez. Brennstoffverbrauch	(g/PSh)	175	175
Typ des hydraulischen Getriebes		GSR 30/5.7	(TH_2)L28-XII_4-1.45/(sg)
Typ des Achsgetriebes		–	NG 1200/2

3.11 Die Dieselmotoren der chinesischen Diesellokomotiven

Seit 1959 wurden in China acht Typen von Dieselmotoren für Diesellokomotiven projektiert und hergestellt. Ihre technischen Hauptangaben sind in der Tabelle 3.4 zusammengestellt.
Als erster wurde der stehende Zweitaktdieselmotor, Typ 10L 207, hergestellt, und in der Lokomotive, Baureihe DF_1, installiert. Als nächstes wurden zwei Typen von mittelschnellaufenden Viertaktdieselmotoren, nämlich Typ 16V 240 (mit nebeneinander angeordneten Pleuelstangen) und Typ 12V 240 (mit angelenkten Pleuelstangen) entwikkelt. Diese Motoren bilden geeignete Kraftanlagen für die Herstellung von Diesellokomotiven für den Personen- und Güterzugdienst der zweiten Generation. Tabelle 3-5 zeigt den Vergleich der Parameter zwischen diesen zwei Dieselmotoren und dem Dieselmotor, Typ 10L 207, sowie einigen ausländischen Dieselmotoren. Man kann aus der Tabelle ersehen, daß die technischen und wirtschaftlichen Parameter der beiden Dieselmotorentypen wesentlich besser als die des Typs 10L 207 sind. Ihre Eigenschaften kommen den ausländischen Dieselmotoren gleicher Leistungsklasse auch sehr nahe. Die Entwicklung der Abgasturbolader war für die chinesischen Diesellokomotiven der zweiten Generation von großer Bedeutung. Ab 1963 wurden eine Reihe von Typenprüfungen durchgeführt. Die einstufige axiale Turbine mit Gleitlagern und Innenlagerung wurde als grundlegende Konstruktion festgelegt. Auf dieser Basis wurde der Abgasturbolader, Typ 45 GP 80, konstruiert, zu einer Typenreihe ausgebildet und in die Serienproduktion aufgenommen.

Tabelle 3.4
Wesentliche technische Parameter von hauptsächlich verwendeten Lokomotivdieselmotoren

Nr.	Typ des Dieselmotors	Hersteller Fabrik	Nennleistung kW (PS)	Nenndrehzahl (U/min)	Zylinderzahl und Anordnung	Bohrung/Hub (mm)	Spez. Brennstoffverbrauch g/kWh (g/PS·h)	Gewicht (kg)	Eff. Mitteldruck (kg/cm²)	Mittlere Kolbengeschwindigkeit (m/s)	Außenmaße: Länge × Breite × Höhe (mm)
	Schnellaufende Dieselmotoren										
1	12V 180	Sifang	920 (1250)	1500	12V 60°	180/205	231+4 (170+5)	4900	12,96	10,25	2812 × 1383 × 2170
2	12V 175	Sifang	670 (910)	1500	12V 60°	175/205	231+4 (170+5)	4175	10,15	10,25	2386 × 1372 × 2007
3	16V 200	Ziyang	1656 (2250)	1500	16V 45°	200/220	231+4 (170+5)	9000	13,55	11,0	3200 × 1625 × 2270
	Mittelschnellaufende Dieselmotoren										
4	16V 240	Dalian	2650 (3600)	1100	16V 50°	240/275	211+4 (155+5)	19600	14,8	10,08	5933 × 1735 × 2992
5	12V 240	«Der 7. Februar»	1987 (2700)	1100	12V 45°	240/260¹) 273,5²)	211+4 (155+5)	14000	15,65¹) 14,88²)	9,53¹) 10,03²)	3580 × 1724 × 2991
6	8V 240	Tangshan	1325 (1800)	1100	8V 50°	240/275	211+4 (155+5)		14,8	10,08	
7	10L 207	Dalian	1325 (1800)	850	10 Zylinder stehende Gegenkolben	207/254	238+4 (175+5)	19400	6,23	7,20	6545 × 1730 × 3126
8	6L 207	Qishuyan	795 (1080)	850	6 Zylinder stehende Gegenkolben	207/254	238+4 (175+5)	14000	6,23	7,20	5036 × 1730 × 3105

¹) Haupttriebstange ²) Nebentriebstange

Tabelle 3.5
Daten von ausländischen und chinesischen Lokomotiv-Dieselmotoren

	Kenn-zeichen	Maß-einheit	General Electric GE FDL–16	SACM AGO 240	WTS[1]) 5D–49	12V 240	16V 240–B	10L 207
Eff. Leistung	Ne	kW PS	2650 3600	2686 3650	2208 3000	1987 2700	2650 3600	1325 1800
Nenndrehzahl	n	U/min	1050	1350	1000	1100	1000	850
Zylinderdrehzahl			16	16	16	12	16	10
Zylinderbohrung	D	mm	228,6	240	260	240	240	207
Kohlenhub	1	mm	266,7	220/232	260	260/273,51	275	2×254
Mittl. Kolbengeschwindigkeit	C_m	m/s	9,35	9,9/10,44	8,67	9,53	9,167	7,2
Gesamtes Hubvolumen		1	175	150,1	221	144,81	199,04	170,9
Eff. Mitteldruck	Pe	$\frac{kp}{cm^2}$	17,6	16,3	12,33	15,61	16,28	5,61
Nettogewicht des Dieselmotors		t	19,6	15,5	17,6	14,0	22,2	19,6
Leistung je Zylinder		kW PS	165,6 225	167,9 228	138 187,5	165,6 225	165,6 225	132,5 180
Leistung je t Gewicht		$\frac{PS}{t}$	185	240	170,5	198	161	82
Leistung je Zylindervolumen		$\frac{PS}{l}$	20,57	23,98	13,57	18,65	18,09	10,53
Spez. Brennstoffverbrauch	be	$\frac{g}{PS \cdot h}$	159	155 ± 5	150	155	155	175
Verstärkungskoeffizient	$Pe \cdot Cm$	$\frac{kp \cdot m}{cm^2 \cdot 5}$	164,56	161,37	106,9	148,76	149,24	40,39

[1]) Eingebaut in SZD-Lokomotiven Baureihe TE 109 und TE 116.

Die Typenbezeichnung dieses Turboladers bedeutet:
45- der Luftdurchsatz beim optimalen Wirkungsgrad des Laders (m^3/min).
G- das hohe Druckverhältnis $\pi > 2$.
P- axiale Turbine.
80- max. Durchsatz des Laders (m^3/min).

Entsprechend den Anforderungen der Zusammenarbeit des Dieselmotors mit dem Turbolader werden zur Zeit die in der Tabelle 3-6 aufgeführten Turbolader hergestellt.

3.11.1 *Die Dieselmotoren, Typen 10L 207 und 6L 207*

Die Dieselmotoren dieser Typen sind Zweitakt-Gegenkolbenmotoren mit einer Zylinderbohrung von 207 mm, einem Kolbenhub von 2 × 254 mm und einer Nenndrehzahl von 850 U/min. Bis auf die unterschiedliche Zylinderzahl und Leistung sind die beiden Motoren grundsätzlich von gleichem Aufbau. Der Motortyp 10L 207 hat eine Nennleistung von 1325 kW bzw. 1800 PS und Typ

Tabelle 3.6
Abgasturbolader

Abgasturbolader		Zugehöriger Dieselmotor		
Typ	Laderzahl je Dieselmotor	Typ	Leistung (kW/PS)	Lokomotiv-baureihe
45 GP 802	2	16V 240–A	2428 (3300)	DF_4
45 GP 802–1	2	16V 240–B	2428 (3300)	DF_4–B
45 GP 803	2	16V 200	1656 (2250)	DFH_4
45 GP 804	1	12V 175	772 (1050)	DFH_1
45 GP 804 A	1	12V 180	920 (1250)	DFH_5 DFH_2
45 GP 804 B	1	12V 180	736 (1000)	DFH_2
45 GP 805	2	12V 240	1987 (2700)	Beijing

6L 207 eine Nennleistung von 795 kW bzw. 1080 PS.
Der Dieselmotor und der Hauptgenerator werden gemeinsam auf einem Grundrahmen befestigt. Der Grundrahmen ist auf dem Lokomotivrahmen elastisch gelagert, um Schwingungen zu dämpfen. Die Kurbelwelle wird aus Kugelgraphitgußeisen hergestellt, ihre Lager unter Verwendung von dünnwandigen Lagerschalen aus Stahl mit Ausguß aus Aluminium. Zwischen dem äußeren Mantel und dem Innenteil des Kolbens wird ein Kühlölraum gebildet. Der Kolben ist mit vier Kompressionsringen und drei Ölringen versehen.
Die großen und kleinen Kegelzahnräder der senkrechten Verbindungswelle von der oberen zur unteren Kurbelwelle sind aus Stahl 18 CrMnTi. Die Zahnflanken sind durch Kohlenstoffanreicherung gehärtet.
Die Spülpumpe des Dieselmotors ist ein Roots-Verdrängergebläse. Die Läufer sind dreiflügelige Drehkolben. Für jeden Zylinder sind zwei Kolbeneinspritzpumpen und zwei geschlossene Spritzdüsen vorgesehen. Die Drehzahlregelung erfolgt mit dem mechanisch-hydraulischen Regler, Typ QJY.

Zweitakt-Gegenkolben-Dieselmotor Typ 6L 207.
Bild: Fairbanks-Morse

3.11.2 *Die Dieselmotoren, Typen 16V 240 und 8V 240*

Der Dieselmotor, Typ 16V 240, ist der Antrieb für die Hauptbauart von Lokomotiven der zweiten Generation in China, welche von der Lokomotivfabrik Dalian entwickelt wurde.
Nach langwierigen Versuchen ist es gelungen, die Kurbelwelle aus legiertem Stahl durch Mo-Cu-Kugelgraphitgußeisen zu ersetzen. Gegenwärtig wird auch die faserflußgeschmiedete Kurbelwelle hergestellt, und es ist vorgesehen, beide Bauarten von Kurbelwellen aus verschiedenen Werkstoffen parallel anzuwenden. Ab 1977 wurde eine Umkonstruktion des Dieselmotors durchgeführt, wobei in erster Linie das Motorgehäuse verbessert werden sollte. Der verbesserte Dieselmotor erhielt die Typenbezeichnung 16V 240B. Im Jahre 1983 wurde mit der Produktion begonnen.
Der Dieselmotor, Typ 16V 240, ist in V-Anordnung ausgeführt mit einem V-Winkel von 50°. Die Hauptleitungen für das Schmieröl und die Luftzuführungen sind im V-Winkel angeordnet.
Das Gehäuse ist in Gußschweißkonstruktion ausgeführt. Um die Steifigkeit des Gehäuses des Dieselmotors, Typ 16V 240, zu erhöhen, wurde im Entwurf für den Typ 16V 240-B die Bodenbreite des Gehäuses vergrößert und statt des hängenden Grundlagerdeckels eine liegende Konstruktion mit Querzugankern verwendet, wodurch die Längssteifigkeit um das 1,6fache und die Quersteifigkeit um das 0,77fache erhöht wurden. Gleichzeitig ist die dynamische Beanspruchung außerhalb der Teilfuge des Grundlagerstuhls von $\pm 7{,}30$ kp/mm² bis auf $\pm 3{,}18$ kp/mm² gesunken.
Der Abstand zwischen den Zylinderachsen innerhalb einer Zylinderreihe beträgt 400 mm.
Der Längsversatz zwichen den beiden Zylinderreihen beträgt wegen der Anwendung von nebeneinanderlaufenden Pleuelstangen 74 mm. Die Kurbelwelle wurde aus Kugelgraphitgußeisen mit Cu-Mo-Edelerdelegierung hergestellt mit folgenden mechanischen Eigenschaften: Zugfestigkeit $\rho_b \geqslant 80$ kp/mm², Bruchdehnung $\delta \geqslant 10\,\%$, Kerbzähigkeit $\alpha_k > 1{,}5$ kp·m/cm² und Härte HB 269–330. Eine drehelastische Kupplung mit Stahl-

Dieselmotor, Typ 16V 240B.

blattfedern ist zwischen Dieselmotor Typ 16V 24OB und Drehstromgenerator Typ TQFR 3000 in Verwendung.

Die Konstruktion der Pleuelstange wurde auch an vielen Stellen verbessert, z. B. wurde das Gewinde der Pleuellagerschrauben durch Rollwalzen verstärkt, wodurch sich deren Dauerfestigkeit erhöhte. Durch die Erhöhung der Steifigkeit des Pleuelfußes wurde das Problem mit den Rissen an der Trennfugenverzahnung gelöst usw.

Beim Dieselmotor, Typ 16V 240-B, wurde außerdem ein dünnwandiger Kolben aus Kugelgraphitgußeisen verwendet, anstelle des ursprünglichen mehrteiligen Kolbens aus geschmiedetem Aluminium.

Im Vergleich mit der ursprünglichen Alu-Ausführung ist die Temperatur am Boden des neuen Kolbens etwas höher, dagegen aber ist die Temperatur der ersten Ringnut beträchtlich auf nur 150 °C gesunken. Das Spiel zwischen dem neuen Kolben und der Zylinderwand beträgt nur 0,17 mm, so daß der Kolben bei der Bewegung an die Zylinderwand weniger anschlägt. Die Kavitation der Zylinderbüchse wurde wesentlich vermindert. Die Lebensdauer des Kolbens aus Kugelgraphitgußeisen übertrifft die Frist einer Generalüberholung, während der spezifische Schmierölverbrauch (bei Nennbetriebszustand) unter 1,5 g/PS·h absank.

Einzeleinspritzpumpen und geschlossene Einspritzdüsen werden bei diesem Dieselmotor verwendet. Am Dieselmotor ist der Drehzahlregler, Typ QY 300 NDG, zur Drehzahl- und Leistungssteuerung vorgesehen. Bei diesem Regler ist die Motordrehzahl in 16 Stufen einstellbar, wobei jede Stufe nicht nur den Dieselmotor auf konstanter Drehzahl, sondern zugleich auch auf konstanter Ausgangsleistung halten kann. Ein neuer stufenloser Regler ist gegenwärtig zur Erprobung an einem Dieselmotor angebaut.

Die Aufladung des Dieselmotors erfolgt nach dem Stauverfahren. Das Abgas aus den einzelnen Zylindern strömt in ein Sammelrohr, das aus neun Teilen besteht und oberhalb des V-Winkels angebracht ist. Die beiden Enden des Rohrs sind je mit einem Abgasturbolader, Typ 45 GP 802, verbunden. Die Dieselmotoren, Typ 16V 240, wurden vor und nach der Verbesserung in die Lokomotiven DF_4 und DF_4-B eingebaut, die auf dem Rollprüfstand umfassend in allen Funktionen geprüft und mit denen ausgedehnte Fahrversuche durchgeführt wurden.

Tabelle 3–7 zeigt den Vergleich der gewonnenen Meßdaten. Aus der Tabelle ist zu ersehen, daß bei der verbesserten Lokomotive DF_4-B nicht nur größere Leistung und höherer Wirkungsgrad erzielt, sondern auch die Häufigkeit von Lokschäden und Bedarfsreparaturen verringert wurde.

Die Gesamtanordnung und die technische Charakteristik des Dieselmotors, Typ 8V 240, wurde nach dem Dieselmotor, Typ 16V 240, projektiert, weshalb die Konstruktion der beiden Dieselmotoren grundsätzlich gleich ist. Der Unterschied besteht darin, daß der Dieselmotor, Typ 8V 240, nur mit einem Abgasturbolader und einem Ladeluftkühler ausgerüstet ist. Die Arbeitsweise der Einlaß-, Auspuff-, Schmier- und Kühlsysteme der beiden Dieselmotoren ist auch gleich.

Im Dieselmotor, Typ 8V 240, wurde eine Kurbelwelle, deren Kurbeln um 180° versetzt symmetrisch angeordnet sind, eingebaut. Damit besteht das Problem der freien Kräfte aus den hin- und hergehenden Massen vierter Ordnung. Um die Schwingungen des Dieselmotors zu dämpfen, wurden zwei Ausgleichswellen, deren Drehzahl doppelt so hoch wie die der Kurbelwelle und deren Drehrichtung gleich wie die der Kurbelwelle ist vorgesehen und an beiden Seiten des Motorgehäuses symmetrisch angeordnet. Somit wurden die freien Kräfte des Motorgehäuses in der senkrechten Richtung vermindert, jedoch größere freie Kräfte in der horizontalen Richtung erreicht. Das Schwingungsproblem dieses 8-Zylinder-V-Motors ist noch nicht zufriedenstellend gelöst.

Um das Triebwerk der Rangierlokomotive, Baureihe DF_5, grundsätzlich zu verbessern, ist die Anwendung des Reihendieselmotors, Typ 8L 240, statt des V-Dieselmotors, Typ 8V 240, vorgesehen. Der neu entwickelte Dieselmotor, Typ 8L 240, befindet sich schon im Erprobungs-Stadium auf dem Prüfstand und soll bald in die Lokomotive für die Probefahrten installiert werden.

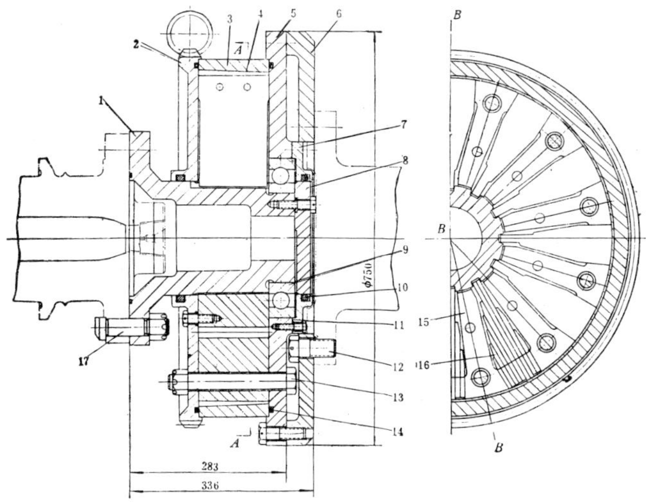

Drehelastische Kupplung mit Blattfedern zwischen Dieselmotor 16V 240 B und Traktionsgenerator TQFR 3000 in Lokomotive DF_4

1 Primärnabe
2 Gegenflansch
3 äußere Spannhülse
4 innere Spannhülse
5 Gehäusescheibe
6 Abtriebsflansch
7 Anschlagscheibe
8 Deckel
9 Dichtflächen
10 O-Ring
11 Dichtung
12 Abtriebsflansch-Schrauben
13 Gehäuseschrauben
14 O-Ring
15 Distanzstück
16 Blattfeder
17 Flanschschraube

Tabelle 3.7

	Maß-einheit	Lokomotive Baureihe DF_4-B	Lokomotive Baureihe DF_4
Installierte Leistung des Dieselmotors	PS kW	3300 2428	3300 2428
Drehzahl des Dieselmotors	U/min	430–1000	500–1100
Berechnete max. Leistung am Radumfang	kW PS	2020 2745	1957 2660
Max. Wirkungsgrad am Radumfang (bei Außentemperatur von 27° C)	%	33,4	32,17
Min. spez. Brennstoff-verbrauch	g/PS·h g/kWh	190 258	190,0 268
Durchschnittl. Wirkungsgrad bei Nennleistung	%	33	31,86
Entsprechender spez. Brennstoffverbrauch	g/PS·h g/kWh	192 261	198,5 270
Spez. Brennstoffverbrauch bei der meist benutzten Leistung (12. Fahrstufe)	g/PS·h g/kWh	205 279	211 287
Brennstoffverbrauch bei Leerlauf	kg/h	16	22
Spez. Schmierölverbrauch	g/kWh g/PS·h	2 < 1,5	3,4 < 2,5
Störungsfreie Laufleistung	10^4 km	0,2	0,35
Bedarfsausbesserung	10^4 km	1,20	1,92
Laufleistung zwischen zwei Generalüberholungen	10^4 km	51–63	< 50

Bearbeitung des Gehäuses des Dieselmotors, Typ 16V 240.

3.11.3 *Der Dieselmotor, Typ 12V 240*

Dies ist ein mittelschnellaufender Viertaktdieselmotor mit einstufigem Abgas-Stoßauflader und einer Zylinderbohrung von 240 mm, der von der Lokomotivfabrik «Der 7. Februar» projektiert und hergestellt wurde. Der Dieselmotor besitzt angelenkte Pleuelstangen und Kolbenhübe von 260 mm im Hauptzylinder und 273,5 mm im Nebenzylinder. Die Stundenleistung beträgt 2208 kW/3000 PS bei einer Nenndrehzahl von 1100 U/min. Die Dauerleistung beträgt 1987 kW/2700 PS.

Das Gehäuse ist eine vollständig geschweißte Konstruktion aus Stahlplatten. Der Grundlagerdeckel ist von hängendem Typ. Der Abstand zwischen der Zylinderachse einer Zylinderreihe ist 380 mm, bis auf den in der Mitte, der 400 mm beträgt. Zwei Zylinderreihen sind symmetrisch angeordnet mit dem V-Winkel von 45°. Im oberen Raum des V-Winkels ist zusätzlich ein Stabilisator für die Einlaßluft aufgestellt, wobei das Verhältnis zwischen dem Volumen des Stabilisators und dem Zylindervolumen 1,42 erreicht. Die Hauptleitung für das Schmieröl des Dieselmotors und die Ölleitung für die Kühlung der Kolben sind zu beiden Seiten des Motorgehäuses angeordnet. Die Teilfuge zwischen dem Gehäuse und der Grundplatte befindet sich 210 mm unter der Achse der Kurbelwelle.

Im Dieselmotor werden nasse Zylinderbüchsen und mehrteilige Kolben angewendet. Das Kolbenoberteil ist mit drei Kompressionsringen und einem Ölring versehen.

Die Kurbelwelle ist aus legiertem Stahl 35 CrMo geschmiedet unter Anwendung der neuen Technologie des Ionitrierens.

Für jeden Zylinder ist eine Einzeleinspritzpumpe mit Pumpenelementen von 20 mm Durchmesser, 16 mm Hub und einer schrägen Steuerkante verwendet. Die Spritzdüse ist eine geschlossene Nadeldüse, die in einer Konstruktion mit geringer Massenkraft und langem Nadelpaar ausgeführt ist. Der Dieselmotor besitzt einen hydraulischen Regler, Typ QY 300 NP, mit Drehzahlregelung. Die Drehzahl des Dieselmotors ist in 16 Stufen einstellbar. Der Lokomotivführer steuert mit dem Fahrschalthebel durch eine elektropneumatische Anlage die Drehzahl des Dieselmotors.

Um die Abgasenergie des Dieselmotors auszunutzen und die Wirtschaftlichkeit bei Teillast zu erhöhen, wurde das Stoßaufladungssystem mit zwei Abgasturboladern vorgesehen. Die Luft strömt vom Austritt des Ladeluftkühlers direkt in die Stabilisierungskammer, so daß sich ein geringer Widerstand der Einlaßluft ergibt. Die Anbaustelle der beiden Turbolader wurde so gelegt, daß man die Auspuffleitungen in kürzester Länge und beinahe in T-Form kreuzweise gestalten konnte, wobei Störungen durch Reflexionswellen vermieden werden. So konnte ein Übertragungskoeffizient der Abgasenergie bis 0,286 und ein Spülgrad bis 1,2 erreicht werden. Das Kennfeld des Dieselmotors, Typ 12V 240, zeigt das Bild auf Seite 153.

3.11.4 *Die Dieselmotoren, Typen 12V 180 und 12V 175*

Der Dieselmotor, Typ 12V 180, ist ein abgasturboaufgeladener mittelschnellaufender Viertaktdieselmotor mit Vorkammer, der in den siebziger Jahren von der Lokomotivfabrik Sifang hergestellt wurde. Technische Daten sind: Zylinderbohrung 180 mm, Kolbenhub 205 mm, Leistung 920 kW bzw. 1250 PS bei Nenndrehzahl 1500 U/min und Nettogewicht 4,9 t.

Unter den zur Zeit vorhandenen Dieselmotoren für Lokomotiven in China ist der Dieselmotor, Typ 12V 180, der einzige Motortyp, bei dem Wälzlager als Grundlagerung verwendet wird. Das Gehäuse ist in Form eines Tunnels ausgebildet. Die Kurbelwelle ist durch sieben Rollenlager in der «Tunnelbohrung» des Gehäuses gelagert. Das Gehäuse besteht aus legiertem Gußeisen mit einem V-Winkel von 60°. Über dem V-Winkel sind ein Auflader, Typ 45GP 804, und ein Ladeluftkühler mit ovalen Rohrlamellen aufgestellt.
Auf der Abtriebsseite der Nockenwelle ist ein Spritzversteller angebaut, der die Voreilung des Kraftstofförderbeginns automatisch regelt, so daß eine gute Verbrennung bei verschiedenen Drehzahlen des Dieselmotors erzielt wird.
Auf der Schwungradseite der Kurbelwelle sind ein Viskositätsdämpfer mit Silikonöl, eine Wasserpumpe für den Hauptkühlkreis und eine Wasserpumpe für Ladeluftkühlung angeordnet.
Auf der Abtriebsseite der Kurbelwelle befindet sich eine elastische Kupplung. Innenbohrungen in ölgekühlten Gußkolben aus Aluminium und nebeneinanderlaufende Pleuelstangen werden bei diesem Dieselmotor verwendet.
Die Kurbelwelle ist aus legiertem Stahl im Gesenk geschmiedet. Die Wellenzapfen sind durch Wärmebehandlung mit Mittelfrequenzinduktion gehärtet, an den Kurbelwangen sind sechs Ausgleichsgewichte angebracht.
Als Lagerung für die Kurbelwelle werden einreihige Rillenrollenlager, Typ 3-218 Y, verwendet, die mittels Übergangssitzen am Gehäuse angebracht sind. Die Lager haben keine Innenringe. Die Lage der Rollen wird durch den Lagerkäfig bestimmt und direkt auf die Rollbahn der Grundwellenzapfen der Kurbelwelle aufgesetzt. Die Lager und die Rollbahn werden durch das aus kleinen Düsen gespritzte Schmieröl geölt, die an zwei Seiten des Lagers angeordnet sind.
Auf dem Kolbenboden ist der Brennraum in seichter W-Form ausgebildet. Unter dem Kolbenboden ist ein ringförmiger Ölraum für die Kühlung eingegossen. Jeder Kolben ist mit drei Kompressionsringen und zwei Ölringen versehen. Ein Ölring befindet sich unter dem Kolbenbolzen.
Die beiden Einspritzpumpen sind als Blockpumpen ausgeführt mit einem Kolbendurchmesser von 14 mm und max. Hub von 15 mm. Die Einspritzdüse ist gedrosselt. Der Einspritzdruck beträgt 125 kp/cm².

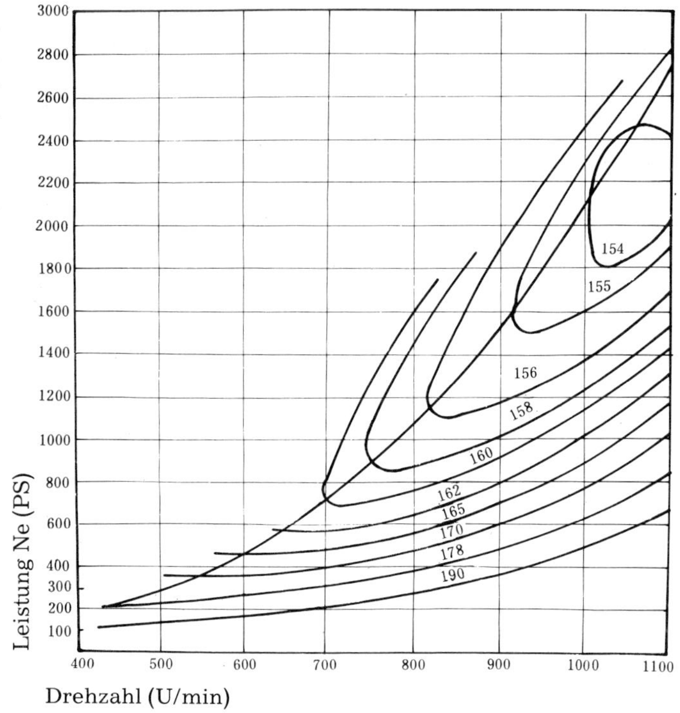

Gemessenes Kennfeld des Dieselmotors, Typ 12V 240. 154–190 g/PSh spezifischer Kraftstoffverbrauch.

Der mechanische Regler liegt auf der linken Einspritzpumpe. Der Regler reguliert automatisch die Kraftstoffördermenge der Einspritzpumpe, um somit die Drehzahl des Dieselmotors zu regeln. Die 16 Fahrschalterstufen entsprechen 16 Drehzahlwerten, angefangen von der minimalen

Dieselmotor, Typ 12V 180.

konstanten Drehzahl von 800 U/min bis zu der Nenndrehzahl von 1500 U/min.
Für den Dieselmotor, Typ 12V 180, wird ein Stoßaufladesystem angewendet.
Zur Vermeidung ungenügender Schmierung infolge zu niedrigen Öldrucks ist der Dieselmotor mit einer automatischen Öldruck-Abstellanlage versehen; sinkt der Öldruck in der Hauptleitung unter 1,6–1,8 kp/cm², arbeitet der Dieselmotor automatisch mit niedrigerer Drehzahl, ist der Öldruck unter 1 kp/cm² gesunken, stellt sich der Dieselmotor automatisch ab.
Der schnellaufende Dieselmotor, Typ 12V 175, ist das Triebwerk in der Lokomotive, Baureihe DFH₁, der ersten Generation. Seine Konstruktion und Charakteristik sind ähnlich wie die des Dieselmotors, Typ 12V 180.

3.11.5 *Der Dieselmotor, Typ 16V 200*

Dies ist ein schnellaufender Viertaktdieselmotor mit Vorkammer, nebeneinanderlaufenden Pleuelstangen und Stoßaufladung. Die Zylinderbohrung beträgt 200 mm, der Kolbenhub 220 mm und die Stundenleistung 1840 kW/2500 PS bei Nenndrehzahl 1500 U/min. Die eingestellte Motorleistung in der Lokomotive ist vorläufig 1656 kW/2250 PS. Bei Nennleistung beträgt der spez. Brennstoffverbrauch 238 g/kWh bzw. 175 g/PSh. Das Nettogewicht des Motors beläuft sich auf 9 t.
Der Dieselmotor wurde in der Lokomotivfabrik Sifang entwickelt und dann in der Lokomotivfabrik Ziyang hergestellt. Dieser Dieselmotor wurde zur Erprobung in leistungsfähigen Diesellokomotiven installiert.

3.12 Die elektrische Kraftübertragung – Traktionsgenerator, Fahrmotor und deren Regeleinrichtungen

In China wurden bis jetzt zwei Antriebsarten für die dieselelektrischen Lokomotiven verwendet, nämlich das Gleichstrom-Gleichstrom-System (DC/DC) und das Wechselstrom-Gleichstrom-System (AC/DC). In diesem Abschnitt werden der Traktionsgenerator, Typ ZQFR-1350, der Fahrmotor, Typ ZQDR-204, und die zugehörigen Erreger- und Leistungsregelsysteme der Lokomotive, Baureihe DF_1, mit DC/DC-Antriebssystem sowie der Synchron-Traktionsgenerator, Typ TQFR-3000, der Fahrmotor, Typ BR ZQDR-410, und die dazugehörigen Erreger- und automatischen Leistungsregelsysteme der Lokomotive, Baureihe DF_4, mit AC/DC-Antriebssystem beschrieben.

3.12.1 *Das elektrische Antriebssystem DC/DC*

3.12.1.1 Der Traktionsgenerator, Typ ZQFR-1350, ist ein achtpoliger fremderregter Gleichstromgenerator mit Monolager und Axialbelüftung. Im Stator sind acht Hauptpole und acht Wendepole eingebaut. Die Polschuhe der Hauptpole sind mit Fremderregerwicklung und Anlaßwicklung bestückt.

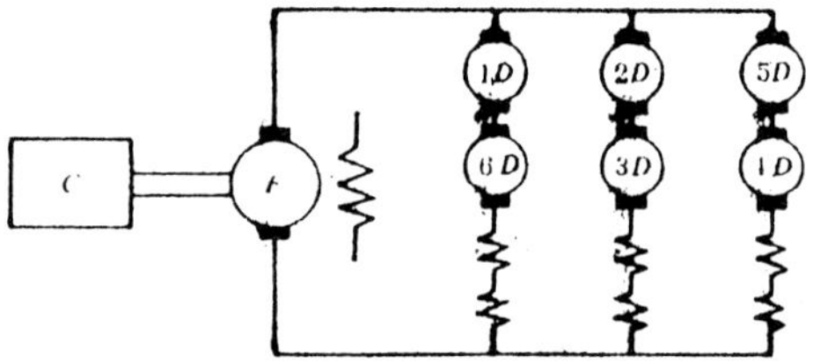

Schaltbild der AC-DC-Kraftübertragung
C Dieselmotor
F Traktionsgenerator
D1–D6 Fahrmotoren

Der Kommutator besteht aus 444 Kupferlamellen mit Mikanitzwischenlagen. Er hat einen Durchmesser von 800 mm und eine Länge von 300 mm. Der Traktionsgenerator ist mit einem Radiallüfter ausgerüstet.
Der Traktionsgenerator hat acht Bürstenhalter, die jeweils unter den Polaritäten Plus und Minus arbeiten. Die vier unter Pluspolarität arbeitenden Bürstenhalter werden an die Sammelschiene entsprechender Polarität und die anderen vier an die Minussammelschiene angeschlossen.
Zur automatischen Regelung der Generatorleistung und zur Begrenzung des maximalen Anfahrstroms der Lokomotive wurden in dem automatischen Regelsystem und Strombegrenzungssystem zwei Tachogeneratoren eingebaut. Der eine ist ein Gleichstromgenerator, Typ Z2-21, der zur Regelung der Leistung dient. Seine Leistung ist 1,3 kW, Spannung 115 V, Strom 11,3 A und Drehzahl 3300 U/min. Der andere Tachogenerator, Typ ZCF-14, dient zur Begrenzung des Anfahrstroms, seine Leistung ist 0,24 kW, Spannung 12 V, Strom 20 A und Drehzahl 2750 U/min.
3.12.1.2 Das Gehäuse des Fahrmotors, Typ ZQDR-204, wurde als achtpolige Form ausgebildet. Zwischen den Hauptpolen sind jeweils die Wendepole angeordnet.
Der Kommutator wurde aus 150 kaltgezogenen trapezförmigen Kupferlamellen mit Mikanitzwischenlagen mit Druck zu einem Ganzen ge-

preßt. Als Bürste dient die elektrisch graphitierte Kohlebürste, Typ DS-74B. Je drei Bürsten befinden sich in einer Bürstenhaltertasche. Der Fahrmotor ZQDR-204 hat die Kühlungsart der geschützten Fremdbelüftung. Jedes Drehgestell hat einen Radiallüfter zur Kühlluftversorgung.
Im Hauptstromkreis der Lokomotive, Baureihe DF_1 sind sechs Fahrmotoren zu je zwei in Reihe und diese drei Gruppen parallelgeschaltet. Durch zwei Feldschwächstufen, $\beta_1 = 53\,\%$ und $\beta_2 = 35\,\%$ wird der Geschwindigkeitsbereich des Fahrmotors erweitert.
Da der Gleichstromgenerator des DC/DC-Systems hinsichtlich des Gewichts und des Volumens die Anforderung der steigenden Lokomotivleistung nicht mehr erfüllen kann, hat man die Produktion eingestellt und ist auf die Entwicklung des AC/DC-Systems übergegangen.

3.12.2 *Das elektrische Antriebssystem AC/DC*

Die Entwicklung der Leistungssiliziumsstromrichter ermöglichte die Anwendung des AC/DC-Systems für den elektrischen Antrieb von Diesellokomotiven. Bei diesem System erzeugt der relativ kleine und leichte Wechselstromgenerator Drehstrom, der durch eine Gleichrichteranlage gleichgerichtet und dann den Gleichstromfahrmotoren zugeführt wird.

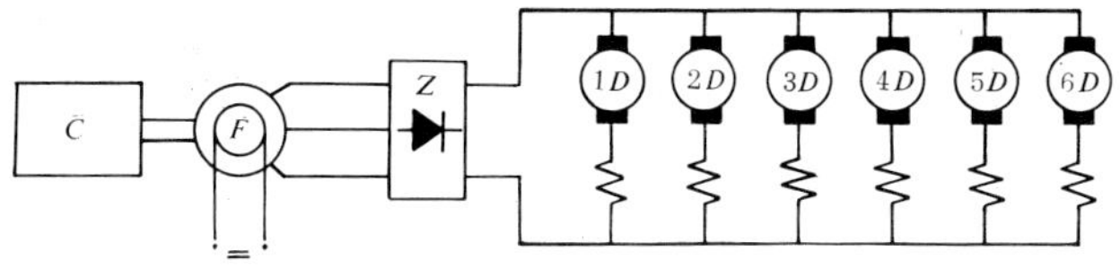

Schaltbild der AC-DC-Kraftübertragung

3.12.2.1 Der Traktionsgenerator, Typ TQFR-3000, ist ein fremderregter Drehstrom-Synchrongenerator mit Eigenbelüftung. Das Statorblechpaket wird in das Generatorgehäuse eingepreßt. Die Statorwicklung ist in den Nuten des Blechpakets eingesetzt. Den Erregerstrom des Generators liefert ein Drehstrom-Synchrongenerator, Typ TQL-45, mit einer Kapazität von 45/36 kVA, Spannung von 104/95 V, einem Strom von 248/221 A und einer Drehzahl von 2625/1175 U/min. Der erzeugte Drehstrom wird durch die Gleichrichteranlage in Gleichstrom umgewandelt und durch Kohlebürste und Schleifring der Erregerwicklung des Traktionsgenerators zugeführt.
Für die Lokomotive, Baureihe DF_4 wird die Dreiphasen-Gleichrichterbrückenschaltung verwen-

Schaltbild der AC-DC-Kraftübertragung der Lokomotive Baureihe DF_4.

F	Traktionsgenerator TQFR 3000
1D bis 6D	Fahrmotoren ZQDR 410
L	Erregermaschine TQL – 45
CF	Drehzahl-Tachogenerator
1C bis 6C	Fahrmotor-Trennschalter
1RX bis 6RX	Feldschwächwiderstände
1RZ bis 6RZ	Bremswiderstände
1HK und 2HK	Fahrtrichtungswendeschalter
1XC und 2XC	Feldschwächwiderstand-Schalter
1 ZL	Gleichrichter für Traktionsstrom
2 ZL	Gleichrichter für Traktionsgenerator-Erregerstrom
3 ZL	Gleichrichter für Hilfsbetriebe

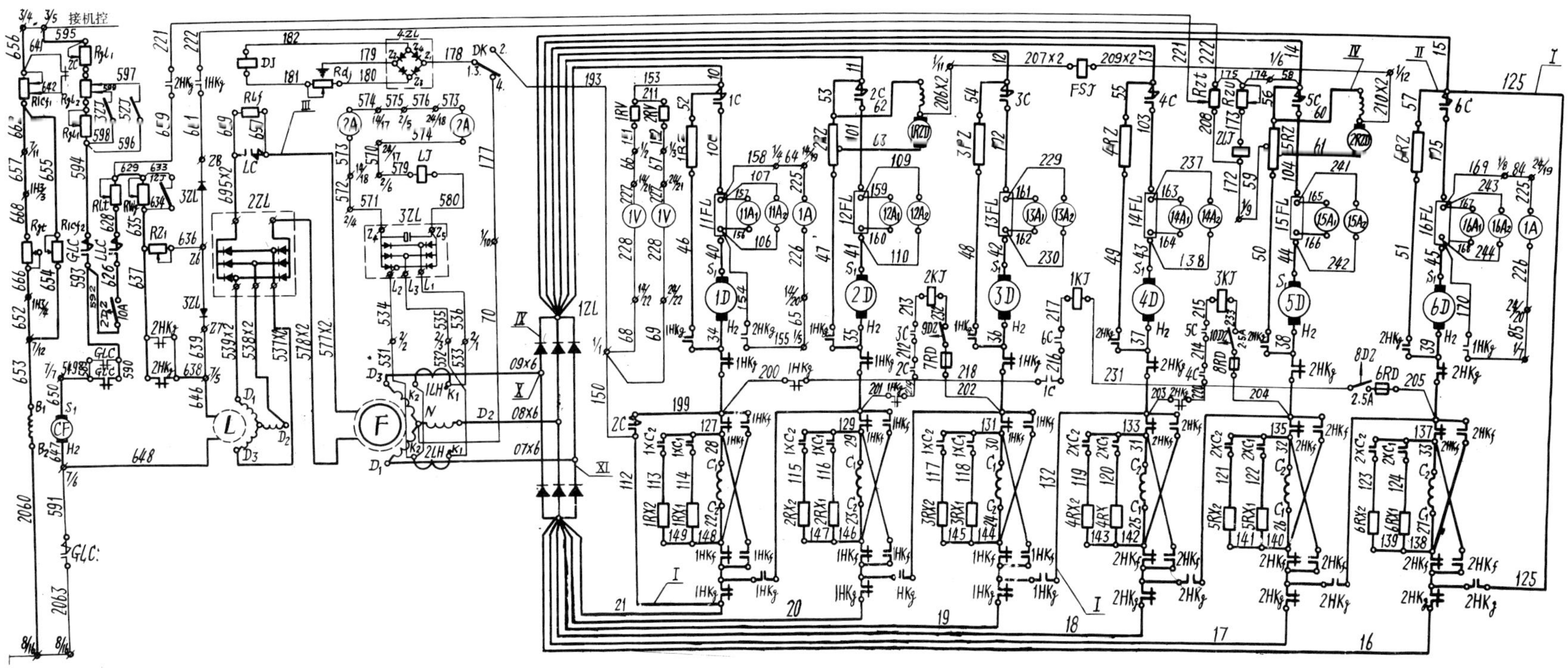

Tabelle 3.8
Daten für Traktionsgeneratoren in Dieselloks

Art des Traktionsgenerators		Traktionsgenerator DC	DC	Traktionsgenerator AC	AC
Typ		ZQFR-1350	GCE 1100/10	TQFR-3000	AT-73
Herstellungsland		China	Rumänien	China	Frankreich
Nennleistung	(kW)	1350	1350	2985 kVA	2470 kVA
Nennspannung	(V)	550/820	550	438/613	430
Nennstrom	(A)	2460/1650	2460	3936/2805	5400
Nenndrehzahl	(U/min)	850	1080	1100	1350
Max. Spannung	(V)	820	950	770	760
Max. Strom	(A)	4000	3700	6480	–
Gewicht	(kg)	8600	7700	4860	4800

det. Die Typenbezeichnung der Gleichrichteranlage ist GTF 4800/770. Die Hauptangaben der Gleichrichteranlage sind:

Nenneingangsspannung (V)	Drehstrom 165 Hz 438/613 V
Nenneingangsstrom (A)	Drehstrom 3936/2805
Nennausgangsspannung (V)	Gleichstrom 770 + 12 %
Nennausgangsstrom (A)	Gleichstrom 1800
Max. zulässiger Ausgangsstrom beim Anfahren (A)	Gleichstrom 6480 (30 min)

3.12.2.2 Der Aufbau und die Gesamtanordnung des Fahrmotors, Typ ZQDR-410, sind grundsätzlich ähnlich wie die des Fahrmotors, Typ ZQDR-204. Jeder Fahrmotor ist mit vier Bürstenhaltern bestückt, in jeder Bürstentasche sind zwei Bürsten untergebracht. Um die Kommutierung zu verbessern, werden für den Fahrmotor, Typ ZQDR-410, Spaltbürsten verwendet.
Alle sechs Fahrmotoren, Typ ZQDR-410, der Lokomotive, Baureihe DF_4, sind parallelgeschaltet und an den Siliziumgleichrichter angeschlossen. Die beiden Feldschwächstufen haben folgende Schwächungsgrade: die erste Stufe $\beta_1 = 60$ %, die zweite $\beta_2 = 43$ %.
Die Lokomotiven der Baureihe DF_1 und die von Rumänien eingeführten Lokomotiven der Baureihe ND_2 haben die gleiche Leistungsklasse und das DC/DC-Antriebssystem. Die Lokomotive der Baureihe DF_4, die von Frankreich eingeführte

Tabelle 3.9
Daten für Fahrmotoren in Dieselloks

Typ des Fahrmotors		ZQDR-204	GDTM 533 M	ZQDR-410	TAO-659
Herstellungsland		China	Rumänien	China	Frankreich
Nennleistung	(kW)	204	200	410	342
Nennspannung	(V)	275	275	550/770	430
Nennstrom	(A)	550	820	800/570	900
Max. Strom	(A)	820	1235	1080	
Max. Spannung	(V)	410	475	770	900
Nenndrehzahl	(U/min)	515	495	640	580
Max. Drehzahl	(U/min)	2200	2300	2365	2450
Feldschwächung	(%)				
β_1		53	74	60	53
β_2		35	54	43	–
β_3		–	40	–	–
Gewicht	(kg)	3200	2100	2800	3240

Lokomotive der Baureihe ND_4 und die aus den USA stammende Baureihe ND_5 haben das AC/DC-Antriebssystem. Die beiden Baureihen sind etwa von gleicher Leistungsklasse.
Tabellen 3–8 und 3–9 zeigen zum Vergleich die Daten der Traktionsgeneratoren und der Fahrmotoren.

3.13 Die hydraulische Kraftübertragung der chinesischen Diesellokomotiven

Bei allen Eisenbahnen in der Welt ist die Verwendung der hydraulischen Kraftübertragung bei den Diesellokomotiven etwa 30 Jahre später als die der elektrischen Kraftübertragung eingeführt worden. Im Vergleich zur elektrischen Kraftübertragung hat die hydraulische den Vorteil, Kupfer zu sparen und ist einfach zu warten. Ihr mechanischer Aufbau ist jedoch kompliziert, und die Teile müssen präzise, zuverlässig und verschleißfest sein. Deshalb ist die Herstellungstechnologie auch schwieriger. In den sechziger Jahren wurde in China von der Lokomotivfabrik Sifang das hydraulische Getriebe, Typ SF 3010, für die Diesellokomotive der Baureihe DFH_1 versuchsweise hergestellt; in den siebziger Jahren wurden Anfahrwandler, Typ B 46, Fahrwandler, Typ B 85, sowie die neuen Gelenkwellen, Typen M 50, M 35 und M 25, gebaut. Das alles hat Vor-

Tabelle 3.10
Vergleich von Kennwerten der hydraulischen Getriebe verschiedener Typen

Typ	Wandler	Max. Profildurchmesser der Kreisläufe Dp (mm)	Art und Anzahl der Schaufeln			Höchster Wirkungsgrad *) (%)	Drehzahlverhältnis bei dem höchsten Wirkungsgrad	Hochgangübersetzung	Drehmomentwandlungsverhältnis beim Anfahren
			Pumpenrad	Turbinenrad	Leitrad				
SF 2010	B8–III	500	räumlich gekrümmt 15	einfach gekrümmt 40	einfach gekrümmt 36	84,5	0,42		6,16
	B–10	418	einfach gekrümmt 26	einfach gekrümmt 36	einfach gekrümmt 36	88	0,85		
QS 2025	QS_1	615	räumlich gekrümmt 18	einfach gekrümmt 40	einfach gekrümmt 36	84/87	0,48		5,06
	QS_2	546	einfach gekrümmt 25	einfach gekrümmt 36	einfach gekrümmt 36	85.6/88	0,80	1,94	–
EQ 2027/Z 510	QB_3	691	räumlich gekrümmt 17	einfach gekrümmt 36	einfach gekrümmt 20	86,6	0,442	2,3571	
	QB_3	627	einfach gekrümmt 25	einfach gekrümmt 44	einfach gekrümmt 25	87,3	0,825		–
Voith L 830 rU	Anfahrw.	595	15 räumlich	einfach 34 36	einfach 40 32	84	0,34	2,17	7,9
	Marschw. I	564	15 räumlich	36 einfach räuml. 18	einfach 24	86,5	0,55		–
	Marschw. II	485	25 einfach	36 einfach	36 einfach	84	0,82		–
Voith L 820 rU	Anfahrw.	610	13 räumlich	28 einfach	32 einfach	86	0,425	2,017	5,5
	Marschw.	485	29 einfach	48 einfach	36 einfach	85	0,80		–

*) Bei den 3 in China gebauten Getrieben sind die Wirkungsgrade der Wandler allein angegeben, für die beiden Voith-Typen der gesamte Getriebewirkungsgrad.

aussetzungen für die Entwicklung der hydraulischen Kraftübertragung geschaffen.
Heute ist die chinesische dieselhydraulische Lokomotive mit einem Schlag zu den fortschrittlichsten der Welt gerückt, z. B. wurde der höchste Wirkungsgrad des Wandlers von 84 bis 86 % in den sechziger Jahren auf etwa 90 % erhöht, und der Leistungsbereich wurde wesentlich vergrößert. Die Versuchergebnisse der Lokomotive, Baureihe Beijing, auf dem Prüfstand für komplexe Charakteristik haben gezeigt, daß der gesamte Wirkungsgrad des hydraulischen Kraftübertragungssystems der Lokomotive bei einer Geschwindigkeit von 100 km/h und Nennleistung 82,33 % erreichen kann.
Die Tabelle 3–10 zeigt die wichtigsten technischen Eigenschaften der hydraulischen Wandler verschiedener Typen, die in den chinesischen Diesellokomotiven eingebaut sind. Zum Vergleich sind in der Tabelle auch die wichtigsten Kennwerte der hydraulischen Voith-Kraftübertragungsanlagen, Typen L 830 rU und L 820 rU, für die Lokomotiven der Baureihe NY_5 und NY_6 dargestellt.
Die Tabelle 3–11 zeigt die Statistik über die Schadenhäufigkeit der Lokomotive und die Bedarfsausbesserungen bezogen auf 10^5 km für dieselhydraulische und dieselelektrische Lokomotiven einiger Baureihen in den Jahren 1980–1982.
Der Anteil der Schadenhäufigkeit je 10^5 km der hydraulischen Übertragung an den gesamten Schäden der dieselhydraulischen Lokomotive liegt viel niedriger als der Anteil der Schadenhäufigkeit der elektrischen Übertragung an den gesamten Schäden der dieselelektrischen Lokomotive. Die Schadanfälligkeit der hydraulischen Übertragung zeigt außerdem eine von Jahr zu Jahr fallende Tendenz. Bei der Deutschen Bundesbahn ist die Gewährleistungsfrist für neue hydraulische Kraftübertragungsanlagen mit ei-

nem Jahr und das Generalüberholungsintervall mit 8 × 10^5 bis 12 × 10^5 km festgelegt. In den letzten Jahren erhöhte sich von Jahr zu Jahr die Zuverlässigkeit der hydraulischen Übertragung der chinesischen Diesellokomotiven, und das Überholungsintervall erreichte 6 × 10^5 bis 7,5 × 10^5 km. Es ist schon möglich, in der Zeit zwischen zwei Generalüberholungen im Ausbesserungswerk das hydraulische Getriebegehäuse nicht zu öffnen. Die von China hergestellte dieselhydraulische Lokomotive ist auch von günstiger Wirtschaftlichkeit. Gemäß der Statistik der Bahnbetriebswerke Beijing und Tianjin beträgt der Kraftstoffverbrauch der Lokomotive, Baureihe Beijing, für die Beförderung eines Reisezuges 30–33 kg/10^4 tkm, während die importierte Lokomotive, Baureihe NY_5, für die gleiche Transportaufgabe von 34–35 kg/10^4 tkm verbraucht. Dabei ist jedoch die unterschiedliche Bauart, Höchstgeschwindigkeit und Leistung dieser Loks zu berücksichtigen. Siehe nebenstehende Tabelle:

Bei der Beförderung eines gleichen Zuges, d. h. beim gleichen Zuggewicht, auf derselben Strecke ist der Kraftstoffverbrauch der Lokomotive, Baureihe Beijing, je 10^4 tkm um 1,9–5,9 % geringer als derjenige der dieselelektrischen Lokomotive, Baureihe DF_4, welche allerdings einen größeren Dieselmotor und 6 Achsen hat.

Die Typenbezeichnung der von China hergestellten hydraulischen Getriebe wird wie folgt ausgedrückt:

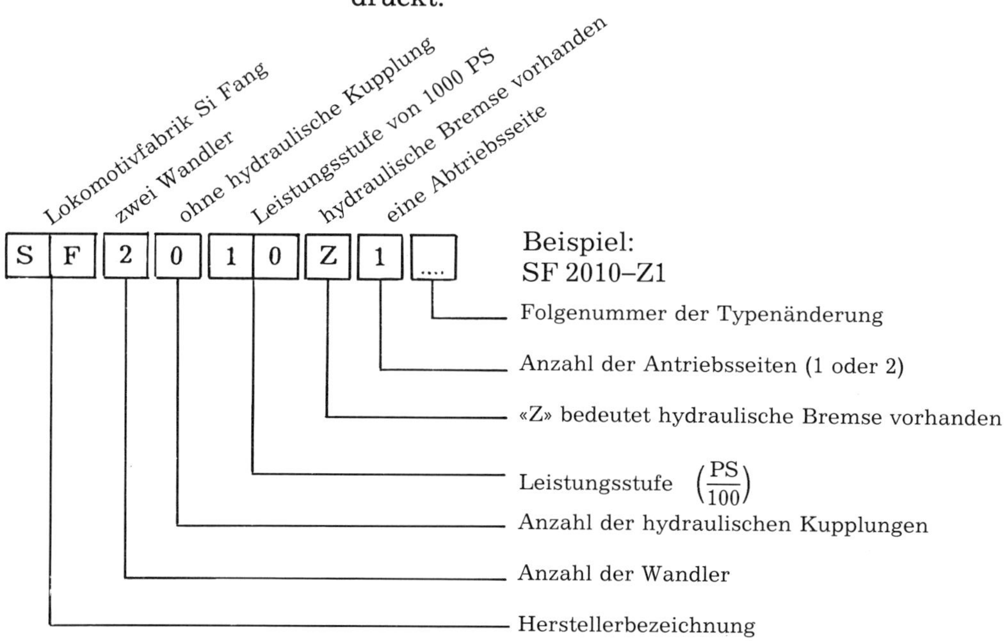

Reihe	Beijing	NY_5	NY_6	NY_7	DF_4
Motorleistung (kW)	1 × 1990	2 × 1250	2 × 1580	2 × 1840	1 × 2430
Getriebebauart	W–W	W-W-W	W–W	W–W	AC/DC
Höchstgeschwindigkeit (km/h)	120	120/160	120	120	100
Achsenzahl	4	6	6	6	6

3.13.1 *Die hydraulische Kraftübertragung verschiedener Lokomotiven der Baureihe DFH*

Die hydraulischen Getriebe, mit welchen die Diesellokomotiven der Baureihe DFH ausgerüstet sind, hat man in zwei Baureihen von 1000 und 2000 PS gegliedert, deren Bauteile schon normalisiert sind.

Das hydraulische Getriebe, Basis-Typ SF 2010, der Leistungsstufe 1000 PS und wird in den Lokomotiven der Baureihen $DFH_{2,3,5,21}$ eingebaut. Je nach der Anzahl der Abtriebswellen, mit oder ohne hydrodynamischer Bremse, wird das Getriebe in die Typen SF 2010-Z1, SF 2010-Z2, SF 2010-1, SF 2010-2 unterteilt.

In der Diesellokomotive, Baureihe DFH_3 ist das Getriebe ohne hydrodynamische Bremse und mit einer Abtriebswelle eingebaut. Da dieses Getriebe mit einem neuen Wandler installiert ist, wird

Tabelle 3.11
Vergleich zwischen der Schadenhäufigkeit der Lokomotiven und der Bedarfsausbesserungen für dieselelektrische und dieselhydraulische Lokomotiven (Anzahl/10^5 km).

Kraftübertragungsart	Baureihe		Jahr	Lokomotivschadenhäufigkeit	Bedarfsausbesserung
Dieselelektrische Lokomotiven	DF_4 DF_5	Fahrmotor	1980	0,145	1,080
			1981	0,186	0,684
			1982	0,060	0,620
		übrige Elektroausrüstung und Schaltung	1980	0,261	0,805
			1981	0,124	0,800
			1982	0,113	0,448
Dieselhydraulische Lokomotiven	DFH_1 DFH_2 DFH_3 DFH_4 DFH_5	hydraulische Kraftübertragung	1980	0,121	0,283
			1981	0,007	0,297
			1982	0,006	0,300
	Beijing	hydraulische Kraftübertragung	1980	0,400	0,107
			1981	0,049	0,198
			1982	0,021	0,140

es mit Typ SF 2010–1A bezeichnet. Die technischen Hauptangaben sind in der Tabelle 3–12 dargestellt.
In der Diesellokomotive, Baureihe DFH_4, ist das hydraulische Getriebe der Leistungsstufe 2000 PS eingebaut. Zuerst wurde das von der Lokomotivfabrik Si Fang hergestellte Getriebe, Typ SF 2122, verwendet. Dieses Getriebe hatte zwei Wandler und eine Kupplung. Nach mehrmaliger Verbesserung wurde schließlich die von der Lokomotivfabrik Zi Yang vorgeschlagene vereinfachte Ausführung, und zwar das hydraulische Getriebe, Typ ZJ 2022-Z510, das direkt das Achsgetriebe antreibt, eingeführt. «Z510» bezeichnet den Typ der hydrodynamischen Bremse mit dem Durchmesser der Kreisläufe von 510 mm. In der Tabelle 3–13 sind die Hauptangaben für das hydraulische Getriebe, Typ ZJ 2022-Z510, dargestellt. Dieses hydraulische Getriebe ist mit einem automatischen Gangwechselsystem ausgerüstet. Je nach dem Betriebszustand der Lokomotive ändert sich automatisch der Ein- und Auslaß des Kraftübertragungsöls in den beiden Wandlern. Der Schaltregler des automatischen Gangwechsels steuert abhängig von der Belastung des Dieselmotors und der Fahrgeschwindigkeit der Lokomotive den Gangwechsel.

3.13.2 *Das hydraulische Getriebe der Diesellokomotive, Baureihe Beijing*

Das hydraulische Getriebe, Typ EQ 2027-Z510, mit dem die Diesellokomotive, Baureihe Beijing, ausgerüstet ist, ist das leistungsfähigste in China hergestellte hydraulische Getriebe. Die senkrechte Getriebewelle oben am Getriebegehäuse treibt durch einen Flansch und eine senkrechte Gelenkwelle die Kupplung des Kühlerventilators an. Auf der linken Seite des Getriebes ist diese über eine Gelenkwelle mit dem Startermotor verbunden. Die Hauptdaten des hydraulischen Getriebes, Typ EQ 2027-Z510, sind:

Nennleistung (kW/PS)	1803/2450
Nenndrehzahl des Eingangs (U/min)	1100
Übersetzungsverhältnis des Hochtriebes	2,3571 (99/44)
Nenndrehzahl des Pumpenrads (U/min)	2593
Max. Drehmoment der Abtriebswelle (kp·m)	4165

Tabelle 3.12
Daten für Hydraulik-Getriebe SF 2010

Eingangsdrehzahl des Geriebes		(U/min)	1500	
Aufnahmeleistung des Pumpenrades des Wandlers		kW/PS	916/1245	
Höchste Drehzahl des Wandlerpumpenrades		(U/min)	3510	
Wandler	Typ		B8–III	B–10
Wandler	Max. Profildurchmesser der Kreisläufe	mm	500	418
Wandler	Anzahl der Schaufeln des Pumpenrades		15 St. räuml. gebogen	25 St. einf. gebogen
Wandler	Anzahl der Schaufeln des Turbinenrades		40 St. räuml. gebogen	36 St. einf. gebogen
Wandler	Anzahl der Schaufeln des Leitrades		20 St. einf. gebogen	36 St. einf. gebogen
Wandler	Höchster Wirkungsgrad des Wandlers	(%)	84,5	88,0
Wandler	Übersetzungsverhältnis bei dem höchsten Wirkungsgrad		0,42	0,85
Wandler	Durchlässigkeitsgrad beim Anfahren		0,80	–
Wandler	Drehmomentenwandlungsverhältnis beim Anfahren		6,16	–
Höchste Drehzahl des Abtriebs		(U/min)	1840	
Max. Drehmoment des Abtriebs		(kp/m)	2544	
Nettogewicht des hydraulischen Getriebes		(kg)	1200	

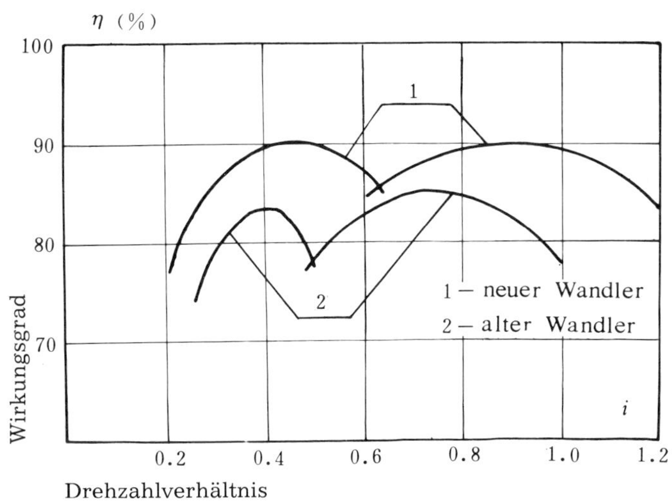

Vergleichskurven für den Wirkungsgrad zwischen den neuen Wandlern 1 und den alten Wandlern 2.

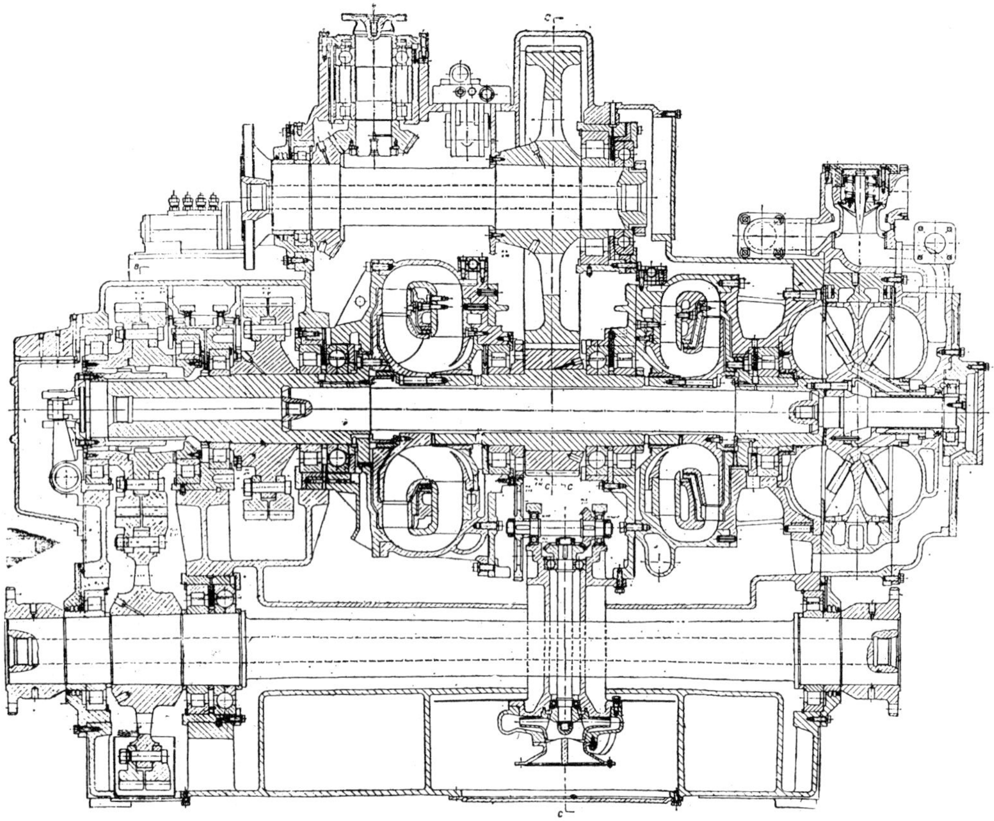

图 199 EQ2027/Z510 型液力传动箱纵剖面

Schnitt durch das hydraulische Getriebe Typ EQ-2027-Z 510 der Lokomotive Baureihe BJ.

Max. Drehzahl der Abtriebswelle (U/min)	1910
Schaltung des Gangwechsels	automatisch oder pneumatisch
Theoretischer Gangwechselpunkt	0,59
Max. Verhältnis tatsächliche Leistungsaufnahme/Nennleistung	1,08
Nenndruck der Ölzufuhr (kp/cm^2)	6
Druck im Steuersystem (kp/cm^2)	7
Ölfüllungsdruck des Anfahrwandlers (kp/cm^2)	größer als 3,5
Ölfüllungsdruck des Marschwandlers (kp/cm^2)	größer als 4,5
Nettogewicht des Getriebes (kg)	7500
Außenabmessung (Länge × Breite × Höhe (mm)	2336 × 1816 × 1777

Die beiden Wandler sind einstufig. Technische Hauptdaten:

Anfahrwandler	Marschwandler
Typ QB 3	Typ YB 3
Max. Profildurchmesser der Kreisläufe (mm) 619	Max. Profildurchmesser der Kreisläufe (mm) 627
Arbeitsbereich des Drehzahlverhältnisses 0–0,59	Arbeitsbereich des Drehzahlverhältnisses 0,59–0,988
Höchstwirkungsgrad 0,866	Höchstwirkungsgrad 0,873
Drehzahlverhältnis beim max. Wirkungsgrad 0,442	Drehzahlverhältnis beim max. Wirkungsgrad 0,825

Der Drehrichtungswechsel der Abtriebswelle des hydraulischen Getriebes wird durch die Wendegetriebswelle, den Schalthebel, das Wendesteuerorgan, das Wendebegrenzungsventil und das Wenderad realisiert.
Für die automatische Ölfüllung und den automatischen Ölauslaß der beiden Wandler wird ein Steuersystem benötigt. Im Getriebegehäuse befinden sich das Wendegetriebe und der automatische Gangwechsel, die von einer Kupplung betätigt werden.
Das hydraulische Getriebe, Typ EQ 2027, kann je nach Bedarf durch eine hydraulische Bremse ergänzt werden. Diese ist eine scheibenförmige hydraulische Bremse mit doppelten Kreisläufen. Die technischen Hauptdaten der Bremse sind:

Max. Profildurchmesser der Kreisläufe (mm)	510
Nennbremsleistung (kW/PS)	1354/1840
Max. Bremsleistung (kW/PS)	2005/2725
Drehzahl der Eingangswelle beim Bremsbetrieb (U/min)	920
Max. Bremsdrehmoment der Abtriebswelle (kp·m)	1490
Drehzahl der Abtriebswelle beim max. Bremsdrehmoment (U/min)	726

Während sich der Rotor der hydrodynamischen Bremse zwischen den beiden Statoren dreht, erfolgt die Bremswirkung durch den Turbulenzwiderstand des Getriebeöls zwischen den Statoren. Deshalb sind an beiden Seiten des Rotors je 28 flache, nach vorn um 60° geneigte Schaufeln angebracht. An den beiden Statoren sind ebenfalls je 26 flache, nach vorn um 60° geneigte Schaufeln angebracht. Zwischen Rotor und Stator befindet sich eine bewegliche Trennplatte. Ein druckluftbetätigtes Steuerventil regelt die

Öffnung der Trennplatte und somit die Größe der Bremskraft. Das Steuersystem dient zur Regelung der Ölfüllmenge der Bremse. Das Steuerventil und das Begrenzungsventil der Ölfüllung können abhängig vom Druck in der Bremse automatisch die Ölfüllung durch den Ölablaß regeln und somit die erforderliche Bremscharakteristik erreichen.

3.14 Weitere Bauteile der hydraulischen Kraftübertragung – Achsgetriebe, Hilfsantrieb und Gelenkwelle

Der Antrieb der Radachsen bei den dieselhydraulischen Lokomotiven erfolgt im allgemeinen durch Achsgetriebe. Die Eingangswelle des Achsgetriebes ist mit der Abtriebswelle des hydraulischen Getriebes oder des Zwischengetriebes verbunden und treibt durch Zahnräder die Radsätze der Lokomotive an. Die meisten Lokomotiven mit hydraulischer Kraftübertragung der Chinesischen Eisenbahn werden durch Stirn- und Kegelzahnräder, und nur die Lokomotive der Baureihe DFH_4 wird durch Kegel- und Stirnzahnräder angetrieben. Am Beispiel der Diesellokomotive, Baureihe Beijing, werden diese Einrichtungen erläutert.

3.14.1 *Achsgetriebe*

Die Hauptdaten für das Achsgetriebe der Lokomotive, Baureihe Beijing, sind:

Nenndrehmoment des Eingangs	(kp·m)	1320
Durchgangsdrehmoment des Eingangs	(kp·m)	2650
Nenndrehzahl des Eingangs	(U/min)	1910
Durchmesser des Eingangsflansches	(mm)	310
Übersetzungsverhältnis der Zahnräder:		
Stirnzahnradpaar		1,927 (54/28)
Kegelzahnradpaar		1,634 (49/30)
Übersetzungsverhältnis:		$3{\cdot}15\ \left(\frac{54}{28}\cdot\frac{49}{30}\right)$
Zahnradölpumpe:		
Drehzahl	(U/min)	1500
Druck	(kp/cm²)	5
Umlaufmenge	(l/min)	20
Nettogewicht des Achsgetriebes	(kg)	1545
Max. Abmessungen (Länge × Breite × Höhe)	(mm)	1367 × 903 × 1008

3.14.2 *Hilfsantrieb (Kühlventilatorantrieb)*

Die Lokomotive, Baureihe Beijing, ist mit zwei Kühlventilatoren (für Tief- und Hochtemperaturkreis) ausgerüstet. Jeder Ventilator wird durch eine hydraulische Kupplung angetrieben. Beide Kupplungen sind Kupplungen mit Ölfüllungsregelung für stufenlose Drehzahlregelung. Der max. Durchmesser der Strömungskupplungskreisläufe beträgt 450 mm. Die Anzahl der Schaufeln des Pumpenrads $Z_B = 33$ und die des Turbinenrads $Z_1 = 32$. Die Schaufeln beider Räder sind radial und flach angeordnet.
Das Steuerungssystem der Ventilatorenkupplung besteht aus den Regelventilen für die Temperatur und für die Ölfüllung. Die Hauptelemente des Regelventils für die Temperatur sind thermostatisch. Das Regelventil für die Ölfüllung wird durch die gemeinsame Wirkung des Temperatursignals und des rückgeführten Öldrucksignals der Kupplung betätigt und ändert somit die Füllmenge der Kupplung. Auf diese Weise wird die Drehzahl des Ventilators automatisch geändert und damit die Wassertemperatur geregelt. Die Hauptangaben der Ventilatorkupplung der Lokomotive, Baureihe Beijing, sind:

Dieselmotoren-nenndrehzahl	(U/min)	1100
Hochgangübersetzungsverhältnis		$1{,}44\ \left(\frac{49}{34}\right)$
Nenndrehzahl des Pumpenrads	(U/min)	1455
Nenndrehzahl des Turbinenrads	(U/min)	1400
Durchmesser der Kreisläufe der Kupplung	(mm)	450
Getriebeölmarke		Spezialgetriebeöl Nr. 20
Getriebeölfüllung	(l)	2 × 35
Zulässige Höchsttemperatur für das Getriebeöl	(°C)	110
Steuerluftdruck für Kühlwassertemperaturregelung	(kp/cm²)	6
Nettogewicht des Hilfsantriebs	(kg)	840
Max. Außenabmessungen	(mm)	(L × B × H)
Kupplung des Ventilators für die Tieftemperatur		675 × 745 × 1144
Kupplung des Ventilators für die Hochtemperatur		675 × 675 × 1152

3.14.3 *Gelenkwelle*

Bei dieselhydraulischen Lokomotiven wird das hydraulische Getriebe meist durch Gelenkwellen mit den Achsgetrieben verbunden. Das sind star-

Tabelle 3.14
Drehgestell-Daten

Herstellerland	Baureihe	Kennwerte der Drehgestelle für Diesellokomotiven								
		Höchstgeschwindigkeit (km/h)	Statische Federung (mm)	Radstand der Drehgestelle (mm)	Gewicht (t)	Kleinster befahrbarer Kurvenradius (m)	Querbewegung der Achsen (mm)	Höhe der Zugstange über SO (mm)	Abmessung (mm)	Anmerkung
China	DF 1	100	62,5	2×2100	24,4	145	±5±12±5	–	–	
	DF 2	95,3	–	2×2100	24	80				
	DF 4	100	123[1]) 16[2])	2×1800	22,7	145	±5±12±5	725	5976×3060×1532	
	DF 5	100	127	2×1800	22,8	80	±5±12±5	725	5976×3060×1470	
	DFH 1	140	50[1]) 75[2])	3100	12,0	100				
	DFH 5	40 (Rang.) 80 (Nahv.)	69	2400	–	100				
	DFH 3	120	68[1]) 76[2])	2400	–	100		837		[3])
	DFH 4	120	123[1]) 16[2])	1800–2000	15,5	145			6242×2540×1687	
	Beijing	120	55,5[1]) 83[2])	2500	9,562	125		865	4440×3164×1100	
	DFH 2 (TZ)	90	79	2200		100		865	4450×3174×1094[4])	
Frankreich	ND 4	100		2050+1950	24,0	125				
Rumänien	ND 2	120		2150+1950	23,5	100				
Bundesrepublik Deutschland	NY 7	113,4	64[1]) 89[2])	2550+1800	21,15	125				

[1]) Primärfederung. [2]) Sekundärfederung. [3]) Antrieb im Gewicht nicht inbegriffen. [4]) Achsgetriebe im Gewicht nicht inbegriffen.

re Asynchrongelenkwellen. Der Lokomotivkasten und die Drehgestelle befinden sich während der Fahrt ständig in begrenzter Relativbewegung gegeneinander. Die beiden Kreuzgelenke an der Gelenkwelle gestatten, daß sich die Welle in beliebiger räumlicher Ebene schräg unter einem begrenzten Winkel einstellt. Durch die Keilnutenwelle in der Keilnabe ist eine gegenseitige axiale Beweglichkeit möglich.

3.15 Drehgestell der Diesellokomotive

China hat nacheinander 18 verschiedene Typen von Drehgestellen für Diesellokomotiven produziert. Die Drehgestelle sind meist für eine Höchstgeschwindigkeit von 100 km/h ausgelegt, manche für 120 km/h. Es wird die Zweisystemfederung mit hydraulischen Stoßdämpfern in großem Umfang eingesetzt. Bei der primären Federung werden Schraubenfedern an den Achslagergehäusen parallel mit hydraulischen Stoßdämpfern angeordnet. Bei der sekundären Federung finden Gummifedern Verwendung. Die Zugvorrichtung besteht aus einem Mehrhebelsystem und dem Drehzapfen, womit eine Zugkraftübertragung auf niedriger Lage verwirklicht wird. Die Gleitstücke sind in Sandwichbauweise aus Gummi und Metall hergestellt. Um einen freien Sinuslauf der Radsätze zu vermeiden und die kritische Geschwindigkeit der Drehgestelle zu erhöhen, sind die Achslagergehäuse/Lenkerstangen in Gummimetallgelenken am Drehgestellrahmen geführt. Für die Aufhängung des Fahrmotors der dieselelektrischen Lokomotive werden Tatzlager mit elastischer Abstützung auf Gummiunterlagen verwendet. Das Bremsgestänge ist für eine unabhängig wirkende Einzylinderbremse mit einseitigen Bremsklötzen und automatischem Gestängesteller für den Klotzspielraum ausgebildet. Der Bremswirkungsgrad kann über 90 % erreichen.

Der Achsstand bei den beiden achshalterlosen

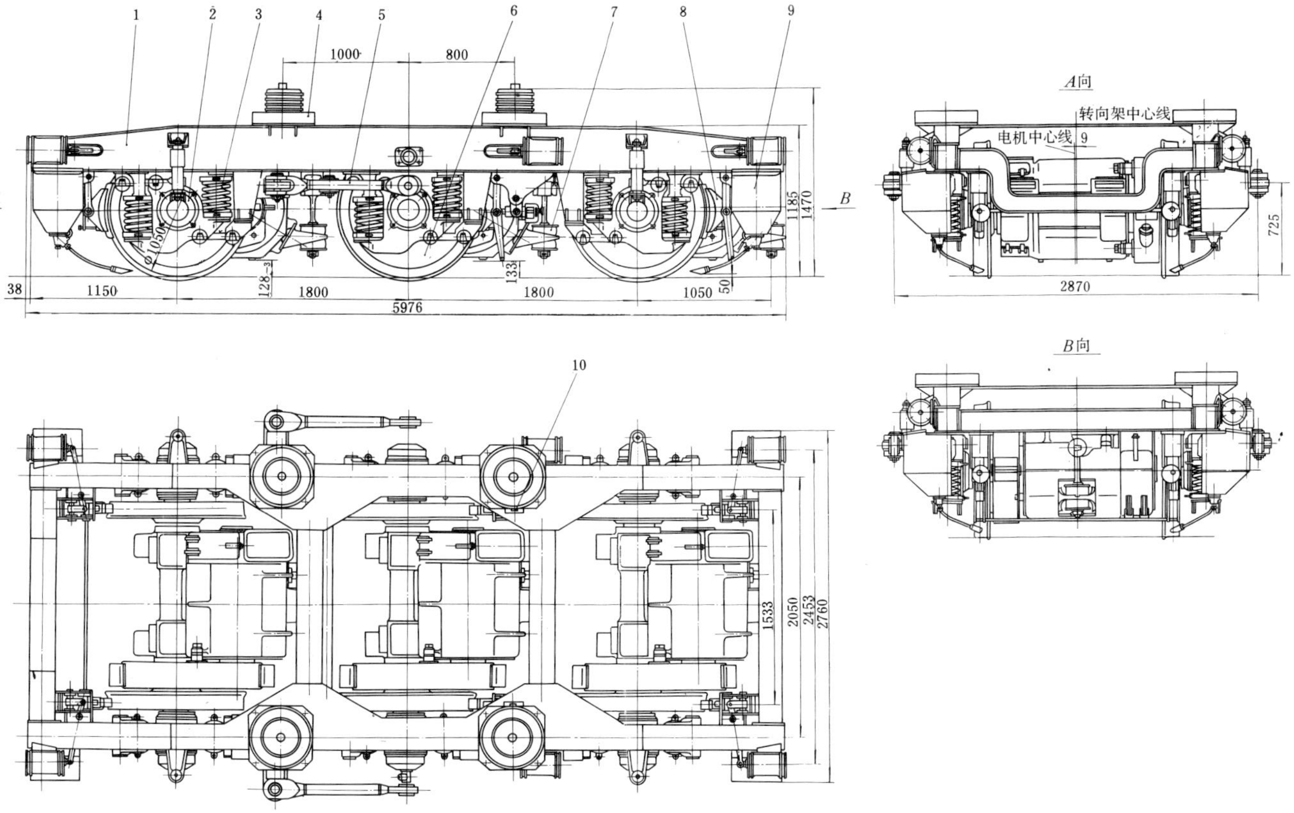

Drehgestell der Diesellokomotive Baureihe DF_4.

1 Rahmen
2 Achslager
3 Achsfeder
4 Kastenabstützung
5 Lenkerstange
6 Radsatz
7 Fahrmotor-Tatzlager
8 Klotzbremse
9 Sandkasten
10 Handbremsgestänge

zweiachsigen Drehgestellen der dieselhydraulischen Lokomotive, Baureihe Beijing, beträgt 2500 mm. Zur Verminderung der Radsatz-Querkräfte sind an den Enden der Achsen vorgespannte Gummifederelemente eingebaut worden, um axiale Elastizität zu erhalten. Die Vorspannkraft am Ende der Achse beträgt 1200–1800 kp; die Achsbegrenzungsanschläge für die seitlichen Gleitstücke sind einstellbar mit einem Spielraum von 0,5–1,2 mm. Das Reibungsdrehmoment jedes Gleitstücks erreicht 2300–3400 kp m. Der Abstand zwischen den Drehzapfen der Lok beträgt 8755 mm. Der Dämpfungsfaktor des Querschwingungsöldämpfers beträgt 135 kp·s/cm. Die Lokomotive hat gute Laufeigenschaften.
Um gute dynamische Eigenschaften der Lokomotive bei der Fahrt mit höherer Geschwindigkeit zu erzielen, wurden im Bereich der primären und sekundären Federung senkrechte Öldämpfer eingebaut. Unter der primären Federung wurden außerdem Gummiunterlagen eingelegt. Zwischen dem Lokomotivkasten und dem Drehgestell wurden aussen am seitlichen Gleitstück mit Ölbad-Gleitreibung quer angebrachte Öldämpfer eingebaut. Das Drehgestell besitzt Achslager mit Lenkerführungen am Rahmen, gehalten mit Metallgummigelenken. Eine Kupplung in tiefer Lage mit der Zughakenhöhe von 490 mm über SO verbindet beide Drehgestelle. Die Bremseinrichtung besteht aus doppelten Bremsklötzen aus Gußeisen und dem Gestängesteller.
Längerer Betrieb und dynamische Messungen haben bewiesen, daß die zur Zeit bei den chinesischen Diesellokomotiven verwendeten Drehgestelle grundsätzlich sicher und zuverlässig sind. Die Tabelle 3–14 zeigt die technischen Hauptangaben dieser Drehgestelle. In der Tabelle sind auch die Daten für importierte Lokomotiven mit gleicher Leistung dargestellt.

3.16 Die Hilfssysteme der Diesellokomotive

Am Beispiel der Lokomotive, Baureihe Beijing, werden verschiedene Hilfssysteme kurz erläutert.

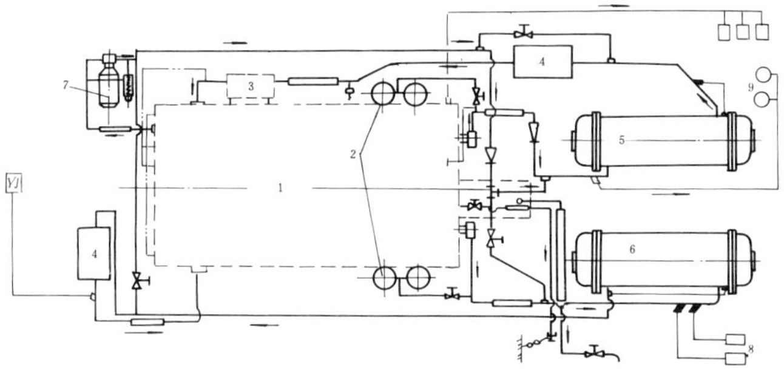

Motorölsystem der Lokomotive, Baureihe Beijing.

1 Dieselmotor
2 Zentrifugalfilter für das Motoröl
3 Motorölfilter
4 Motorölfilter
5 Wärmeaustauscher für das Motoröl
6 Wärmeaustauscher des Motoröls für die Kühlung der Kolben
7 Vorschmierpumpe für Motoröl
8 Öldruckwächter
9 Öltemperaturfühler
YJ-Druckrelais

3.16.1 *Kraftstoffanlage*

Dieses System besteht grundsätzlich aus dem Hauptbehälter für den Kraftstoff, dem Grobfilter, Kraftstoffpumpen-Motoraggregat und Kraftstoffvorwärmeeinrichtung.
Der Hauptbehälter für Kraftstoff ist eine Schweißkonstruktion aus Stahlblech. An beiden Seiten des Behälters ist je ein Kraftstoffstandanzeiger eingebaut. Außen ist der Behälter mit einer Polystyrolschaumkunststoffisolierung verkleidet. Die gesamte Kraftstoffüllung beträgt 5500 l.
Der Grobfilter ist ein Siebfilter. Zwischen den inneren und äußeren Siebplatten ist etwa 1 kg Fasereinlage von 60 Garn gelegt.
Die Kraftstoffpumpe ist eine Zahnradpumpe mit Außenverzahnung. Sie wird von einem Gleichstrommotor von 1 kW angetrieben. Die Drehzahl des Motors beträgt 3000 U/min, die Fördermenge 40 l/min.
Die Kraftstoffvorwärmer bestehen aus 295 nahe zusammen angeordneten Kupferrohren von 8 mm Durchmesser. Die Rohre sind vom Kraftstoff umhüllt und von heißem Wasser durchflossen.

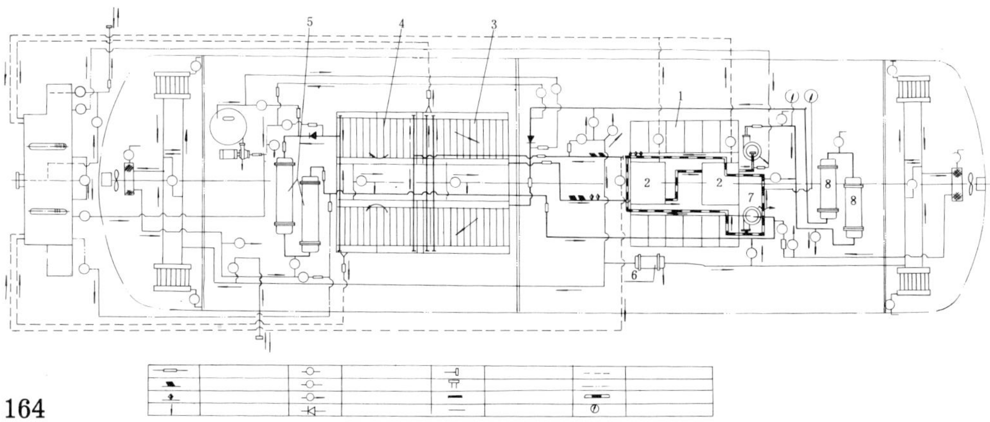

Wasserumlaufsystem der Lokomotive, Baureihe Beijing.

1 Dieselmotor
2 Ladeluftkühler
3 Kühler für Nebenkreis (tiefere Temperatur)
4 Kühler für Hauptkreis (höhere Temperatur)
5 Wärmeaustauscher für Getriebeöl
6 Kraftstoffvorwärmer
7 Pumpe für Hauptkreis
8 Wärmetauscher für Motoröl

3.16.2 *Motorölsystem*

Die Hilfspumpe für Motoröl ist eine Zahnradpumpe mit Außenverzahnung und wird von einem Gleichstrommotor von 2,2 kW angetrieben. Die Drehzahl beträgt 3000 U/min, die Fördermenge 60 l/min.
Der Wärmeaustauscher für Motoröl besteht aus in Reihe angeordneten Rohren, deren Kernstück aus 955 Rohren von 8 mm Durchmesser zusammengeschweißt ist. Durch die Rohre fließt das Kühlwasser, und um die Rohre zirkuliert das Motoröl.
Die Elemente des Motorölfeinfilters bilden Kupfersiebe mit 200 Maschen/cm². Je zwölf solcher Siebe und ein Permanent-Magnetabscheider bilden einen Satz, und in jedem Filter sind sechs Sätze eingelegt. Überschreitet der Widerstand im Filter 2 + 0,2 kp/cm², öffnet sich das Sicherheitsventil, und das Motoröl fließt durch den Bypaß.
Die Filtereinlage ist ein pulverförmiges metallurgisches Produkt, durch dessen Spaltöffnungen die Filterwirkung erzielt wird. Jeder Feinfilter besitzt zwei Sätze von Filtereinlagen mit 32 Filterbausteinen je Einlage. Die Filterfläche jedes Elements beträgt 85 cm², die Filtrierfeinheit 37 µm.
Das Motorölleitungsschema zeigt die Anordnung. Die Motorölleitungen unterteilen sich in zwei unabhängige Kreisläufe, und zwar in den Schmierölkreislauf und den Kühlölkreislauf. Beide Kreisläufe werden jeweils von einer Ölpumpe am Dieselmotor mit Öl versorgt. Im Schema oben ist der Schmierölkreislauf und unten der Kühlölkreislauf dargestellt. Außerdem ist noch ein Hilfskreislauf vorhanden mit folgenden Aufgaben: 1. den Dieselmotor mit Öl vor dem Anlassen vorzuschmieren; 2. das Motoröl im Winter vorzuwärmen; 3. den Filter zu reinigen und das Öl aus den Leitungen zurück in die Ölwanne zu saugen.

3.16.3 *Luftansaugsystem*

Für die Lokomotive, Baureihe Beijing, ist eine zweistufige Reinigung der Verbrennungsluft mit Grobfilter und Feinfilter vorgesehen.
Der Grobfilter ist ein zentrifugal wirkender Zyklonfilter. Mit Hilfe der verwundenen Schaufeln im Zyklon wird der Ansaugluftstrom gedreht, was zu einer Schleuderbewegung führt, und somit die Staubteilchen abgeschieden.

Der Feinfilter ist von nassem Typ. Jeder Feinfiltersatz besteht aus drei Filtereinlagen. Die Filtereinlagen sind mit Motoröl getränkt, so daß eine bestimmte Menge Motoröl im Filtersieb gespeichert wird. Die Luft wird durch die Haftwirkung des Motoröls auf Schmutzteilchen gereinigt.
24 Grobfilter und sechs Feinfiltersätze werden in das Filtergehäuse eingelegt und mit Schrauben an der Seitenwand des Lokomotivkastens befestigt.

3.16.4 *Kühl-, Vorwärme- und Heizsystem*

Die Wasserkreise dieses Systems sind schematisch dargestellt.

Jede Lokomotive ist mit 52 Kühlerteilblöcken ausgerüstet, davon gehören 24 Teilblöcke zum Hochtemperatursystem (Hauptkreis) und 26 Sätze zum Tieftemperatursystem (Nebenkreis für die Ladeluftkühlung des Dieselmotors). Außerdem sind zwei Teilblöcke für das Kühlen des Betriebsöls für die Ventilatorenkupplung bestimmt. Die Kühlfläche eines Teilblockes beträgt 27,1 m^2. Beide Kühlventilatoren sind gleich ausgeführt als Axialventilator mit acht Schaufeln. Der Durchmesser des Flügelrads beträgt 1500 mm, die Nenndrehzahl 1400 U/min, der Luftdurchsatz 46 m^3/s, der Leistungsbedarf 56,3 kW bzw. 76,5 PS.
An den Seitenwänden und auf dem Dach des Kühlerraums der Lokomotive befinden sich Jalousien. Die Jalousien sind mit Druckluftzylindern ausgerüstet, die abhängig von der Kühlwassertemperatur automatisch die Jalousien öffnen oder schließen.
Ein Wasserrohrkessel mit Ölfeuerung dient zur Vorwärmung und Warmhaltung des Kühlwassers.

3.16.5 *Getriebeölsystem*

Das Kernstück dieses Systems ist der Ölwasserwärmetauscher. An seiner Ölzufuhrleitung ist ein Fühler für das elektrische Temperaturmeßgerät angebracht, das dem Lokführer die Temperatur des Getriebeöls anzeigt. Wird die Lokomotive mit der hydrodynamischen Bremse ausgerüstet, muß dafür noch ein Wärmetauscher hinzugefügt werden.

3.16.6 *Bremsluftsystem*

Die Luft für die Druckluftbremse wird von einem Dreizylinderkompressor, Typ NPT, mit zweistufiger Verdichtung beschafft. Der Kompressor wird von einem Gleichstrommotor, Typ Z_2-82, angetrieben. Die angesaugte Luftmenge bei Nenndrehzahl beträgt 2,4 m^3/min. Zwei Hauptluftbehälter mit je 500 l dienen zum Speichern der Druckluft.
An jeder der vier Ecken des Drehgestells der Lokomotive ist ein Sandkasten angebracht. Die Sandfüllung eines Kastens beträgt 50 kg.
Die Druckluft aus dem Hauptluftbehälter für die Leistungssteuerung strömt über ein Reduzierventil, das den Luftdruck bis 6 kp/cm^2 herabsetzt, in den Steuerluftbehälter, wo sie gespeichert wird. Von hier aus werden die Stellgeräte für Drehzahlregler des Dieselmotors und Gangwechselanlage des hydraulischen Getriebes mit Druckluft versorgt.

3.16.7 *Führerraum*

Die Seitenwände, die Trennwand und das Dach des Führerraums sind mit Polystyrolschaumkunststoff gefüllt. Die Oberfläche ist mit Aluminiumlochblech bedeckt, um gegen Geräusch und Hitze zu isolieren. Für den Sommer ist ein Lüfter vorgesehen, um die Temperatur zu senken. Für die Heizung im Winter sind ein Warmluftgebläse und Heizwasserleitungen eingebaut. Im Raum befindet sich außerdem ein elektrischer Speisen- und Getränkewärmer.

3.16.8 *Elektrische Anlage*

Bei den Dieselloks wird eine einheitliche Bordnetzspannung von 110 V Gleichstrom verwendet. Die Stromversorgung erfolgt aus Bleibatterie und Startergenerator, dessen Leistung je nach Baureihe verschieden ist: z. B.

Baureihe	DFH.3	BJ	DF.4
kW	23	56	80

Überwacht werden die Betriebsdaten
- Motorkühlwassertemperatur
- Abgasturbolader-Kühlwassertemperatur
- Motoröldruck
- Kolbenkühlöldruck
- Getriebeöltemperatur

3.17 Die Gasturbinenlokomotiven in China

Wie die Dampfmaschine und der Verbrennungsmotor kann die Gasturbine auch für die Zugförderung bei der Eisenbahn verwendet werden. Im Jahre 1969 hat China eine Gasturbinenlokomotive mit elektrischer Kraftübertragung von 3000 PS probeweise entwickelt und als Baureihe Cheng Zheng Nr. 001 (CZ1) bezeichnet. Daten der Lokomotive: Achsfolge Co-Co, Gesamtgewicht 134,5 t, Gesamtlänge 20,71 m, Durchmesser der Treibräder 1050 mm, Höchstgeschwindigkeit 100 km/h. Die Lokomotive ist mit einer Gasturbine Typ 65-2.2 B-1 mit offenem Kreislauf in Einwellenbauart ausgerüstet. Die Nenndrehzahl der Gasturbine beträgt 6700 U/min. Bei der Lokomotive wird eine elektrische Kraftübertragung AC/DC verwendet, die aus einem Drehstromsychron-Hauptgenerator Typ TQFR-3000 und 6 Fahrmotoren Typ ZQDR-305 besteht.
Im Jahre 1972 hat diese Lokomotive 13 000 km zurückgelegt und einen Güterzug von 3316 t befördert. Die Geschwindigkeit am oberen Ende der Steigung von 9 % betrug 25 km/h.
Im Jahre 1977 wurde die Gasturbinenlokomotive Baureihe Cheng Zheng-2 (CZ2) probeweise entwickelt. Das Lokomotivgewicht wurde auf 138 t erhöht. Die Nennleistung der Gasturbine beträgt 4500 PS, die Drehzahl 7900 U/min. Bei der elektrischen Übertragung der Lokomotive wurde wieder der Hauptgenerator Typ TQFR-3000 verwendet, während als Fahrmotoren der Typ ZQDR 410 gewählt wurde.
Gegenwärtig ist das Forschungsthema „Gasturbine für Zugförderung" bei der chinesischen Eisenbahn immer noch im Gange.

4 Die elektrische Lokomotive

4.1 Die elektrische Lokomotive, Baureihe SS_1 – Beginn der Herstellung elektrischer Lokomotiven in China

Die chinesische Lokomotivbauindustrie begann im Jahre 1957 mit der Herstellung der ersten elektrischen Lokomotive. Die Lokomotivfabrik Zhu Zhou, welche ein Ausbesserungswerk für Dampflokomotiven war, wurde beauftragt, probeweise Elloks herzustellen. In Zusammenarbeit mit dem Elektromotorenwerk Xiang Tang des Maschinenbauministeriums wurde im Jahre 1959 die erste elektrische Streckenlokomotive entwikkelt mit der Bezeichnung Shau Shan (SS), damals auch Baureihe 6 Y 1 (6 – Zahl der Achsen, Y – Ignitrongleichrichter, 1 – die Konstruktionsfolgenummer). Es war die Prototyplokomotive der Baureihe SS_1. Im Jahre 1960 folgte die Prototyplokomotive Nr. 2, die ebenfalls von der Lokomotivfabrik Zhu Zhou probeweise gebaut wurde. Beide Lokomotiven wurden in demselben Jahr auf der Strecke Baoji–Fenzhou, die eben für den elektrischen Zugbetrieb eröffnet wurde, eingesetzt. Die Prototyplokomotive hatte eine Dauerleistung von 3410 kW bzw. eine Stundenleistung von 3900 kW, eine Höchstgeschwindigkeit von 100 km/h und eine Fahrmotorleistung von 650 kW. Von 1961 bis 1967 wurden insgesamt sieben Lokomotiven von dieser verbesserten Baureihe SS_1 probeweise hergestellt. Zum ersten Mal bekam die Lokomotive Nr. 7 zum Erprobungszweck eine Widerstandsbremse mit einer Leistung von 2800 kW. Außerdem wurden an dieser Lokomotive ein vierpoliger Fahrmotortyp von 700 kW Leistung mit Kompensationswicklung und ein Halbscherenstromabnehmer, der eine bessere Stromabnahme sowie bessere Hub- und Senkeigenschaften besaß, eingebaut. Inzwischen wurden Leistungssiliziumgleichrichter untersucht, und an der Lokomotive Nr. 4 wurde der Ignitrongleichrichter durch Siliziumgleichrichter zur Erprobung ersetzt. Nach erfolgreichen Versuchen und Verbesserungen wurde der Bau der Lokomotive, Baureihe SS_1, in Kleinserienproduktion begonnen. Damit schloß der zehn Jahre andauernde Prototypbau ab. Nachdem mit der Lokomotiv-Baureihe SS_1 ab Nr. 8 die Kleinserienproduktion begonnen hatte, wurde im Verlauf der Produktion und des Betriebes an der Lokomotive drei wichtige technische Verbesserungen durchgeführt, die die Lokomotive zur technischen Reife führten. Diese Verbesserungen sind:

4.1.1 Die 1968–1971 an den Lokomotiven, Baureihe SS_1, Nr. 8–60, unternommenen ersten technischen Verbesserungen sind hauptsächlich: Verwendung des 700-kW-vierpoligen Mischstromfahrmotors mit Kompensationswicklung; Erhöhung der Stundenleistung von 3900 kW der Prototypen auf 4200 kW; Verwendung von Leistungssiliziumdioden (200 A/1200 V) für die Gleichrichteranlage mit Mittelpunktschaltung, wodurch man auf Ignitrons verzichten konnte und die Verwendung einer Widerstandsbremse mit einer Leistung von 2800 kW und zweiseitiger pneumatischer Klotzbremse mit kombiniertem Hebelsystem. Es wurden insgesamt 53 solche Lokomotiven hergestellt, die erst nach 1,2 Mio. Laufkilometern die Generalüberholung im Ausbesserungswerk benötigten.

4.1.2 Die 1971–1975 an den Lokomotiven, Baureihe SS_1, Nrn. 61–130, vorgenommenen zweiten technischen Verbesserungen sind hauptsächlich: Verwendung einer Halbleiter-Umschaltanlage anstatt der Umschaltdrossel, um bei allen 33 Fahrstufen ökonomisch fahren zu können. Außerdem wurde das lichtbogenfreie Schalten des Stufenschalters realisiert. Einsatz eines 6300-kVA-Transformators neuer Konstruktion anstatt des 5600-kVA-Transformators; Verwendung eines Regeltransformators für die Fremderregung der elektrischen Widerstandsbremse, was die Bremsleistung von 2800 kW auf 3200 kW erhöhte und die Bremseigenschaft verbesserte; Verwendung von Siliziumdioden noch größerer Leistung (300 A/1400 V), so daß die Diodenzahl pro Lokomotive von 448 auf 280 reduziert werden konnte; Einsatz

eines Spannungsstabilisators mit halbgesteuerter Thyristorbrücke und 48 V Ausgangsgleichspannung anstatt des Motor-Gleichstromgenerator-Aggregates für die Steuerstromversorgung der Lokomotive. Es wurden insgesamt 70 Lokomotiven dieser Bauart hergestellt.
4.1.3. Die 1976–1980 an den Lokomotiven, Baureihe SS_1, Nrn. 131–220, unternommenen dritten technischen Verbesserungen sind hauptsächlich: Vereinfachung des Hauptstromkreises mit 33 Fahrstufen; Wegfall der Halbleiter-Umschaltanlage und Verwendung von Doppel-Einphasenvollweggleichrichterschaltung sowie Verwendung von Hochleistungsdioden (500 A/2000 V), wodurch die Diodenzahl pro Lokomotive weiter auf 108 reduziert wurde; Verwendung von anschnittsgesteuertem Thyristorerregergleichrichter, der der elektrischen Widerstandsbremse Erregerstrom liefert; Verwendung eines Spannungsstabilisators mit halbgesteuerter Thyristorbrücke und 110 V Ausgangsgleichspannung für die Steuerstromversorgung der Lokomotive, so daß die Steuerspannung Normwerten entspricht; Anwendung von einseitiger Einzylinder-Klotzbremse; Verwendung der Primärfederung mit Schraubenfeder-Ausgleichhebeln und zusätzlichen hydraulischen Dämpfern; Einführen der kompletten Anordnung der Komponenten neuer Konstruktion. Es wurden insgesamt 90 Lokomotiven in dieser Bauart hergestellt.
Die Lokomotiven ab Nr. 221, die im Jahre 1980 gebaut wurden, sind Typenlokomotiven der Baureihe SS_1, an denen die drei vorgenannten technischen Verbesserungen durchgeführt wurden. Sie weisen gegenüber den Lokomotiven, Nrn. 131–200, technisch keine wesentlichen Unterschiede auf. Nur die großflächigen Jalousien mit Wolle-Palmenfaser-Schwammfilter, die neuartigen Hilfsmotoren und der Steuerschrank neuer Konstruktion geben den Lokomotiven bessere Eigenschaften. Die Entwicklung der Lokomotive, Baureihe SS_1, vom Prototyp bis zur Typisierung hatte 20 Jahre in Anspruch genommen.
Die Lokomotive, Baureihe SS_1, nach der Typisierung, ist eine sechsachsige Personen- und Güterzuglokomotive für den Streckendienst. Die Geschwindigkeit der Lokomotive wird durch ein Niederspannungsstufenschaltwerk mit 33 Fahrstufen geregelt. Um auf langen Gefällen mit konstanter Geschwindigkeit fahren zu können, wurde bei der Lokomotive, Baureihe SS_1, die Widerstandsbremse verbessert. Der Erregerstrom für diese Bremse wird mittels einer thyristorgesteuerten Erregeranlage stetig geregelt. Nachdem der Reihenschluß-Fahrmotor in einen fremderregten Generator umgeschaltet ist, können die Bremskraft und die Fahrgeschwindigkeit bei der Gefällefahrt geregelt werden.

Die Lokomotive, Baureihe SS_1, ist mit einem elektropneumatischen Bremssystem, Typ DK-1, ausgerüstet. Im Vergleich mit der herkömmlichen Druckluftbremse besitzt die Bremse, Typ DK-1, bessere Eigenschaften und höhere Wirtschaftlichkeit.
Die Hauptangaben der Lokomotive, Baureihe SS_1, sind:

Stromsystem	
Einphasenwechselstrom	50 Hz
Fahrdrahtspannung (Nennwert)	25 kV
Achsfolge	Co'-Co'
Achslast	23 t
Gesamtgewicht	138 t ± 3 %
Raddurchmesser (neu/halbabgenutzt)	1250/1200 mm
Fester Achsstand des Drehgestells	4600 mm
Gesamtachsabstand der Lokomotive	15 000 mm
Länge über Kupplungen	20 368 mm
Höhe über SO (beim gesenkten Stromabnehmer)	4740 mm
Getriebeart	
zweiseitige Getriebe mit Schrägverzahnung (Übersetzungsverhältnis 88/19 = 4,63)	
Lokomotivleistung	
(Dauerbetrieb)	3780 kW
(Stundenbetrieb)	4200 kW
Zugkraft am Radumfang	
(Dauerbetrieb)	30,7 t
(Stundenbetrieb)	35 t
(maximal)	49,7 t
Geschwindigkeit	
(Dauerbetrieb)	44 km/h
(Stundenbetrieb)	43 km/h
Höchstgeschwindigkeit	90 km/h
Leistung der Widerstandsbremse	3500 kW
Max. Bremskraft	34 t
bei einer Geschwindigkeit von	37,6 km/h
Art der Steuerung:	
Niederspannungsstufenschaltwerk mit Umschaltdioden, 33 Stufen	

Art der Gleichrichtung:
Doppel-Einphasenvollweggleichrichter mit Siliziumdioden, Diodenbezeichnung Zp 500-20, 108 Stück pro Lokomotive

Fahrmotor	
Nennspannung	1500 V
Leistung (Dauer/Stunden)	630/700 kW
Strom (Dauer/Stunden)	450/500 A
Drehzahl (Dauer/Stunden)	900/875 U/min
maximale Drehzahl	1835 U/min
Motoraufhängung	Tatzlager
Druckluftbremssystem	Bremse, Typ JZ-7 bzw. DK-1
Bremse	8″ × 3,5 Einzylinder-Klotzbremse
Kompressor-Fördermenge	2 × 2,3 m^3/min
Hauptbehältervolumen	1224 l
Gesamtvolumen der Sandkästen	0,8 m^3

Inzwischen ist die Lokomotive, Baureihe SS_1, zur Hauptbauart der Chinesischen Eisenbahn für elektrische Zugförderung geworden. Die in Serien gebaute Lokomotive wurde auf dem Versuchsring der Akademie für Eisenbahnwissenschaften geprüft.
Bereits über 400 Lokomotiven der Baureihe SS_1 sind von der Lokomotivfabrik Zhu Zhou gebaut. Diese Lokfabrik ist zu einer komplexen und spezialisierten Lokomotivfabrik, die eine Kapazität von 100 Lokomotiven pro Jahr aufweist, entwikkelt worden. Sie ist auch die einzige Basis der chinesischen Lokomotivbauindustrie für elektrische Lokomotiven. Sämtliche Bauteile für die in Serien gebauten elektrischen Lokomotiven werden in heimischen Werken hergestellt.

4.2 Die Prototyplokomotive der Baureihe SS_3

Um den Bedarf an elektrischen Lokomotiven großer Leistung für die elektrifizierten Strecken zu decken, wurden im Jahre 1969 von der Lokomotivfabrik Zhu Zhou und der Versuchsanstalt für elektrische Lokomotiven Zhu Zhou gemeinsam die Lokomotive, Baureihe SS_2, entwickelt. Die Lokomotive ist ausgerüstet mit Hochspannungsstufenschalter, Manteltransformator, einseitigem Achsantrieb mit gefederten Zahnrädern und Drehgestellseitenträger mit gleicher Festigkeit. Im Streckenbetrieb hatte es sich gezeigt, daß die Eigenschaften der Lokomotive den Anforderungen des Lastenheftes entsprechen. Wegen oft vorkommender Störungen am Hochspannungsstufenschalter und an den Fahrmotoren sowie wegen der Schwierigkeiten bei der Herstellung der gefederten Zahnräder wurde jedoch nur ein Stück der Lokomotive, Baureihe SS_2, gebaut. Im Jahre 1979 wurde eine verbesserte Prototyplokomotive, Baureihe SS_3, entwickelt. Nach wiederholten und strengen Prüfungen und zweijährigem Erprobungsbetrieb hat die Lokomotive 1982 die technische Begutachtung bestanden. Nach Verbesserungen und Prüfungen im Jahre 1983 ging die Lokomotive 1984 in Prototypproduktion. 1985 begann die Kleinserienproduktion von 15 Lokomotiven. Nach dem Abschluß der Vorbereitungsarbeiten seitens Technologie und Fertigung wird die Serienproduktion der Lokomotive SS_3 beginnen. Diese Lokomotive wird später eine der Haupttypen für die chinesischen elektrifizierten Strecken sein.

Lokomotive, Baureihe SS_1, vor einem Zug, fährt auf einer Bergstrecke.

Die Hauptdaten der Lokomotive, Baureihe SS_3, sind:

Stromsystem	Einphasenwechselstrom 50 Hz
Fahrdrahtspannung (Nennwert)	25 kV
Achsfolge	Co'-Co'
Achslast	23 t
Gesamtgewicht	138 t ± 3 %
Fester Achsstand des Drehgestells	2300 + 2000 mm
Gesamtachsabstand der Lokomotive	15 800 mm
Länge des Lokomotivkastens	20 200 mm
Breite des Lokomotivkastens	3100 mm
Länge über Kupplungen	21 680 mm
Höhe über SO (bei gesenktem Stromabnehmer)	4700 mm
Lokomotivleistung	
(Dauer)	4320 kW
(Stunden)	4800 kW
Zugkraft	
(Dauer)	32,4 t
(Stunden)	36,4 t
(maximal)	49 t
Geschwindigkeit	
(Dauer)	48 km/h
(Stunden)	47,2 km/h
Höchstgeschwindigkeit	100 km/h
Leistung der Widerstandsbremse	4000 kW
Max. Bremskraft bei einer Geschwindigkeit von	30,8 t 47,8 km/h und 23,9 km/h
Geschwindigkeitsverhältnis bei konstanter Leistung	> 1,33

Bei der Lokomotive, Baureihe SS_3, wurden Leistungsgleichrichterbrücke, Stufenschalter und Thyristorschaltung mit Anschnittsteuerung für die stetige Spannungsregelung zwischen acht Stufen gewählt. Konstantstromregelung und Spannungsbegrenzung ermöglichen der Lokomotive stufenlose Spannungs- und Geschwindigkeitsregelung, sanftes Anfahren und große Beschleunigung, was eine gute Ausnutzung der Lokomotivleistung ermöglicht. Da die Steuerung die Eigenschaften der 8-Stufen-Anschnittsteuerung besitzt, wird der Leistungsfaktor der Lokomotive verbessert und Beeinflussungen an Fernmeldeanlagen verringert. Die Leistungsdioden und Thyristoren sowie andere Bauteile wurden in den letzten Jahren in China entwickelt.

Die Lokomotive, Baureihe SS_3, hat einen als Fachwerkkonstruktion ausgebildeten Lokomotivkasten, zwei unabhängige dreiachsige Drehgestelle, Drehzapfenzugvorrichtung, Schraubenfedern als Primärfederung und Gleitstücke mit Silentblock als Sekundärfederung, zweiseitigen Achsantrieb mit Schrägverzahnung, ein Übersetzungsverhältnis von 87:20 = 4,35, zweiseitige Klotzbremse mit Einzelzylinder und automatischem Gestängesteller, großflächige Jalousien mit Wolle-Palmenfaser-Schwammfilter. Die Innenausrüstungen sind diagonalsymmetrisch im Maschinenraum angeordnet. Die Ausrüstungen werden kombiniert montiert. Zwei durchgehende Seitengänge ermöglichen leichte Montage, Wartung und Bedienung der Anlagen; zwei Stirnführerstände bieten eine gute Aussicht und bequeme Bedienung; der Geräuschpegel im Führerraum erreicht nur 73 dB (A); die Lokomotive verwendet die elektropneumatische Bremse, Typ DK-1, die eine einfache Bedienung und gute Zuverlässigkeit bietet. Die Belüftung ist in drei Systeme geteilt, nämlich die Fahrmotorenbelüftung, die Bremswiderstandsbelüftung und die Traktionstransformatorbelüftung. Da der Haupttransformator eine eigene Belüftung besitzt, ist die Wärmeabfuhr besser als die bei der Lokomotive, Baureihe SS_1.

Die elektrischen Schaltkreise der Lokomotive, Baureihe SS_3, werden ebenfalls in Hauptstromkreis, Hilfsstromkreis und Steuerstromkreis unterteilt, die durch elektromagnetische, elektropneumatische und mechanische Antriebe miteinander verbunden sind. Gegenüber der Lokomotive, Baureihe SS_1, sind in der Lokomotive, Baureihe SS_3, elektropneumatische Schütze eingebaut. Wenn der Fahrstromkreis außer Betrieb ist, schalten die Schütze aus, so daß alle sechs parallelgeschalteten Fahrmotoren voneinander getrennt werden, wodurch Kommutator-Rundfeuer bei unsachgemäßer Handhabung durch den Lokführer vermieden werden kann. Bei Ausfall eines Fahrmotors kann er abgetrennt werden, was die Zuverlässigkeit der Lokomotive verbessert. Im Regelsystem der Konstantstrom-Spannungsbegrenzung wird Parallelsteuerung verwendet, so daß zwischen Steuerstrom und -spannung keine gegenseitige Störung entsteht. Um eine sichere Arbeit der Steuerelektronik zu gewährleisten, sind die Steckkarten im Steuerstromkreis doppelt ausgerüstet, d. h., es sind zwei Sätze A und B vorhanden. Mit Hilfe eines Umschalters wird ein

Satz in den Arbeitszustand gebracht, während der andere als Reserve dient. Für die Steuergeräte werden hochfrequente Kettenimpulse für das Zündsystem verwendet. Der Zündimpuls jedes Thyristors erreicht 700–750 mA, was eine sichere Arbeit des Thyristors gewährleistet. Im Fahrbetrieb werden die sechs Fahrmotoren parallelgeschaltet und vom Siliziumgleichrichter zentral gespeist. Die grobe Spannungssteuerung erfolgt durch einen Stufenschalter mit acht Stufen, und die Feinregelung zwischen den Stufen wird durch Thyristoranschnittsteuerung realisiert. Bei Benutzung der dynamischen Bremse arbeiten die Fahrmotoren als Generatoren, alle Feldwicklungen werden in Reihe geschaltet und vom Siliziumgleichrichter mit Erregerstrom gespeist. Dabei wird der Stufenschalter auf Stufe 1 gestellt und der Erregerstrom durch Thyristoranschnittsteuerung geregelt. Darüber hinaus wurde die Lokomotive, Baureihe SS_3, mit einem Zusatzbremswiderstand ausgerüstet, so daß auch im niedrigen Geschwindigkeitsbereich (20 km/h) eine große Bremskraft erzielt werden kann. Für den Hilfsstromkreis der Lokomotive, Baureihe SS_3, dienen zwei Arnoumformer für die Ein-/Dreiphasen-Umformung. Die Hilfsmaschinen verwenden Drehstromsynchronmotoren, die mit einzelnen Überstromschützen und Zifferanzeige ausgerüstet sind. Im Hauptstrom- und Hilfsstromkreis sind Überspannungs-, Überstrom-, Erdungs- und Nullspannungsschutzgeräte eingebaut. Die Schutzwirkung erfolgt durch Betätigung des Hauptschalters und wird numerisch angezeigt.

4.3 Die achtachsige Gelenklokomotive, Baureihe SS_4

In China ist es erforderlich, die Achszahl der Lokomotive zu erhöhen, um die Zugkraft der Einzellokomotive besser auszunutzen. In der «Berechnungsvorschrift für Zugbeförderung» sind die Haftwerte für Anfahr- und Zugbetrieb der Lokomotiven, Baureihe SS_1, mit 0,36 bzw. 0,26 festgelegt. Diese Werte überschreiten die normalen Werte für Wechselstromlokomotiven in Europa, was bei Zugbetrieb auf Bergstrecken übermäßige Spurkranzabnutzung und oft auftretendes Schleudern zur Folge hat. Es ist deshalb unzweckmäßig, die Leistung und die Zugkraft am Radumfang weiter zu erhöhen. Um das Problem

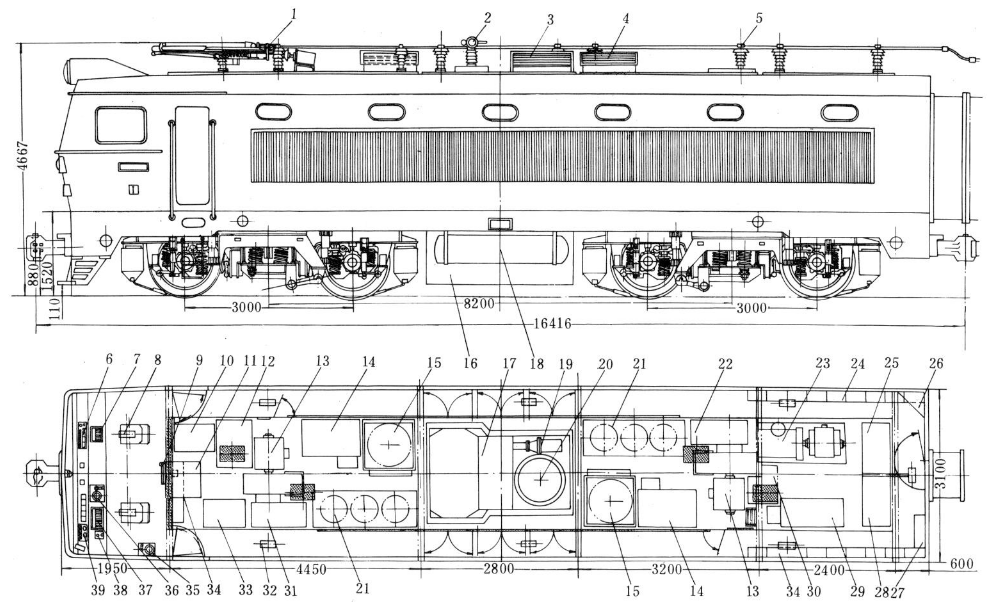

1 Stromabnehmer
2 Hauptschalter
3 Lufteintrittsjalousie für den Haupttransformatorlüfter
4 Luftaustritt für Bremswiderstandslüfter
5 Isolator
6 Instrumentenbrett auf dem Beifahrerpult
7 Drucktastengruppe auf dem Beifahrerpult
8 Führerraumbeleuchtung
9 Handrad der Handbremse
10 Schrank für die Stromversorgungsanlage
11 Klimaanlage
12 Phasenspalter und Kondensatorenschrank
13 Radiallüfteraggregat
14 Hochspannungsschrank I, II
15 Bremswiderstandsschrank
16 Haupttransformatorkasten
17 Kombination von Haupttransformator und Glättungsdrossel
18 Hauptluftbehälter
19 Ölumlaufpumpe des Haupttransformators
20 Haupttransformatorlüfteraggregat
21 Hauptgleichrichterschrank
22 Shuntdrosselschrank
23 Kompressoraggregat
24 Batterien
25 Niederspannungsgeräteschrank 1
26 Werkzeugschrank
27 Klemmbrett für Mehrfachtraktion
28 Niederspannungsgeräteschrank 2
29 Bremsgerüste
30 Schrank für Signal und Fernmeldanlagen
31 Steuerschrank für Widerstandsbremse
32 Seitengangbeleuchtung
33 Steuerschrank für Zugbetrieb
34 Klemmbrett
35 Fahrschalter für den Rangierbetrieb
36 Fahrschalter
37 Drucktastengruppe am Führerpult
38 Steuergeräte für elektropneumatische Bremse
39 Elektrische und pneumatische Anzeigegeräte auf dem Führerpult

Schema der achtachsigen Lokomotive, Baureihe SS_4.

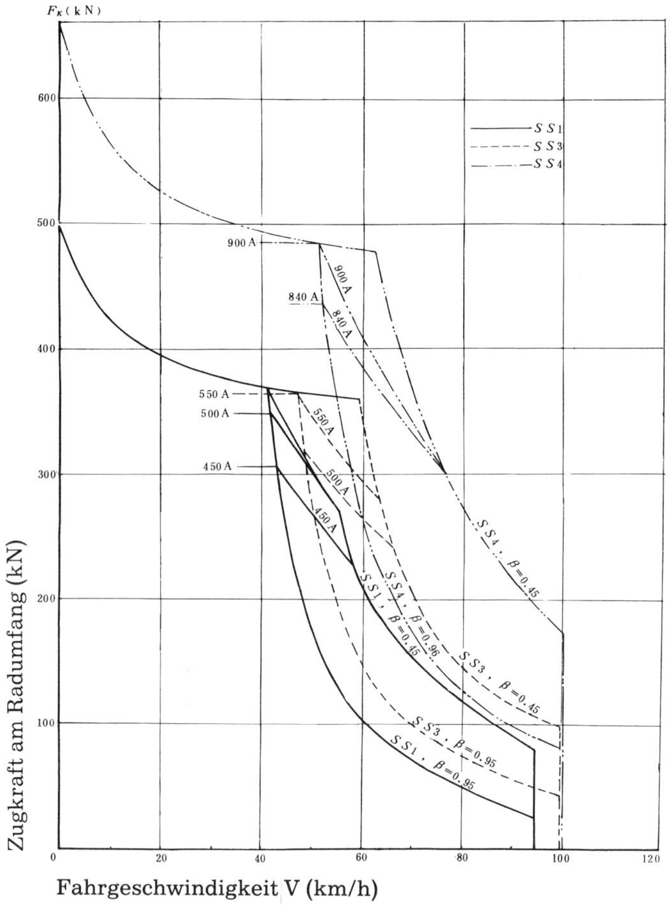

Zugkraftkennlinien der Lokomotive, Baureihe SS_1, SS_3, SS_4. (Die Kennlinien für die Lokomotive, Baureihe SS_4, sind nach Berechnungswerten dargestellt.)

wirksam zu lösen, ist es erforderlich, die Achszahl von sechs auf acht zu erhöhen und die Achsfolge Co′-Co′ entsprechend durch Bo′-Bo′ + Bo′-Bo′ zu ersetzen. Nach reiflicher Überlegung wurde im Jahre 1982 entschieden, eine achtachsige Gelenklokomotive, Baureihe SS_4, zu entwickeln. Der Prototyp dieser Lokomotive wurde 1986 fertiggestellt. Die Lokomotive soll nicht nur dem Zugbetrieb auf Bergstrecken mit kleinem Kurvenradius (min. 300 m), sondern auch der Bespannung von Schwerlastzügen auf ebenen Strecken gewachsen sein. Sie soll später die Haupttraktion für Schwergüterzüge über 5000 t übernehmen.

Gegenüber den Lokomotiven, Baureihe SS_1 und SS_3, weist die Lokomotive, Baureihe SS_4, einige neue Merkmale in der Gesamtanordnung, im Hauptstromkreis, im Zugkraftverhalten und in der Steuerung auf.

Die Lokomotive, Baureihe SS_4, besteht aus zwei ganz gleichen mit der Kupplung verbundenen vierachsigen Lokomotiveinheiten mit je einem Führerraum. Die Maschinenräume sind nach der chinesischen Tradition mit beiderseitigen durchgehenden Seitengängen ausgeführt, und die Ausrüstungen sind diagonalsymmetrisch angeordnet, was eine gute Gewichtsverteilung und Zugänglichkeit für die Wartung ermöglicht. Die wichtigen Anlagen sind zwischen den Seitengängen in fünf Gruppen aufgeteilt, nämlich der Führerstand, die Maschinenräume 1 und 2, die Transformatorkabine und der Hilfsmaschinenraum. Zwischen den beiden Lokomotiveinheiten ist ein Übergang vorhanden. Die Hauptdaten der Lokomotive, Baureihe SS_4, sind:

Stromsystem	
Einphasenwechselstrom 50 Hz	
Fahrdrahtspannung (Nennwert)	25 kV
Achsfolge	Bo′-Bo′ + Bo′-Bo′
Achslast	23 t
Gesamtgewicht	184 t ± 3 %
Kastenaufbau	
Zwei verbundene Lokomotiveinheiten mit je einem Führerraum	
Länge einer Lokeinheit	15 400 mm
Lokomotivkastenbreite	3100 mm
Länge über Kupplung	32 832 mm
Höhe über SO (bei gesenktem Stromabnehmer)	4500 mm
Fester Achsstand des Drehgestells	3000 mm
Leistung der Lokomotive (Dauer)	6400 kW
Zugkraft	
(Dauer)	44 t
(max.)	64 t
Dauergeschwindigkeit	52 km/h
Höchstgeschwindigkeit	100 km/h
Leistung der Widerstandsbremse	5570 kW
Max. Bremskraft	37 t
bei einer Geschwindigkeit von	20–52,5 km/h
Geschwindigkeitsverhältnis bei konstanter Leistung	> 1,4

Um die Arbeitsbedingungen für das Lokpersonal sowohl im Winter als auch im Sommer zu verbessern, wurde für die Frontscheibe Heizglas mit elektrischer Leitschicht verwendet und eine Klimaanlage für die Regelung der Temperatur im Führerraum eingebaut. Im Hochspannungsschrank und im Schrank, wo die elektrischen Geräte mit pneumatischer Betätigung kompakt eingebaut sind, sind Warmluftventilatoren vor-

handen, so daß auch bei niedriger Umgebungstemperatur die pneumatischen Geräte zuverlässig arbeiten können. Die Außenluft tritt durch großflächige Jalousien und Wollschwammfilter in die Lokomotive ein. Die Luftgeschwindigkeit ist niedrig (etwa 1 m/s), um einen guten Filtriereffekt zu erreichen. Sämtliche wichtigen Geräteschränke und Gerüste sind gegen Staub und Kälte dicht verschlossen. Die konstruktiven Besonderheiten des Hauptstromkreises der Lokomotive, Baureihe SS_4, sind:
Das Drehgestell ist eine separatgesteuerte Einheit. Zwei Fahrmotoren in einem Drehgestell sind parallelgeschaltet und von einer vierstufigen halbgesteuerten Gleichrichteranlage gespeist. Die Lokomotive hat vier Drehgestellsteuereinheiten. Die Fahrmotoren arbeiten beim Zugbetrieb in Reihenschlußschaltung, während sie bei Bremsbetrieb fremderregt werden. Die wichtigen Schutzeinrichtungen gegen Störungen im Hauptstromkreis sind:
Hochspannungsseitiger Hauptschalter, Überspannungsableiter, flinke Schmelzsicherung für den Kurzschlußschutz der Siliziumdioden, Fahrmotorüberstromrelais und Erdungsrelais im Hauptstromkreis. Um die Zugkraft der Lokomotive voll ausnutzen zu können, wurden folgende konstruktiven Maßnahmen getroffen, die die durchschnittliche Haftreibungszugkraft erhöhen:

4.3.1 Zur Verringerung der Achslaständerung wurden schräge Zugstangen mit einem Abstand von 150 mm über SO verwendet. Der Drehzapfenabstand wurde bis 8,2 m verlängert, wodurch das Reibungsgewicht mit dem Faktor 0,9 ausgenutzt werden kann.

4.3.2 Durch den elektrischen Ausgleich der Achslaständerung wird das vordere Drehgestell entsprechend entlastet. Der Ausgleich entspricht dem Wert der Achslaständerung zwischen dem vorderen und dem hinteren Drehgestell. Theoretisch erreicht der Faktor 0,95 zur Ausnutzung des Reibungsgewichts.

4.3.3 Um ein besseres Abfangen durchgehender Triebräder zu erreichen, wurden die Zugkraftkennlinien mit steiler Charakteristik ausgelegt, was dem Schleuderschutz entgegenkommt. Die Haftwerte erreichen bei Dauerbetrieb und beim Anfahren 0,24 und 0,35. Wichtig dafür ist die konstante Spannungssteuerung für die Zugkraftregelung. Die Fahrmotorspannung entspricht der vom Fahrschalter vorgegebenen Steuerspannung.

4.3.4 Als Hilfsmittel für die Erhöhung der Zugkräfte an der Reibungsgrenze wurde eine Schleuderschutzanlage konstruiert.
Bei der Lokomotive, Baureihe SS_4, wird die Widerstandsbremse zweistufig gesteuert, die bei etwa 30 km/h automatisch zwei Fünftel des Widerstands überbrückt, so daß die Bremskraft im unteren Geschwindigkeitsbereich erhöht wird. Die Bremskennlinie $B = f(v)$ der Widerstandsbremse wird durch Steuerung von konstantem Erregerstrom erreicht. Es ist auch möglich, mit konstant geregelter Geschwindigkeit bei Gefällefahrten zu arbeiten. Außerdem ist eine Bremskraft- und Bremsstrombegrenzung vorhanden.
Die Antriebe für die Hilfsmaschinen sind konventionelle Drehstromasynchronmotoren. Die Leistung der Hilfsbetriebe pro Einheit beträgt etwa 200 kW. Die Phasenumformung von Einphasen zu Dreiphasen erfolgt durch Arno-Umformer und Zusatzkondensatoren.

Ignitronlokomotive Nr. 16, Baureihe $6Y_2$ aus Frankreich.

Französische Siliziumgleichrichter-Lokomotive Nr. 66, Baureihe 6G.

4.4 Die Importlokomotiven bei der Chinesischen Eisenbahn

Neben den Lokomotiven der Baureihe SS_1 und SS_3, die in China hergestellt werden, fahren auf den elektrifizierten Strecken auch die vom Ausland eingeführten elektrischen Lokomotiven der Baureihen $6Y_2$, 6G, $6G_1$ und 8K.
Die ersten 25 Lokomotiven der französischen Firma Alsthom wurden im September 1960 eingeführt und auf der Strecke Baoji–Fungzhou eingesetzt.

4.4.1 Die elektrische Lokomotive, Baureihe $6Y_2$

Diese Lokomotiven wurden als Baureihe $6Y_2$ bezeichnet und für Personen- und Güterzugverkehr eingesetzt. Die Hauptangaben sind: Achsfolge C_0-C_0, Achslast 23 t, Stundenleistung 4740 kW, Stundenzugkraft 37,4 t, 45,34 km/h, Höchstgeschwindigkeit 100 km/h. Die Lokomotive ist mit dem Fahrmotor, Typ TAO $649B_2$, mit einer Leistung von 790 kW, Tatzlageraufhängung und Nutzbremsung ausgerüstet. Die Lokomotive, Baureihe $6Y_2$, besitzt Hochspannungsregelung, Manteltransformator und Ignitrongleichrichter. Die Hilfsmaschinen werden von Drehstrom-Asynchronmotoren angetrieben, gespeist von einem Arno-Umformer. Der Lokomotivkasten ist selbsttragend, die Seitenwände sind eine Fachwerkkonstruktion. Die Kühlluft wird durch die Seitenwände in die Lokomotiven eingeführt. Die Seitenträger der Drehgestellrahmen sind mit veränderlichen Querschnitt gleicher Festigkeit ausgeführt. Die Primärfederung umfaßt das konventionelle Blattfedersystem mit Ausgleichshebel und die Sekundärfederung die zentrierte Pendelabstützung. Der Achsantrieb geschieht einseitig mit gefederten Zahnrädern. Das kombinierte Bremsgestänge ist mit automatischem Gestängesteller ausgerüstet. Gegenüber den chinesischen elektrischen Ausrüstungen weisen die aus Frankreich und westeuropäischen Ländern importierten einen ganz anderen konstruktiven Aufbau auf. Mit diesen Lokomotiven wurde der damalige technische Stand der Lokomotivherstellung in Westeuropa zum ersten Mal den chinesischen Fachkollegen demonstriert. Die Lokomotive, Baureihe $6Y_2$ erreichte ein für die fünfziger Jahre beachtliches technisches Niveau, sie ist jedoch nicht vollkommen. Beim Umschalten von Fahrbetrieb auf Nutzbremsung tritt oft wegen Rückzündung ein Kippen der Nutzbremse auf. Die Rückzündung verursacht auch einen niedrigen Leistungsfaktor von 0,6 und sogar noch schlechter. Die Spannungs- und Stromverzerrungen sind groß, wodurch stärkere Störungen an den Fernmeldeleitungen hervorgerufen werden. Um die Qualität der Stromversorgung zu verbessern, war es notwendig, Kompensationsanlagen zu installieren. Die Lokomotive hat unruhigen Lauf, starke Schwingungen und Spurkranzabnutzung. Diese nachteiligen Wirkungen lassen sich nicht beseitigen. Der Rotor des Fahrmotors ist nicht getränkt, was oft zu Störungen führt.

4.4.2 Die elektrische Lokomotive, $6G_1$

Im Jahre 1972 wurden zwei Lokomotiven aus Rumänien eingeführt, die in China als Baureihe $6G_1$ bezeichnet wurden. Die Lokomotiven sind im Lizenzbau nach dem Muster der 060–EA der schwedischen Firma ASEA hergestellt.

Die Lokomotive, Baureihe $6G_1$, ist eine Streckenlokomotive für Personenzugbetrieb.
Die Hauptangaben sind:

Achsfolge	$C_0'C_0$
Achslast	21 t

Stundenbetrieb	
Leistung	5400 kW
Zugkraft bei 68 km/h	28,5 t
Höchstgeschwindigkeit	120 km/h
Fahrmotor	Typ LJH–108–2
Leistung	900 kW

Die Lokomotive ist mit Widerstandsbremse, hochspannungsseitigem Stufenschalter und Siliziumgleichrichter ausgerüstet. Gegenüber der Baureihe $6Y_2$ ist diese Lokomotive von einer ganz anderen Bauart. Der Fahrmotor ist durch eine Motorhohlwelle voll gefedert. Die Belüftung erfolgt separat über Luftkanäle, so daß es in der Lokomotive staubarm ist. Die Hilfsspannung läßt sich in zwei Stufen regeln, wodurch sie den Schwankungen der Fahrdrahtspannung angepaßt werden kann. Die Antriebsmotoren der Hilfsmaschinen sind Einphaseninduktionsmotoren. Die Zugkraft wird zwischen Drehgestell und Kasten durch schräg angeordnete Zugstangen übertragen. Die Primärfederung ist als Λ-förmige Silentblocks und die Sekundärfederung als Flexicoilfeder ausgeführt. Die Lokomotive hat einen sehr ruhigen Lauf. Die Innenausrüstung ist modern und zuverlässig und beim Lokpersonal beliebt. Die Hauptaufgabe der Chinesischen Eisenbahn ist zur Zeit der Gütertransport, aber die Zugkraft der Lokomotive, Baureihe $6G_1$, ist dem schweren Gütertransport kaum gewachsen. Was für eine Lokomotive kann praktisch die Anforderungen der Chinesischen Eisenbahn erfüllen? Diese Frage wird später die Praxis beantworten.

4.4.3 Die elektrische Lokomotive, Baureihe 6G

Im Jahre 1972 wurden weitere 10 elektrische Lokomotiven von der Firma Alsthom an die Chinesische Eisenbahn geliefert. Die Lokomotiven bekamen die Baureihenbezeichnung 6G. Aufgrund der Entwicklung der Technik im vergangenen Jahrzehnt wurden an der Lokomotive, Baureihe 6G, einige Verbesserungen durchgeführt.

Die Hauptangaben sind:

Achsfolge	*Co'Co'*
Stundenbetrieb	
Leistung	5640 kW
Zugkraft bei 54 km/h	37,4 t
Höchstgeschwindigkeit	112 km/h
Fahrmotor	Typ TAO 640 C
Leistung	910 kW

Doppellokomotive, Baureihe 8K.

Für den Hauptstromkreis hatte man die zweistufige halbgesteuerte Thyristor-Gleichrichterschaltung gewählt. Je drei Fahrmotoren werden zu einer Gruppe parallel geschaltet und zentral gespeist. Die Lokomotive wurde zusätzlich mit Schleuderschutz, Spurkranzschmierung und Kurzschließer für den Gleichrichter-Überstromschutz ausgerüstet. Zur Stromversorgung für die Hilfsbetriebe sind Gleichrichter mit Brückenschaltung verwendet. Die Hilfsmotoren sind Gleichstrommotoren. An den Seitenwänden sind senkrechte Jalousien angebracht. 38 Lokomotiven sind mit Widerstandsbremse und die übrigen 2 mit Nutzbremse ausgerüstet. Die Drehgestelle der Lokomotive, Baureihe 6G, entsprechen völlig denen der Baureihe $6Y_2$ ohne irgendwelche Verbesserung.
Gegenüber der Lokomotive, Baureihe $6Y_2$ sind die Leistung und somit die Zugkraft und die Geschwindigkeit der Lokomotive, Baureihe 6G, etwas höher. Der wesentliche Unterschied liegt darin, daß in der Lokomotive, Baureihe 6G, statt Ignitrongleichrichter Silizium-Leistungsgleichrichter eingebaut sind, wodurch die Zuverlässig-

keit des Hauptstromkreises verbessert wurde. Diese Lokomotiven sind die ersten Thyristorlokomotiven mit Anschnittsteuerung bei der Chinesischen Eisenbahn, womit China mit Thyristorlokomotiven bekannt gemacht wurde.

Die Spurkranzschmierung bewirkt eine Reduzierung der Spurkranzabnutzung, jedoch größeren Fettverbrauch und starke Verschmutzung der Radreifenlauffläche. Die Widerstandsbremse hat eine Leistung von 4000 kW bei einer Geschwindigkeit von 50 km/h. Die Bremskraft erreicht 29 t und arbeitet fast störungsfrei, wodurch Sicherheit und Transportleistung bei der Gefällefahrt erhöht werden konnten. Die Bremskraft der beiden Lokomotiven mit Nutzbremsung erreicht bei 50 km/h 32 t. Trotz guter Energierückspeisung verursacht der Nutzbremsbetrieb einen schlechten Leistungsfaktor für die Netzspannung und starke Störungen an den Fernmeldeanlagen. Außerdem ist die Konstruktion des Steuerstromkreises nicht vollkommen genug, was zu häufigen Störungen im bisher zehnjährigen Einsatz führte. Die Nutzbremse konnte nicht normal arbeiten und benötigt weitere Verbesserungen.

Das Signal für den Schleuderschutz der Lokomotive, Baureihe 6G, ist die Stromdifferenz der Fahrmotoren jedes Drehgestellts $\Delta I = I_{max} - I_{min.}$ Erreicht ΔI 10 % des Nennstroms I_M, spricht der Schleuderschutz an. Außerdem wird die Spannungsdifferenz an den Motorklemmen zwischen den beiden Drehgestellen $\Delta U = U_{max} - U_{min}$ als Signal abgegriffen. Erreicht ΔU 14 % der Nennspannung U_M, wird der Schleuderschutz ebenfalls wirksam. Dabei setzt der Schleuderschutz automatisch den Strom bis zum Referenzwert herab, so daß der Fahrmotorstrom um etwa 35 % reduziert wird. 5–6 Sekunden nach der Reduktion der Triebraddrehzahl, entsprechend der Fahrgeschwindigkeit, stellt sich das Signal der Referenzwertreduzierung auf Null zurück. Infolge der ungenügenden Meßgenauigkeit der ΔI- und ΔU-Werte und der festen Leistungsreduzierungsgröße ist der Zugkraftverlust zu groß, so daß ein guter Schleuderschutz nicht gewährleistet werden kann. Bei ungünstigen Reibwerten zwischen Rad und Schiene kann es vorkommen, daß ein Zug mitten auf der Steigung stehenbleibt. Die Gleichstromhilfsmotoren sind von ungenügender Zuverlässigkeit und erfordern einen Wartungsaufwand, was die Gesamtwirtschaftlichkeit beeinträchtigt.

Bei einigen französischen Lokomotiven der Baureihe $6Y_2$ und 6G traten nach ungefähr sechsjährigem Betrieb Achsrisse auf, deren Anzahl sogar zweistellig ist. Es wurden auch zwei Achsbrüche registriert, was zu gefährlichen Unfällen führen kann. Etwa nach zehnjährigem Betrieb sind Risse am Drehgestellrahmen aufgetreten. So kann die Forderung nach gleicher Lebensdauer der Lokomotive und der Drehgestellrahmen nicht erreicht werden. Das bedeutet, daß die Konstruktion der Lokomotive den Bedingungen des Betriebes nicht voll gewachsen ist.

4.4.4 Die elektrische Lokomotive, Baureihe 8 K

Mit der stürmischen Entwicklung der elektrischen Traktion hat China wieder eine Serie von 8-achsigen elektrischen Lokomotiven bei der europäischen 50-Hz-Arbeitsgemeinschaft (Alsthom-Atlantique u.a.) bestellt. Diese Lokomotiven wurden als Baureihe 8 K bezeichnet. Die elektrische Lokomotive Baureihe 8 K besteht aus 2 gleichen 4-achsigen Lokomotiveinheiten und stellt eine Hochleistungselektrolokomotive für den Güterzugdienst dar. Die Hauptdaten der Lokomotive sind:

Achsfolge		2 (Bo-Bo)
Achslast	(t)	23
Dauerleistung	(kW)	6400
Dauerzugkraft	(Mp)	47
Zugkraft beim Anfahren	(Mp)	64
Kleinste Dauergeschwindigkeit	(km/h)	48
Höchstgeschwindigkeit	(km/h)	100
Art der Steuerung		Thyristor-Anschnittsteuerung

Elektrische Lokomotiven der Chinesischen Eisenbahnen

Baureihe	$6Y_2$	6G	$6G_1$	SS_1	SS_2	SS_3	SS_4	8 K	6 K
Hersteller	Alsthom	Alsthom	Electroputerc (Bauart ASEA)	Zhu Zhou	Zhu Zhou	Zhu Zhou	Zhu Zhou	50 Hz Gruppe	KHI Mitsubishi
1. Baujahr	1960	1972	1972	1961	1969	1979	1986	1986	1987
Anzahl	25	40		400	1			150	80
Achsfolge	Co–Co	Co–Co	Co–Co	Co–Co	Co–Co	Co–Co	Bo–Bo + Bo–Bo	Bo–Bo + Bo Bo	Bo Bo Bo

Art der Bremsung		Nutzbremse und Luftbremse
Bremskraft	(50 km/h) (Mp)	39
	(15 km/h) (Mp)	44

Wie die Lokomotive Baureihe 6G ist die Lokomotive Baureihe 8K auch eine Lokomotive mit 2-stufiger Brückenschaltung und Anschnittsteuerung. Da die Lokomotive jedoch mit dem Leitungsfaktor-Kompensationseinrichtung (PFC) ausgerüstet ist, wurden der Leistungsfaktor und der äquivalente Störstrompegel dieser Lokomotive gegenüber der Lokomotive Baureihe 6G in großem Maße verbessert.

Die Gesamtanordnung der Lokomotive Baureihe 8K ist der französischen Lokomotive Baureihe BB 15000 ähnlich. Als Antriebsanordnung wurde jedoch das herkömmliche Drehgestell verwendet und nicht das Monomotordrehgestell der Lokomotive Baureihe BB 15000.

Die Motoraufhängung ist als Tatzrollenlager (CANNON BOX) ausgeführt. Um eine hohe Zugkraft der Lokomotive zu erreichen, wurde an dem Drehgestell das Tiefzugstangensystem verwendet. Der Schnittpunkt der Zugstangen befindet sich unter der Schienenoberkante.

Im Hauptstromkreis der Lokomotive sind 2 Fahrmotoren dauernd in Reihe geschaltet, was eine wirksame Schleuderschutzeinrichtung erfordert. Die Versorgung des Hilfsbetriebs der Lokomotive erfolgt durch einen GTO-Einphasen-Drehstromumrichter, der zum ersten Mal bei der chinesischen Eisenbahn eingesetzt wurde, wodurch die Hilfsmotoren auch bei Spannungsschwankung in der Fahrleitung mit konstanter Spannung versorgt werden. Diese Lokomotive wird ab Ende 1986 auf den Hauptstrecken im Güterzugdienst eingesetzt.

4.5 Die Entwicklung der Siliziumgleichrichter in China – wichtigste Technik für die modernen leistungsfähigen Wechselstromlokomotiven

Die Entwicklung der Siliziumleistungsdioden in China begann zwar 1958, aber deren erfolgreiche Anwendung in elektrischen Lokomotiven geschah erst 1964. So kann man sagen, daß in China die elektrische Lokomotive der Pionier in der Entwicklung und Anwendung von Siliziumleistungsdioden ist.

Im Jahre 1964 wurde zum ersten Mal auf der französischen Lokomotive der Baureihe $6Y_2$ Siliziumgleichrichter untersucht, wobei man mit einer Siliziumgleichrichteranlage zwei Ignitrongefäße ersetzte. Es waren Siliziumschraubendioden von 200 A, 600 V.

Siliziumgleichrichterschrank der Lokomotive, Baureihe SS_1.

Danach wurde die Lokomotive Nr. 4, Baureihe SS_1, mit Siliziumdioden umgerüstet. Der Siliziumgleichrichter ist bei der früheren Mittelpunktschaltung geblieben. Für die ganze Lokomotive wurden 960 Schraubendioden zu je 200 A, 600 V verwendet. Ein Gleichrichtersatz bestand aus 20 Parallelzweigen und je Zweig aus 24 in Reihe geschalteten Dioden. Da es der erste Versuch war, hatte man mit großer Reserve projektiert, weshalb die Anzahl der Dioden und die Abmessungen der Anlage groß waren.

Ab der Lokomotive Nr. 8, Baureihe SS_1, wurde im Jahre 1968 die Anzahl der Dioden auf 448 Stück reduziert. Diese Dioden hatten 200 A, 700 V (Arbeitsspannung gleich der Hälfte der Sperrspannung). Ein Gleichrichtersatz der Gleichrichteranlage mit Mittelpunktschaltung bestand aus 16 Parallelzweigen und je Zweig aus 14 in Reihe geschalteten Dioden.

Im Jahre 1969 wurden neue Plattendioden mit über 300 A, 700 V entwickelt. Ein Gleichrichtersatz hatte nur 10 Parallelzweige und je Zweig 14 Dioden in Reihe geschaltet. Die Lokomotive verwendete 280 Dioden, die in vier Gleichrichterblocks untergebracht waren. In diesem Fall wur-

Tabelle 4.1
Übersicht über die Gleichrichteranlage der chinesischen Elektrolokomotiven

Lfd. Nr.	Baureihe und Loknummer	Benennung der Anlage	Technische Daten der Anlage	Daten des Siliziumelements		Anzahl der Elemente	Lokleistung (Dauer) kW	Stückzahl/kW
				Diode	Thyristor			
1	SS_1 004	Hauptgleichrichter	1500 V 2850 A	200 A 700 V		960	3510	0,274
2	SS_1 003–130	Hauptgleichrichter	1500 V 3000 A	200 A 700 V		448	3780	0,12
3	SS_1 131–144	Hauptgleichrichter	1500 V 3000 A	300 A 700 V		280	3780	0,077
4	SS_1 145–	Hauptgleichrichter	1500 V 3000 A	500 A 2000 V		108	3780	0,029
5	SS_1 131–	Erregergleichrichter	150 V 500 A	800 A 900 V	500 A 900 V	2/2		
6	SS_3 001	Hauptgleichrichter mit Spannungregelung zwischen Stufen	1550 V 3300 A	800 A 2400 V	500 A 2000 V	108/24	4320	0,03
7	SS_3 002–	wie 6	1550 V 3300 A	800 A 3000 V	500 A 2000 V	84/24	4320	0,025
8	SS_4 001 (Entwurf)	Hauptgleichrichter mit vierstufiger Anschnittsteuerung	1010 V 2 × 1680 A	800 A 3000 V	500 A 2000 V	80/120	6400	0,033
9	SS_4 001 (Entwurf)	Erregergleichrichter	76 V 920 A	800 A 800 V	500 A 800 V	2/2		

den die Siliziumdioden nicht nur für den Hauptgleichrichter, sondern auch für das Umschalten des Stufenschalters eingesetzt. Dieser Gleichrichter wurde als Überschaltsiliziumgleichrichter bezeichnet. Es bestand aus 24 Plattendioden von 300 A, 700 V, was das Schaltverhalten des Niederspannungsstufenschalters verbesserte.
Im Jahre 1976 wurden an der Lokomotive, Baureihe SS_1, weitere technische Neuerungen eingeführt. Haupt- und Überschaltsiliziumgleichrichter wurden durch Doppelweggleichrichterschaltungen ersetzt. Die Gleichrichterschaltung bestand aus 4 Sätzen, 2 davon mit Zweigen mit Umschaltelementen. Mit der Entwicklung der Halbleitertechnik in China wurden die Stabilität und die Zuverlässigkeit der Siliziumelemente wesentlich verbessert. Dioden von 500 bis 800 A und über 2400 V wurden entwickelt. Mit Plattendioden von 500 A, 2400 V konnte die Diodenzahl im Gleichrichterschrank bei der Lokomotive, Baureihe SS_1, bis auf 108 Stück reduziert werden. Solche Gleichrichterschränke sind heute zu Standard-Gleichrichterschränken für die Lokomotive der Baureihe SS_1 geworden.
Wie auch in anderen Ländern hat die Entwicklung der Technik in China die Anwendung des Thyristors für elektrische Lokomotiven gefördert. Die im Jahre 1978 konstruierte Lokomotive, Baureihe SS_3, wurde mit Thyristoren von 500 A, 2000 V installiert, wobei eine anschnittgesteuerte stufenlose Spannungsregelung in Verbindung mit Stufenschalter realisiert werden konnte. Außer den Thyristoren wurden 108 Dioden von 800 A, 2400 V verwendet. Nach mehr als 200 000 Laufkilometern arbeiten sämtliche Siliziumelemente störungsfrei. Bei der Produktion der Lokomotive, Baureihe SS_3, in kleiner Serie erreichte die Sperrspannung der Dioden inzwischen 3000 V. Die Anzahl der Dioden verringerte sich weiter von 108 auf 84 Stück.
Für die in Entwicklung befindliche achtachsige Lokomotive der Baureihe SS_4 wird eine fortschrittlichere und wirtschaftlichere halbgesteuerte 4-Stufen-Gleichrichterschaltung verwendet. Die beiden Fahrmotoren in einem Drehgestell werden parallelgeschaltet und von einer separaten Anlage gespeist. Jeder Gleichrichterschrank bildet einen selbständigen Gleich-

richterkreis, in dem 30 Thyristoren von 500 A, 2400 V und 20 Dioden von 800 A, 3000 V untergebracht sind. Jede Lokomotive hat vier Gleichrichterschränke mit insgesamt 120 Thyristoren und 80 Dioden. Die Kühlung erfolgt durch Zwangsbelüftung.
Bei den Lokomotiven der Baureihen SS_1, SS_3 und SS_4 wurden neben dem Hauptgleichrichter noch Thyristornetzgeräte mit Spannungsstabilisierung für Steuerstromversorgung verwendet. Das Gerät hat eine Leistung von etwa 5 kW und eine Ausgangsspannung von 110 V.
Tabelle 4.1 zeigt den Entwicklungsablauf der Siliziumgleichrichteranlage für Lokomotiven in China. Aus der Tabelle ist ersichtlich, daß die Elementenzahl pro kW Leistung bei der typisierten Lokomotive, Baureihe SS_3, bisher am kleinsten ist.

4.6 Die Dachausrüstung – Stromabnehmer und Hauptschalter

Seit 1967 baut China selbst Halbscherenstromabnehmer, die mit Typ TSG 600/25 bezeichnet und für alle Lokomotivbaureihen verwendet werden. Die wesentlichen Eigenschaften der Stromabnehmer entsprechen den Anforderungen der «IEC 494 Bestimmungen». Nach langjährigem Betrieb zeichnet sich der Stromabnehmer durch kompakten Aufbau, rationelle Herstellungstechnologie und gutes Stromabnahmeverhalten aus.

Die Hauptangaben des Stromabnehmers sind:

Nennspannung	25 kV
Nennstrom	600 A
Arbeitshöhe	400 – 1900 mm
Max. Hub	2400 mm
Höhe, abgesenkt	432 mm
Statische Anpreßkraft (Nennwert)	7 ± 1 kp
Betätigungsluftdruck (Nennwert)	5 kp/cm^2
Min. Betätigungsdruck	3,75 kp/cm^2
Hubdauer	< 7 s
Senkdauer	< 6 s

Antriebsart
Heben mit Druckluft, Senken mit Federkraft
Gleitstück
Sintermetallgleitleiste

Mit der Entwicklung der Stromabnehmer wurde in China relativ spät angefangen, insbesondere

Stromabnehmer, Typ TSG 600/25.

Hauptschalter, Typ TDZ_1–200/25.

Fahrmotor, Typ ZQ 800–1.

Haupttransformator der Lokomotive, Baureihe SS_1.

die Untersuchung der Stromabnehmer für höhere Geschwindigkeiten ist ungenügend. Heute ist die Entwicklungsarbeit für moderne Stromabnehmer im Gange, um den Bedarf der Lokomotiven größerer Leistung und höherer Geschwindigkeit zu decken. Im Jahre 1965 wurde in China der Druckluftschnellschalter, Typ TDZ_1–200/25, entwickelt, serienmäßig hergestellt und bei sämtlichen Lokomotivbaureihen eingesetzt. Der Druckluftschnellschalter dient bei der Lokomotive nicht nur als Hauptschalter für das Ein- und Ausschalten von Fahrleistungsspannung, sondern auch als Schutzschalter bei verschiedenen Störungen, wie z.B. bei Kurzschluß, Überstrom, Erdschluß und Unterspannung im Haupt- und Hilfsstromkreis.

Die technischen Daten des Hauptschalters sind:

Nennspannung	25 kV
Nennstrom	400 A
Nennausschaltvermögen	200 MVA
Arbeitsluftdruck	7 – 9 kp/cm^2
Nennsteuerspannung	110 V DC
Mechanische Ausschaltzeit	25 ms
Gewicht	150 kg

Die mechanische Ausschaltzeit des Hauptschalters, Zyp TDZ_1–200/25, ist etwas kürzer als die der ausländischen Produkte. Zwischen beweglichem und festem Kontakt ist ein nichtlinearer Widerstand geschaltet, um die bei Betätigung auftretende Überspannung zu unterdrücken. Die Druckluft wird durch einen Filter mit Wasserabscheider gereinigt, um die Zuverlässigkeit zu erhöhen.
Die Forschungsarbeit auf dem Gebiet des Vakuumschalters in China hat schon wesentliche Fortschritte gemacht.

4.7 Der Haupttransformator – das Herz der Elektrolokomotive

Ab 1958 wurden in China Haupttransformatoren unterschiedlicher Kapazitäten für die Lokomotiven der Baureihe SS_1, SS_2 und SS_3 projektiert und gebaut.
Der Haupttransformator der Lokomotive, Baureihe SS_2, ist als Mantelbauart ausgeführt, wovon nur ein Stück gebaut wurde. In den Lokomotiven, Baureihen SS_1 und SS_3, sind Kerntransformatoren eingebaut.
Der Haupttransformator der Lokomotive, Bau-

reihe SS_1, hat vier Wicklungen: 2 Traktionswicklungen (Grundwicklung und Regelwicklung), 1 Hochspannungswicklung und 1 Wicklung für Hilfsbetriebe und Erregung. Die Spannungen der Wicklungen sind wie folgt festgelegt: für die Hochspannungswicklung 25 kV, für die Traktionswicklung $40+(n-1)\times 125/2$ V (n = Fahrstufenzahl von 1 bis 33) und für die Hilfswicklung 396 V. Der Eisenkern wurde aus 0,35 mm dicken kaltgewalzten Siliziumstahlplatten mit guter magnetischer Permeabilität hergestellt. Die Platten besitzen keine Bolzenlöcher, sondern sind mit Epoxidharz-Glasfaserklebeband zusammengehalten. Dieser Aufbau hat eine gute magnetische Permeabilität, was zu besserer Betriebseigenschaft beiträgt. Der Wärmeaustausch beim Haupttransformator wird durch Ölumlauf und Luftkühlung vorgenommen. Die Gesamtleistung des Haupttransformators beträgt 6785 kVA, das Gesamtgewicht 11,2 t, davon 2,66 t Öl.
Der Haupttransformator der Lokomotive, Baureihe SS_3, unterscheidet sich von dem der Baureihe SS_1 durch den Wicklungsaufbau und die Wicklungsanordnung und hat bessere Eigenschaften. Die Spannungen sind für die Traktionswicklung $n\times 277{,}8$ V (n = Stufenzahl von 1 bis 8), für die Hilfswicklung 394 V festgelegt. Der Nennstrom der Traktionswicklung beträgt 2970 A, die Gesamtleistung des Haupttransformators 6925 kVA, das Gesamtgewicht 12,5 t, davon 2,9 t Öl.

Die Kühlung des Haupttransformators der Lokomotive, Baureihe SS_3, ist ähnlich wie die der Baureihe SS_1. Das Öl wird durch eine Ölpumpe zwangsweise in Umlauf gesetzt und in einem Rundkühler durch einen eigenen Axiallüfter gekühlt, dessen Luftfördermenge 4,2 m^3/s beträgt.
Mit steigender Leistungserhöhung der Lokomotiven ist die Gewichtsreduzierung des Haupttransformators zu einem Forschungsthema geworden. Insbesondere die vierachsigen Personenzuglokomotiven großer Leistung, hoher Geschwindigkeit und niedriger Achslast erfordern einen leichten Haupttransformator. In China erreicht heute der Haupttransformator der Elektrolokomotive ein spezifisches Gewicht von 1,6 bis 1,8 kg/kVA, was den künftigen Forderungen nicht entspricht. Somit steht der Konstrukteur vor der Aufgabe, neue Haupttransformatoren zu konstruieren.

Drehgestell der Lokomotive, Baureihe SS_1.

4.8 Das Laufwerk – Fahrmotor und Drehgestell

Die Lokomotive der Baureihe SS_1 ist mit vierpoligen Mischstromfahrmotoren, Typ ZQ 650–1, ausgerüstet, die Kompensationswicklungen besitzen. Beim Zugbetrieb arbeiten die Fahrmotoren als Reihenschlußmotoren, und beim elektrischen Bremsbetrieb werden sie fremderregt.
Der vierpolige Fahrmotor hat lamellierte Wendepole und Kompensationswicklungen, im Gußgehäuse sind Magnetbrücken montiert. Dadurch wird die Kommutierung des Mischstroms verbessert. Die Magnetbrücken befinden sich in der Mitte des Wendepolkerns und sind 5–6 mm voneinander getrennt, so daß ein Durchfluß des Hauptmagnetflusses durch die Magnetbrücke verhindert wird. Der Fahrmotor arbeitet ruhig und zuverlässig. Die Montage und die Wartung sind relativ einfach. Der Kommutator ist als Gewölbekonstruktion ausgeführt. Die Rotorwicklung ist durch Argenschutzgasschweißung mit Fahne verschweißt. An der Vorderseite des Glimmerrings ist eine Teflonplatte angebracht. Der Rotor hat eine einfache schuppenförmige Wicklung.
Die Fahnen der Kommutatorlamellen haben ausgefräste Nuten. Man unterscheidet Tiefnuten und Normalnuten. In den tiefen Nuten sind die Verbindungsleiter für Ausgleichsleiter eingesetzt.
Die Erregerwicklung, die in flachkantiger Bauart ausgeführt ist, kann in offene und gekreuzte unterteilt werden. Die Wendepolwicklung ist flachgewickelt. Die Kompensationswicklungen sind zentripetal aufgebaut. Durch die Verwendung der Kompensationswicklung beträgt die höchste

Tabelle 4.2
Hauptdaten der Fahrmotoren

Bezeichnung		Motorentyp ZQ 650–1	ZQ 800–1	ZQ 850
Nennklemmenspannung	(V)	1500	1550	1010
Stundenleistung	(kW)	700	800	–
Dauerleistung	(kW)	630	720	800
Stundenstrom	(A)	500	550	–
Dauerstrom	(A)	450	495	840
Max. Strom	(A)	810	830	1200
Nenndrehzahl	(U/min)	875	920	960
Höchstdrehzahl	(U/min)	1835	1920	1850
Belüftungsart			Fremdbelüftung	
Fördermenge der Kühlluft	(m^3/min)	135	135	135
Motoraufhängung			Tatzlager	
Isolationsklasse (Stator/Rotor)		H/B	H/F	H/F
Erregungsart			Reihenschluß	
Feldschwächungsgrad		0,95 0,70 0,54 0,45	0,95 0,70 0,54 0,45	0,96 0,70 0,50 0,45
Drehzahlverhältnis bei konstanter Leistung		≮1,3	≮1,33	≮1,4
Polzahl		4	6	

Lamellenspannung nur 37,4 V. Alle Statorwicklungen haben die Isolationsklasse H. Um die Betriebssicherheit der Statorwicklungen zu gewährleisten, wurde für den Stator Monoblockaufbau gewählt.
Der Bürstenapparat des Fahrmotors besteht aus Bürstenring, Bürstenhalter, Bürstenhalterstangen, Stangenbefestigung und Bürste. Jede Haltertasche enthält zwei Spaltbürsten, Typ DS 74 B. Der selbstblockierende Druckfinger erleichtert die Wartung und den Bürstenwechsel.
Die Lokomotive, Baureihe SS_3, ist mit den Fahrmotoren, Typ ZQ 800–1, ausgerüstet. Die Hauptangaben des Fahrmotors zeigt die Tabelle 4.2. Dieser Fahrmotor hat eine Stundenleistung von 800 kW. Der Kupferleiter hat eine Isolierschicht aus Polyamid und ist zweifach mit Glasfaser umwickelt.
Im Vergleich zum Fahrmotor, Typ ZQ 650–1, hat man bei dem Typ ZQ 800–1 hinsichtlich der Eigenschaften und dem Aufbau folgende Verbesserungen durchgeführt:

4.8.1 Anwendung von Kompensationswicklung in Parallelnutenbauform. Mit dieser Kompensationswicklung kann die Kommutierung des 1550-V-Fahrmotors wirkungsvoll verbessert und die höchste Lamellenspannung und der max. Spannungsgradient reduziert werden. Die Parallelnutenbauform ist vorteilhaft für die Formgebung

Tabelle 4.3
Die Hauptangaben der Drehgestelle der vorhandenen Elektrolokomotiven in China

Lokomotivbaureihe		SS_1	SS_2	SS_3	6Y2	6G	$6G_1$
Herstellungsland		China	China	China	Frankreich	Frankreich	Rumänien
Achsfolge des Drehgestells		Co	Co	Co	Co	Co	Co′
Achslast	(t)	23	23	23	23	23	21
Fester Achsstand	(mm)	4600	4670	4300	4670	4670	4350
Raddurchmesser	(mm)	1250	1250	1250	1250	1250	1250
Fahrmotoraufhängung		Tatzlager	Tatzlager	Tatzlager	Tatzlager	Tatzlager	hochgelagert
Getriebe		[1])	[2])	[1])	[2])	[2])	ASEA-Getriebe
Übersetzungsverhältnis		$\frac{88}{19} = 4{,}63$	$\frac{75}{17} = 4{,}41$	$\frac{87}{20} = 4{,}35$	$\frac{71}{16} = 4{,}37$	$\frac{67}{17} = 3{,}94$	$\frac{73}{20} = 3{,}65$
Zugkraftübertragung		Pendel-Zentral-Drehzapfenabstützung			Pendel-Zentralabstützung		Schräglenker
Abstand des Zugkraftanlenkpunktes über SO	(mm)	760	760	750	760	760	480
Höchstgeschwindigkeit	(km/h)	90	100	100	100	112	120
Gewicht des Drehgestells	(kg)	31085	27808	31096	29000	30370	27750

[1]) Zweiseitig durch starres Zahnrad mit Schrägverzahnung. [2]) Einseitig durch gefederte Zahnräder mit Geradverzahnung.

der Wicklung, wodurch das Isolationsniveau erhöht und eine leichte Fertigung und Wartung ermöglicht werden kann.

4.8.2 Die Verbesserung des Drehzahlverhaltens des Fahrmotors. Der Fahrmotor, Typ ZQ 650–1, hat ein etwas hartes Drehzahlverhalten, weil der Magnetkreis gesättigt ist, und der Sättigungsfaktor $K_H = 1{,}84$ wirkt nachteilig auf die Lastverteilung. Auch die Leistungsausnutzung ist bei hoher Geschwindigkeit verhältnismäßig niedrig. Beim 800-kW-Fahrmotor wurden Maßnahmen zur Verringerung der Magnetsättigung am Hauptpol und Gehäusejoch getroffen, wodurch die Motorcharakteristik wesentlich verbessert wurde. Der Induktionsfluß je Pol wurde auch verringert.

4.8.3 Zweckmäßige Änderung der Form des Wendepolschuhs. Verringerung des Wendepolluftspalts, wodurch der Sättigungsfaktor des Wendepols verkleinert wurde.

4.8.4 Die Konstruktion der Tatzlager-Öldichtung wurde verbessert, wodurch der Ölrücklauf verstärkt und die Wirkung von Unterdruck kompensiert wurde.

4.8.5 Die Schmierung des Tatzlagers wurde für konstanten Ölspiegel ausgeführt, wodurch die Schmierbedingung verbessert wurde.

Die Lokomotive, Baureihe SS_4, wird mit sechspoligen Mischstromfahrmotoren, Typ ZQ 850, ausgestattet, deren Hauptdaten in der Tabelle 4.2 dargestellt sind.
Das Rotorblechpaket des Fahrmotors, Typ ZQ 850, hat 93 Nuten und besteht aus 0,5 mm kaltgewalztem Blech. Das Blechpaket und der Kommutator sind auf der Rotorhülse mit Druck aufgeschrumpft. Auf dem Polschuh sind 8 Nuten für die Einbringung der Kompensationswicklungen ausgestanzt, deren Mittellinien parallel zu den Wendepolmittellinien verlaufen. Wie die Rotorwicklung ist die Kompensationswicklung aus flachem Kupferleiter gewickelt. Die Isolierung des Leiters besteht aus überlappt gewickeltem zweifachem Glasfaserbund und HF-Folie.
Der Bürstenring ist nicht drehbar, der Druckfinger ist verstellbar. Der Klemmenkasten ist mit dem Fahrmotorgehäuse zusammengegossen. Die Statorwicklungen sind als Monoblockaufbau ausgeführt. Die flexible Verbindung besteht aus 14 × 0,5 mm Kupferfolie. Der Fahrmotor, Typ ZQ 850, hat neuartige Wendepole mit niedrigem Sättigungsgrad, so daß eine stärkere Kompensationswirkung erreicht wird.
Zur Zeit ist der Prototyp des Fahrmotors, ZQ 850, schon probeweise fertiggestellt. Es ist zu erwarten, daß die mit Fahrmotoren, Typ ZQ 850, ausgerüstete achtachsige Lokomotive, Baureihe SS_4a, die Anforderungen des Schwerlastzugbetriebes besser erfüllen kann. Die vierachsige Ausführung dieser Lokomotive wird den Bedarf des zunehmenden Personenzugverkehrs decken können.
Das Drehgestell besteht aus Drehgestellrahmen, Achslagergehäuse, Getriebe, Federung, Abstützvorrichtung und Bremsgestängen. Bisher wurden in China nur dreiachsige Drehgestelle Co' für elektrische Lokomotiven verwendet (siehe Tabelle 4.3).
Die Drehgestelle der chinesischen elektrischen Lokomotiven müssen dem Fahrbetrieb auf Strekken mit längeren Steigungen und mit kleinen Krümmungsradien gewachsen sein.
Bei der Projektierung des Drehgestells ist zu berücksichtigen, daß das Reibungsgewicht voll ausgenutzt wird, um große Zugkräfte entwickeln zu können. Zugleich soll das Gewicht des Drehgestells gering sein und gute Laufeigenschaften gewährleisten. Aufgrund dieser Forderungen soll der Drehgestellaufbau folgende Merkmale beinhalten:
Sämtliche Träger des Drehgestellrahmens sind aus Stahlblech als geschlossene kastenförmige Querschnitte geschweißt. Die Drehgestelle der Lokomotiven der Baureihe SS_1 und SS_3 sollen in der gesamten Länge eine Konstruktion mit gleichem Querschnitt aufweisen, so daß Aufbau und Herstellung einfach sind.
Die Aufhängung ist in Primär- und Sekundärfederung unterteilt. Um eine niedrigere Eigenfrequenz des Federsystems zu erreichen, wird die gesamte statische Durchfederung des Systems größer als 140 mm gehalten, wovon der größte Teil der Primärfederung zufällt. Die Primärfederung der Lokomotive, Baureihe SS_1 besteht aus Schraubenfedern und Ausgleichshebel. Infolge der Reibung in den Drehpunkten wirkt der Ausgleichshebel bei weichen Federn und häufigen Laständerungen nicht empfindlich. Deshalb wurden für die Lokomotive, Baureihe SS_3, Schraubenfedern mit Einzelaufhängung gewählt. Um

die Schwingungen zu dämpfen, wurden zwischen den Achslagergehäusen und dem Rahmen senkrechte hydraulische Dämpfer angeordnet. Der relative Dämpfungsfaktor des Federsystems beträgt D = 0,379.

Zur Primärfederung der in China eingesetzten Lokomotiven, Baureihe $6G_1$, werden Dämpfungselemente aus Gummi-Metall-Federn mit ⅄-förmigen Querschnitt verwendet. Die Dämpfungselemente können gleichzeitig Kräfte aus senkrechter, waagrechter und Längsrichtung aufnehmen und sind an das Achslagergehäuse angebaut, was den Aufbau vereinfacht. Da diese Achsfederung eine nichtlineare Elastizität hat, beeinflußt sie die Eigenfrequenz des Systems so, daß die Resonanzfrequenz in einem Bereich gehalten wird, in dem der ruhige Lauf der Lokomotive nicht wesentlich beeinträchtigt ist.

Für die Sekundärfederung der Lokomotive, Baureihe SS_1, wurde eine zentrale Abstützung mit seitlicher Gleitstückabstützung verwendet, dagegen hat die Baureihe SS_3 nur seitliche Abstützung. Der Aufbau der Sekundärfederung der Baureihe SS_1 kann sich den kleinen Kurvenradien nicht gut anpassen. Da die Rückstelleinrichtung aus Stahlfedern besteht und die seitliche Abstützung zu großes Rückstell- und Reibungsmoment hat, kann das Drehgestell nicht ruhig und stoßfrei laufen, wenn die Lokomotive durch die Kurve fährt. Der Aufbau der Seitenabstützung der Baureihe SS_3 besteht aus Metall-Gummi-Federn. Dieser Aufbau ist einfach, und die Reibung fällt weg. Die Steifigkeit der Federn in Dreh-, Vertikal- und Querrichtung läßt sich in einem Bereich wählen, um die elastische seitliche Bewegung zwischen dem Lokomotivkasten und dem Drehgestell sowie die Drehbewegung des Drehgestells zu ermöglichen und entsprechende elastische Querrückstellkräfte und Drehrückstellmomente zu erreichen. Außerdem wird die Sinusbewegung des Drehgestells durch das von Längsreibungsdämpfern erzeugte Reibungsmoment begrenzt. Das Wanken des Lokomotivkastens auf gerader Strecke mit hoher Geschwindigkeit wird durch hydraulische Querdämpfer unterdrückt.

Bei der Bogenfahrt durch eine Kurve von 300 mm Radius mit einer Geschwindigkeit von 70 km/h wurde gemessen: (Y/Q) max. $\leqslant$ 0,6, Seitendruckkraft max. 7,4 t, Spurkranzabnutzung 0,27 – 0,39 mm/10^4 km. Die Laufruhe mit Höchstgeschwindigkeit und die Fahrt durch eine Kurve von 300 m Radius mit 70 km/h ergab die vorgeschriebenen Werte.

Die Lokomotiven der Baureihe SS_1 und SS_3 haben Achslagergehäuseführungsvorrichtungen, die aus Lemmniskatenlenkern mit Gummi-Stahl-Gelenk bestehen. Diese Anordnung kann die Anforderungen der Kraftübertragung erfüllen. Dank der vertikalen und horizontalen Elastizität dieser Führungsvorrichtung können Schwingungen gedämpft und Verschleiß vermieden werden. Durch optimale Wahl der Elastizitätseigenschaften in den drei Richtungen kann die Sinusbewegung der Lokomotive gedämpft und der Verschleiß an den Spurkränzen verringert werden.

Ausgehend von den praktischen Erfordernissen des Eisenbahntransports in China wurden für die Lokomotiven, Baureihe SS_4, zweiachsige Drehgestelle mit der Bezeichnung Bo gewählt. Das Drehgestell Bo wird später als das Standarddrehgestell für chinesische Elektrolokomotiven eingeführt werden und ein Wendepunkt im Drehgestellbau sein. Es besteht die Möglichkeit, daß für die künftigen chinesischen Elektrolokomotiven wahlweise die Achsfolge Bo–Bo bzw. Bo–Bo–Bo verwendet wird.

Die Hauptdaten des Drehgestells der Lokomotive, Baureihe SS_4, sind:

Achsfolge	Bo
Achslast	23 t
Achsstand	3000 mm
Fahrmotoraufhängung	Tatzlager
Getriebe zweiseitiges ungefedertes Getriebe mit Schrägverzahnung	
Übersetzungsverhältnis	88:21 = 4,19
Zugkraftübertragung	schräge Zugstange
Abstand des Zugkraftanlenkpunktes über SO	150 mm
Drehgestellgewicht	22 t

4.9 Die Bremseinrichtungen – Druckluftbremse und elektrische Widerstandsbremse

Die früheren elektrischen Lokomotiven in China waren mit der Druckluftbremse, Typ El–14, ausgerüstet, deren Eigenschaften die Anforderungen der Schwerlastzüge nicht erfüllen konnte. Die Nachteile bei der Bedienung und Wartung wurden immer offensichtlicher. Später wurde sie

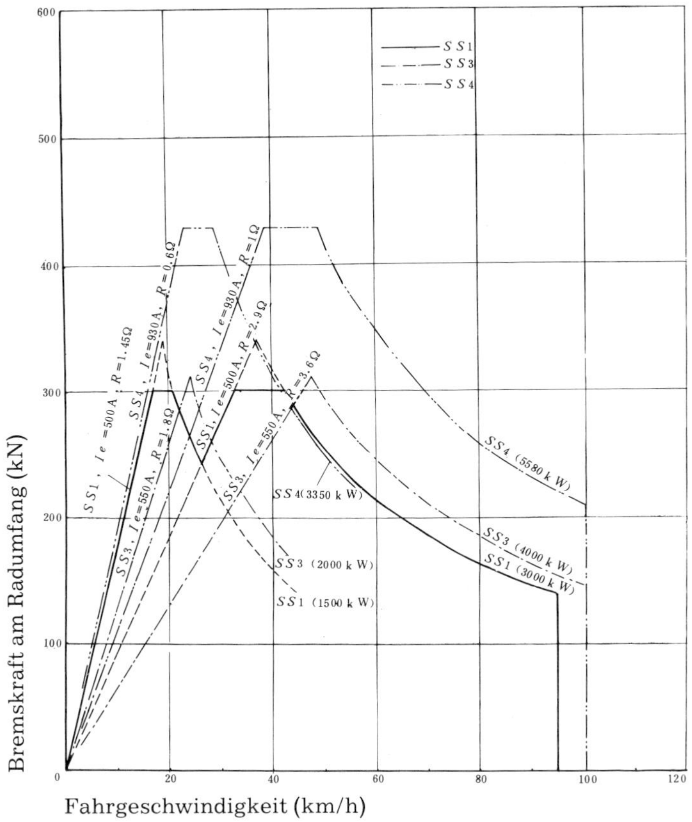

< **Kennlinien der Widerstandsbremse der Lokomotiven der Baureihen SS_1, SS_3 und SS_4. Die Kennlinie für Lok SS_4 ist nach Berechnungswerten aufgestellt.**

durch die Druckluftbremse, Typ JZ–7, ersetzt. Nach mehrjähriger Untersuchung wurde unter Berücksichtigung der Besonderheit der Elektrolokomotiven und des Bedarfs für die künftige automatische Steuerung die elektropneumatische Bremse, Typ DK–1, entwickelt, die jetzt schon in den elektrischen Lokomotiven montiert ist.
Bei der elektropneumatischen Bremse, Typ DK–1, wird der Steuerbefehl in Form eines elektrischen Signals übertragen, wodurch alle Bremsventile ferngesteuert werden. Der kombinierte Aufbau hat folgende Vorteile: genaue Druckverminderung, leichte Bedienung, schnelles Füllen und Entleeren erhöht die Betriebssicherheit, der Bedienungshebel ist leicht und flexibel ausgeführt, geräuschlos im Führerraum beim Entleeren der Hauptluftleitung, der einfache Aufbau gewährleistet eine leichte Wartung und Störungssuche.
Bei der Konstruktion der elektropneumatischen Bremse, Typ DK–1, wurde ein System gewählt, bei dem die Bremse bei Unterbrechung der Spannung anspricht. Die Anlage wurde mit elektropneumatischem Umschalter und handbetätigtem Führerbremsventil ausgerüstet. Diese mehrfachen Sicherheitsmaßnahmen bieten eine absolute Betriebssicherheit.
Der Kompressor, Typ NPT–5, kann auch für Diesellokomotiven verwendet werden.
Die Eigenschaften der Bremse, sowohl als direkte als auch als automatische, sind in den Tabellen 4.4 und 4.5 dargestellt.
Die elektrische Widerstandsbremse ist eine Art dynamischer Bremse. Nach dem Prinzip der Umkehrbarkeit des Gleichstrommotors wird der Fahrmotor als Generator betrieben und dabei die elektrische Energie in Widerständen in Wärme umgewandelt. Dadurch wird die kinetische und potentielle Energie des Zuges umgesetzt und somit der Zug gebremst.

Tabelle 4.4
Eigenschaften der direkten Bremse für die Lok allein

Lfd. Nr.	Benennung	Technische Forderung
1	Max. Druck im Bremszylinder bei Vollbremsung	3 kp/cm^2
2	Zeitdauer der Drucksteigerung im Bremszylinder von Null auf 2,8 kp/cm	≤4 s
3	Zeitdauer der Druckminderung im Bremszylinder von 3 kp/cm auf 0,35 kp/cm beim Lösen	≤5 s

Bei der Widerstandsbremsung der Lokomotive, Baureihe SS_1, werden alle Fahrmotoren in fremderregte Generatoren umgeschaltet. Die Erregerwicklungen sämtlicher Fahrmotoren werden in Reihe geschaltet und von gleichem Erregerstrom durchflossen, so daß eine gute Lastverteilung der Generatoren erzielt wird. Jeder Generator hat seinen eigenen Rotor-Bremswiderstandstromkreis, während manche Bahnen in anderen Ländern einen Stromkreis verwenden, bei dem die Rotoren zuerst in Reihe geschaltet und dann mit dem Bremswiderstand verbunden werden. Die erstgenannte Bremsschaltung hat den Vorteil des einfachen Umschaltens zwischen Brems- und Zugbetrieb. Diese Schaltung selbst hat bessere Gleitschutzeigenschaften, und beim Bremsbetrieb ändert sich das Potential des Fahrmotors gegen Erde nicht.
Bei den Lokomotiven der Baureihe SS_3 und SS_4 sind im Bremsstromkreis gestufte Widerstände vorhanden, so daß diese Lokomotiven eine zweistufige Bremse besitzen. Die Lokomotiven der

Tabelle 4.5
Eigenschaften der automatischen Bremse bei einem Güterzug mit 200 Achsen (Nenndruck in der Bremsleitung 5 kp/cm²)

Lfd. Nr.	Benennung	Technische Forderung
1	Druckverminderung in der Bremsleitung bei Anfangsbremsstufe	0,4–0,5 kp/cm²
2	Füllzeit des Ausgleichsbehälters auf 4,8 kp/cm bei Fahrstellung	≤ 10 s
3	Zeitdauer der Druckverminderung im Ausgleichsbehälter von 5 kp/cm auf 3,6 kp/cm²	5–7 s
4	Zeitdauer der Drucksteigerung im Bremszylinder bei Vollbremsung	6–8 s
5	Max. Druck im Bremszylinder bei Vollbremsung	3,4–3,8 kp/cm²
6	Zeitdauer der Druckminderung im Bremszylinder von max. Druck auf 0,35 kp/cm² bei Fahrstellung	5–7 s
7	Entleerzeit der Bremsleitung von Nenndruck auf Null bei Notbremsstellung	< 3 s
8	Max. Druck im Bremszylinder bei Notbremsstellung	4,5 ± 0,1 kp/cm²
9	Zeitdauer der Drucksteigerung im Bremszylinder von Null auf 4 kp/cm bei Notbremsstellung	< 5 s

(Anmerkung: Die Bremscharakteristik für die Lokomotive, Baureihe SS_4 ist eine projektierte Kennlinie).

Baureihe SS_1 haben eine einstufige Widerstandsbremse. Das Umschalten zwischen den Stufen erfolgt durch das Überbrücken des Teilwiderstandes mittels elektropneumatischer Schützen.
Die Daten der Widerstandsbremsen der Lokomotiven, Baureihe SS_1, SS_3 und SS_4 sind:

	SS_1	SS_3	SS_4
Zahl der Triebachsen	6	6	8
Bremsleistung am Radumfang (kW)	3500	4000	5570
Max. Bremskraft (t)	34,1	30,8	37
bei Geschwindigkeit (km/h)	37,6	47,8	20–52,5
Aufbau der Widerstandselemente	0,5 × 65 Cr20 Ni80 längsgesickt	0,55 × 65 Cr20 Ni80 gesickt und jalousieartig gestanzt	1 × 90 Cr20 Ni80 gesickt und jalousieartig gestanzt

Bei den Lokomotiven der Baureihen SS_1 und SS_3, wird die Bremskraft durch Steuerung des Erregerstroms geregelt. Um Überlastungen der Erreger- und Rotorwicklungen zu vermeiden, sind im Steuersystem Begrenzungen für den max. Erregerstrom und Bremsstrom vorhanden. Die max. Bremskraft ist von den Konstruktionsdaten abhängig. Um die Bremskraft im niedrigeren Geschwindigkeitsbereich zu erhöhen, kann bei der Lokomotive, Baureihe SS_3, der Widerstandswert durch Handbetätigung geändert werden, wodurch entweder alle oder die Hälfte der Bremswiderstände zugeschaltet werden können, was die Forderung an niedrigere Betriebsgeschwindigkeit auf Strecken mit Selbstblockabschnitten im Gefälle (Permissives Fahren!) erfüllt.
Bei der Lokomotive, Baureihe SS_4, ist noch eine Begrenzung für die max. Bremskraft in verschiedenen Stufen vorhanden. Der Lokführer kann nach Bedarf Bremskraft und Geschwindigkeit wählen. Liegt die Geschwindigkeit unter dem gewählten Wert, wird der Zug nicht gebremst. Übersteigt dagegen die Geschwindigkeit den gewählten Wert, so erhöht das Regelsystem die Bremskraft soweit, daß der Zug die gewählte Geschwindigkeit einhält. Der Bremswiderstand ist in zwei Stufen geteilt. Das Umschalten aus dem höheren Geschwindigkeitsbereich in den niedrigeren oder umgekehrt erfolgt automatisch.

4.10 Die Stromversorgung für Hilfsbetriebe

Schon bei der Lokomotive, Baureihe SS_1 wurden die Hilfsbetriebe immer vom Drehstromasynchronmotor angetrieben, dessen Stromversorgung durch einen Asynchron-Arnoumformer erfolgte. Gegenüber anderen Systemen hat dieses Stromversorgungssystem mit Drehstrommotor für Industriefrequenz und ohne Drehzahlregelung folgende Vorteile: einfacher Aufbau, niedrige Selbstkosten, zuverlässiger Betrieb und leichte Wartung.
Die Lokomotiven der Baureihen SS_1 und SS_3 wurden mit je zwei Asynchron-Arnoumformern vom Typ YPX–280 M–4 ausgerüstet. Es ist eine Asynchronmaschine mit ungleichen Wicklungen. Der Stator hat zwei Motorwicklungen und eine Generatorwicklung. Der Rotor hat einen Kurzschlußläufer mit Gußaluminiumkäfig. Man kann es so betrachten, daß der Umformer aus einem Einphasenmotor und einem Drehstromgenerator zusammengesetzt ist. Die Hauptangaben des Arnoumformers sind: Eingangsspannung 380 V,

Eingangsstrom 200 A, Leistungsfaktor an der Eingangsseite etwa 0,8 Ausgangsspannung 380 V Drehstrom, symmetrischer Ausgangsstrom 90 A Drehstrom, die Ausgangsleistung 57 kW, Wirkungsgrad 88 %, Drehzahl 1499 U/min und Isolationsklasse B. Der Umformer ist in Schutzbauart und axialer Eigenbelüftung für Dauerbetrieb ausgeführt. Das Anfahren der einphasigen Motorwicklung des Arnoumformers erfolgt durch Widerstandsphasenspaltung, anschließend wird der Widerstand abgeschaltet. Diese Anfahrweise hat folgende Vorteile: einfacher Stromkreis, gute Betriebszuverlässigkeit, die Symmetrie der verketteten Ausgangsspannung während des Betriebes läßt sich mit Kondensatoren regeln, deren Kapazitäten vom Fahrbetrieb der Lokomotive und den eingesetzten Hilfsaggregaten abhängen.

Nach Bedarf wurden die Lokomotiven der Baureihe SS_1 und SS_3 mit folgenden Hilfsmaschinen ausgerüstet:

2 Kompressoren vom Typ NPTS zur Erzeugung von Druckluft für die Lokomotive, Luftdruck 7 – 9 kp/cm², Fördermenge 2,3 m³/min, 4 Radiallüfter vom Typ 13–50 für die Zwangskühlung der Fahrmotoren, des Transformators der Siliziumgleichrichteranlage und der Glättungsdrosseln, Fördermenge 300 m³/min, Luftdruck 300 mm Wassersäule; 4 Axiallüfter vom Typ JT6 1–2 für die Kühlung der Bremswiderstände.

4.11 Die Gestaltung des Lokomotivkastens und des Führerraumes

Die elektrische Lokomotive hat gegenüber thermischen Loks gleicher Größe eine höhere Leistung. Der Lokomotivkasten ist sowohl ein Körper zur Übertragung der Zugkraft als auch ein Gehäuse, das die Ausrüstungen aufnimmt, deshalb muß er genügende Festigkeit und Starrheit besitzen. Außerdem soll der Lokkasten auch eine gefällige Außenansicht bieten. Die Lokomotive, Baureihe SS_1, hat einen Tragrahmenaufbau. Die I-förmigen Seitenträger, die beiden Stirnträger, die 4 Wiegenträger und die 2 Träger zur Aufnahme der Transformatoren sind aus 16 mm dickem Blech zusammengeschweißt. Diese Träger setzen sich zusammen zu einem Rahmen mit großer Steifigkeit. Der Lokomotivaufbau stützt sich durch 4 Zentralabstützungen, 4 Pendelseitenabstützungen und 4 Reibungsseitenabstützungen auf die Drehgestelle. Die Gesamtlänge des Lokomotivkastens beträgt 19400 mm, die Gesamthöhe 4570 mm, die Breite 3100 mm.

Die Lokomotive, Baureihe SS_3, hat einen selbsttragenden Lokomotivaufbau. Die Seiten- und Stirnträger, Drehzapfenträger und Transformatorträger werden aus I-Profil-Träger aus Kohlenstoffstahl Nr. 36 und Seitenblechen zu einer Kastenform zusammengeschweißt und bilden mit den Seitenwänden und der Dachhaut einen einzigen Aufbau. Er besitzt eine große Tragfähigkeit und kann in Längsrichtung 200 t Drucklast aufnehmen. Der Lokkasten der Lokomotive, Baureihe SS_3, hat eine Gesamtlänge von 20200 mm, eine Gesamthöhe von 4360 mm, eine Breite von 3100 mm.

Bei den Lokomotiven der Baureihe SS_1 und SS_3 sind die Lufteintrittsöffnungen an den Seitenwänden angeordnet. Die Fläche für den Lufteintritt beträgt 17,5 m² bei der Lokomotive, Baureihe SS_1, die angesaugte Luftmenge 18 m³/s. Die an der Jalousie gemessene mittlere Luftgeschwindigkeit beträgt 1,08 m/s, Druckabfall durch Luftwiderstand 15 mm Wassersäule. In China liegen die Temperaturgrenzen infolge des weiten Territoriums zwischen – 40 °C und + 40 °C, und in vielen Gebieten ist es im Winter windig und staubig. Unter den Naturverhältnissen in China sind Lufterwärmungsanlagen und staubdichte Schränke

Führerraum der Lokomotive, Baureihe SS_3.

notwendig, auch die Führerhäuser müssen staubdicht sein.

Der Führerraum ist die Arbeitsstelle des Lokpersonals und muß folgende Anforderungen erfüllen:

- gute klimaunabhängige Aussicht in Fahrtrichtung und Seitenrichtung,
- gute Belichtung,
- bequeme und sichere Ein- und Ausgänge und genügender Raum für die Arbeit des Lokführers,
- notwendige Steuerungsanlagen, Anzeige- und Meßeinrichtungen, Überwachungsanlagen,
- den Arbeits- und Hygienegesetzen entsprechende Einrichtungen für die Arbeit und den Aufenthalt des Lokführers,
- Identität der Anordnung und die sichere Verriegelung der beiden Stirnführerräume.

Gemäß oben genannten Prinzipien werden die Führerräume der chinesischen elektrischen Streckenlokomotiven an beiden Stirnseiten der Lokomotive symmetrisch angeordnet.

Das Hauptsteuerpult enthält den Hauptmeßinstrumententisch, den Hauptschaltelementenkasten, den Hauptfahrschalter, das Bremsventil und den Tisch für pneumatische Anzeigeinstrumente.

- Auf dem Hauptmeßinstrumententisch werden montiert: die Signal- und Anzeigegeräte für die Störungsüberwachung, Meßinstrumente für die Spannungs- und Strommessung der Haupt- und Hilfskreise und Stufenanzeiger für den Stufenschalter.
- Der Hauptschaltelementenkasten ist direkt vor dem Lokführer angeordnet und enthält elektrische und mechanische Verriegelungen, die eine sichere Betätigung garantieren.
- Der Hauptfahrschalter ist rechts vor dem Lokführer montiert. Mit dem Hauptfahrschalter steuert der Lokführer die Fahrgeschwindigkeit, die Fahrtrichtung und den Fahr- oder Bremsbetrieb.
- Das Bremsventil befindet sich in entsprechender Lage zum Hauptfahrschalter, mit dem die Verzögerung und das Bremsen bis zum Stillstand gesteuert wird. Die Luftbremse besteht aus automatischem und direkt wirkendem Bremsventil. Die elektropneumatische Bremse, Typ DK–1, besteht aus Luftbremsventil und elektropneumatischem Steuergerät. Für sämtliche Bremsausrüstungen sind zwei Betätigungshebel vorgesehen.
- Auf dem Tisch für pneumatische Anzeigeinstrumente befinden sich die Luftdruckanzeigegeräte für den Hauptbehälter, die Bremsleitung, den Ausgleichsbehälter und den Bremszylinder. Diese Geräte zeigen die Brems- und Lösefunktion des ganzen Zuges an. Über dem Tisch ist ein elektrischer Geschwindigkeitsmesser angeordnet.

Das Nebensteuerpult besteht aus einer Gerätetafel mit Spannungs- und Strommesser für Steuerstrom, der Sicherheitsfahrschaltung, dem Schaltkasten mit Steuergeräten für den Hilfsbetrieb und dem handbetätigten Luftauslaßventil für Notbremsungen. Im Führerraum sind noch weitere notwendige Geräte eingebaut. Links unter dem Seitenfenster ist ein Hilfsfahrschalter vorhanden, was dem Lokführer die Arbeit und Aussicht beim Rangierbetrieb erleichtert. Im Führerraum vorn sind fünffarbige Signale des automatischen Signalsystems und die Sicherheitsfahrschaltung angeordnet. Der Lokführer und sein Beimann können mit Hilfe dieser Signalanlage die wiedergegebenen Streckensignale betrachten, wodurch die Betriebssicherheit gewährleistet wird. Links und rechts an der Decke sind Ventilatoren angebracht. Bei der Lokomotive, Baureihe SS_1, sind für das Lokpersonal in der Höhe der Knie, der Füße und an beiden Seiten Heizungen vorhanden. Dagegen wurde bei der Lokomotive, Baureihe SS_3 eine leistungsfähige Warmluftheizung verwendet, die die Anforderungen in kalten Gebieten noch besser erfüllen kann.

Um die Arbeitsbedingungen des Lokführers weiter zu verbessern, ist bei der Lokomotive, Baureihe SS_4, im Führerraum ein automatischer Lufttemperaturregler eingesetzt, um die Temperatur im Winter und Sommer zwischen 15 und 25 °C einzuhalten. Der Führersitz ist ein Drehlehnstuhl, dessen Höhe und Winkel verstellbar sind. Außerdem ist ein Elektroofen zum Wasserkochen und Wärmen von Speisen vorhanden. Für alle Lokomotiven werden zusätzlich Funkanlagen eingebaut. Der Lärm hat einen schädlichen Einfluß auf die Gesundheit des Lokpersonals, deshalb muß der Lärmpegel im Führerraum nach den internationalen Bestimmungen unter 80 dB(A) gehalten werden.

Im Führerraum der Lokomotive, Baureihe SS_3, und im verbesserten Führerraum der Baureihe SS_1 ist der totale dynamische Lärmpegel im Bereich von 73 bis 74 dB(A). Es ist zu erwarten, daß der Lärmpegel im Führerraum der Lokomotive, Baureihe SS_4, weiter reduziert werden kann. Der Führerraum der chinesischen Elektrolokomotiven bietet den Lokführern guten Arbeitskomfort, das bedeutet, daß der Staat großen Wert auf den Arbeitsschutz der Werktätigen legt.

Nachtrag zu Kapitel 4. Elektrische Lokomotiven

4.4. Importlokomotiven

4.4.5 Die elektrische Lokomotive, Baureihe 6 K

Für den Einsatz auf der Strecke Zhengzou–Baoji wurden im April 1986 bei den japanischen Firmen Kawasaki Heavy Industries (Fahrzeugteil), Mitsubishi Electric (Elektroausrüstungen) und Sumitomo Corporation 80 Güterzuglokomotiven zur Lieferung zwischen April 1987 und Februar 1988 bestellt. Die technischen Daten dieser Loks sind:

Achsfolge	Bo-Bo-Bo
Fahrleitungsspannung bei 50 Hz	25 kV mit Toleranzen 19 bis 29 kV
Achslast	23 t
Dienstgewicht	138 t
Dauerleistung	4800 kW
Dauerfahrgeschwindigkeit	48 km/h bei halb abgenutzten Radreifen
Dauerzugkraft	355 kN bei halb abgenutzten Radreifen
Höchstgeschwindigkeit	100 km/h
desgl. nach Änderung der Übersetzung	120 km/h
Länge über Kupplungen	22200 mm
größte Breite	3100 mm
Dachhöhe	3800 mm
Art der Steuerung	Thyristor Mitsubishi PHAI-16
Steuerstrom	AC 100 V und DC 110 V
Bremse	Druckluft 26 LA und Widerstandsbremse

Lokomotive Baureihe 6 K, Werkfoto Kawasaki Heavy Industries.

Abkürzungen

Technische Begriffe

AEI	Associazione Elettrotecnica ed Elettronica Italia
AC-DC	Alternating Cutrent-Direct Current, Drehstrom-Gleichstrom-Kraftübertragung
Cannon Box	Achslager eines Radsatzes mit einer festen Verbindung der beiden Lager, welche die Achse umschließt
DC-DC	Direct Current-Direct Current, Gleichstrom-Gleichstrom-Kraftübertragung
GTO	Gate Turn Off Schaltbarer Stromrichter (Thyristor)
IEC	International Electrical Commission
SO	Schienenoberkante

Herstellerfirmen

ALCO	American Locomotive Company, New York, USA
BBC	Brown Boveri & Cie AG, Baden/Schweiz
BLW	Baldwin Locomotive Works, Philadelphia, USA
BMAG	Berliner Maschinenbau AG vorm. L. Schwartzkopff, Deutschland
GE	General Electric Company, Erie, USA
Krupp	Fried. Krupp Lokomotivfabrik, Essen, Deutschland
Lima	Lima Locomotive Works, Lima, USA
LEW	VEB Lokomotivbau-Elektrotechnische Werke, Henningsdorf, Deutschland
KHI	Kawasaki Heavy Industries
MAN	Maschinenfabrik Augsburg-Nürnberg AG, Deutschland
ME	Maschinenfabrik, Esslingen, Deutschland
MFO	Maschinenfabrik Oerlikon, Zürich, Schweiz
MTU	Motoren- und Turbonen-Union GmbH Friedrichshafen, Deutschland
NBL	North British Locomotive Company, Glasgow, Grossbritannien
O & K	Orenstein & Koppel AG, Berlin, Deutschland
Resita	Uzinele de Fier si Domeniile din Resita S. A., Resita, Rumänien
SACM	Societe Alsacienne de Construction Mecaniques, Mulhouse, Frankreich
SIG	Schweizerische Industrie Gesellschaft, Neuhausen, Schweiz
SULZER	Gebr. Sulzer AG, Winterthur, Schweiz
Tubize	Les Ateliers Metallrugiques Nivelles, Tubize et la Sambre Belgien
Voith	Voith Getriebe KG, Heidenheim, Deutschland
WTS	Woroschilowgrader Lokomotivwerk «Oktoberrevolution»

Bahnstrecken in China und deren Kurzbezeichnungen,
soweit im Text genannt, für einige Bahnen gibt es keine Kurzbezeichnungen

Bao–Cheng	=	Baoji–Chengdu
Bao–Lan	=	Baotou–Lanzhou
Bei–Ning	=	Beijing–Shenyang (heute Jing–Feng)
Cheng–Kung	=	Chengdu–Kunming
Cheng–Yu	=	Chengdu–Chongqing
		Caboa–Gejiu 600 mm (Zweigbahn der Strecke Kun–He)
Chuan–Qian	=	Chongquing–Guiyan
Da–Qin	=	Datong–Qinhuangdao
Dao–Qing	=	Daokou–Qinghua (ex Takao–Teingtua)
Dian–Yue	=	Kunming–Hekou (heute Kun–He, 1m–Spur)
	=	Fangliao (Taiwan 1067 mm Spur)
Guang–Jiu	=	Guangzhou–Jiulong
Guang–San	=	Guangzhou–Sanahui
Ha–Jia	=	Harbin–Jiamusi
Hang–Jiang	=	Hangzhou–Jiangshan (ex Tung–Pu, 1 m–Spur)
Heng–Guang	=	Heng Yang–Guangzhou
Hu–Hai	=	Hulan–Hailun
Hu–Hang	=	Yang–Shanghai–Hangzhou–Ningbo
Hu–Ning	=	Shanghai–Nanjing
		Hualin–Yulin (Taiwan, 1067 mm Spur)
Hua–Zhang	=	Beijing–Zhangzhou
Huai Nan	=	Huai Nan–Yuxikou
		Hualian–Yulin (Taiwan)
Jiao–Ji	=	Jinan–Qingdao (ex Schantung-Bahn)
Ji–Hai	=	Jiling–Hailong
Jin–Chang	=	Jilin–Changchun
Jin–Lu	=	Tianjin–Lutai
		Jilong–Xinzhu (Taiwan)
Jin–Yu	=	Tianjin–Shanghaiguan
Jung–Feng	=	Beijing–Shenyang (ex Peking–Mukden)
Jing–Guang	=	Beijing–Guangzhou
Jing–Han	=	Beijing–Hankou
Jing–Pu	=	Tianjin–Pukou (ex Tientsin–Pukow)
Jing–Qin	=	Beijing–Qinhunagdao
Jing–Sue	=	Beijing–Baotou (ex Peking–Kalgan)
Jing–Sui	=	Beijing–Hohhot
Jing–Zhang	=	Beijing–Zhangjiakou (ex Peking–Kalgan)
Kun–He	=	Kunming–Hekou (1 m-Spur)
Lan–Xin	=	Lanzhou–Wulumugi/Ürümqi
Li–Ping	=	Litang–Pingxiang
Lizhan	=	Lifang–Zhanjinag
Long–Hai	=	Lanzhou–Heikou (ex Lianyungang–Baoji)
Lu–Bao	=	Lugouqiao–Baoding (heute Jing–Han)
Lu–Han	=	Lugouqiao–Hankou

Nan–Nan	=	Changchung–Dalian (ex Südmandschurische Bahn) SMR South Manchurian Railway
Ping–Jin	=	Beijing–Tianjin
Qi–Ke	=	Qiqihar–Keshan
Shen–Hai	=	Shenyang–Hailun
Shi–Tai	=	Shijiazhuang–Taiyuan
Si–Zhoo	=	Siping–Zhaoan
Song–Hu	=	Wusongkou–Shanghai
Tangxu	=	Tangshan–Xugezhuang
Tong–Pu	=	Datong–Taiyuan–Fenglingdu
		Taibei–Danshui (Taiwan, 1067 mm Spur)
		Taidong (Taiwan, 1067 mm Spur)
Wusong	=	Shanghai–Wusongkou
Xiang–E	=	Changsha–Wuchang
Xiang–Qian	=	Changsha–Guiyang
Xiang–Yu	=	Xiangfan–Chongqing
Xin–Fung	=	Changchun–Shenyang
Xin–Ning	=	Taishang–Yinhui
		Xinzhu–Gao Xiong (Taiwan, 1067 mm Spur)
Ying–Sha	=	Yingtan–Shamen
Yue–Han	=	Guangzhou–Hankou (ex Canton–Hankow)
Zhe–Gan	=	Hangzhou–Nanchang
Zhong–Dong	=	Manzhouli–Harbin–Suifenhe und Harbin–Dailian (ex Ostchinesische Bahn)

Bahngesellschaften

PMBL	Peking Mentougou Branch Line (Peking-Mentougou-Nebenbahn)
PMR	Peking Mukden Railway (Peking-Mukden-Bahn)
SMR	South Manchurian Railway (Südmandschurische Bahn)
SZD	Sowjetske Zeleznyje Dorogi (Sowjetische Staatsbahnen)
TZR	Tanzania Zambia Railway
USATC	US-Army Transportation Corps

Sonstiges

BRD	Bundesrepublik Deutschland
DDR	Deutsche Demokratische Republik
SU	Sowjet-Union
USA	United States of America
VR	Volksrepublik

Literaturverzeichnis

0 Das Eisenbahnwesen Chinas allgemein

0.1 von Lochow: Eisenbahnen Ostasiens
Zeitung des Vereins Mitteleuropäischer Eisenbahnverwaltungen (Berlin) ZVMEV 77 (1937) Nr. 23 S. 407–414 und Nr. 24 S. 423–430

0.2 A. Tschau: Das Eisenbahnnetz Chinas
ZVMEV 78 (1938) Nr. 48 S. 897–909 und Nr. 49 S. 925–936

0.3 Wehde-Textor: Industrialisierung und Verkehr in China
Archiv für Eisenbahnwesen (Berlin) 70 (1960) Nr. 2 S. 202 bis 224

0.4 Rehbein: Das Eisenbahnwesen in der Volksrepublik China
Eisenbahn-Jahrbuch (Berlin) 1 (1963) S. 46–59

0.5 Cash: Die Eisenbahn in China
LOK Magazin (Stuttgart) 5 (1966) Nr. 18 S. 23–31

0.6 Sulzmann: Die Eisenbahnen der Volksrepublik China
Jahrbuch des Eisenbahnwesens (Darmstadt) 25 (1974) S. 168–182

0.7 Thien: Die chinesische Eisenbahn heute
LOK Magazin (Stuttgar) 14 (1975) Nr. 75 S. 485–488

0.8 Petersen: Maos stählerne Transportlinien
Rösler und Zimmer Verlag (Augsburg) 1977

0.9 Aberle: Evolution nach der Revolution – Das Verkehrswesen in der Volksrepublik China als zentraler Faktor wirtschaftlicher Entwicklung
Internationales Verkehrswesen (Darmstadt) 30 (1978) Nr. 2 S. 84–88

0.10 Stier: China – Staat, Verkehrswesen und Eisenbahnen – Eindrücke einer Reise durch die VR China im Frühjahr 1978
nahverkehrspraxis (Dortmund) 26 (1978) Nr. 5 S. 211–218 und Nr. 6 S. 278–283

0.11 Kalinowski: Probleme des Eisenbahnwesens in der Volksrepublik China – Grenzen und Möglichkeiten
Jahrbuch des Eisenbahnwesens (Darmstadt) 31 (1980) S. 118–129

0.12 Petersen: Die Eisenbahn in China
Motorbuch Verlag (Stuttgart) 1983

0.13 Pfifferi: China – Mit der Bahn durchs Reich der Mitte
Orell Füssli Verlag (Zürich) 1984

0.14 Kalinowski: Chinas Eisenbahn fährt mit Volldampf in die Zukunft
Jahrbuch des Eisenbahnwesens (Darmstadt) 36 (1985) S. 186–197

0.15 Rehmann: Im Reich der Mitte – China 1984
Eisenbahn-Amateur (Zürich) 39 (1985) Nr. 8 S. 552–559

1 Traktion in China

1.1 Zugförderung in China
Eisenbahntechnische Rundschau ETR (Darmstadt) 6 (1957) Nr. 11 S. 445

1.2 Clark: Locomotives in China
Roundhouse Press Waterloo NSW Australia 1983

2 Dampftraktion in China

2.1 2B Schnellzuglokomotive der Shanghai-Nanking-Eisenbahn, China, gebaut von Robert Stephenson & Co. Ltd.
Die Lokomotive (Wien) 8 (1911) Nr. 12 S. 267

2.2 2B1 Lokomotive der Tao-Ching-Bahn
Organ für die Fortschritte des Eisenbahnwesens (Wiesbaden) 68 (1913) Nr. 9 S. 170

2.3 Lokomotiven für Fernost von Hanomag
Hanomag-Nachrichten (Hannover) 12 (1925) Nr. 146 S. 197–200

2.4 Steffan: Russische Lokomotiven
Die Lokomotive (Wien) 22 (1925) Nr. 11 S. 196–201

2.5 Amerikanische Lokomotiven für Rußland
Die Lokomotive (Wien) 30 (1933) Nr. 1 S. 1–4

2.6 Wiener: Articulated Locomotives S. 39, 45, 47, 234–239, 402–403, 449–452
Constable Publishers London 1930 – Nachdruck Kalmbach Publishing Co. Milwaukee 1970

2.7 1D-Heißdampflokomotive für die Chinesische Staatsbahn, Strecke Lung – Hai
Die Lokomotive (Wien) 33 (1936) Nr. 10 S. 177–181

2.8 1D1-Heißdampflokomotive der Chekiang-Chiansi-Bahn in China
Die Lokomotive (Wien) 34 (1937) Nr. 11 S. 197–201

2.9 2-10-2 Locomotive, Tientsin-Pukow Railway
The Locomotive (London) 43 (1937) No. 542 S. 305

2.10 2D2-Heißdampflokomotive für gemischten Dienst der Chinesischen Nationalbahn
Die Lokomotive (Wien) 35 (1938) Nr. 1 S. 1–4

2.11 Meterspurige 1-E-Lokomotive der Tungpu-Bahn in China
Die Lokomotive (Wien) 35 (1938) Nr. 3 S. 37–38

2.12 1E-Sattdampf-Zwillings-Güterzuglokomotive der Tungpu-Bahn, China
1E1-Heißdampf-Zweizylinder-Güterzuglokomotiven, geliefert an die Tientsin-Pukow-Bahn und an die Lung Hai Bahn in China
Technische Mitteilungen Krupp (Essen) (1941) Nr. 2 S. 29–32

2.13 Lübsen: Neuere Lokomotivbauarten der Chinesischen Eisenbahnen
Glasers Annalen (Berlin) 74 (1950) Nr. 2 S. 37

2.14 Freight Locomotives for China
The Railway Gazette (London) 106 (1957 I) No. 8 S. 218

2.15 Messerschmidt: Erfolg und Schicksal der Mikado-Lokomotiven
Franckh Verlag Stuttgart 1963 S. 37–38

2.16 Messerschmidt: Entstehung und Verbreitung der Prärie-Lokomotiven
Franckh Verlag Stuttgart 1966 S. 30–32

2.17 Nock: The British Steam Railway Locomotive
Verlag Jan Allan London 1966 S. 38, 39, 43, 123–127

2.18 Durrant: The Mallet Locomotive
Verlag David & Charles Newton Abbot 1974 S. 82, 83, 85
2.19 Hollingsworth: Last Tango in Tangshan
Trains (Milwaukee) 37 (1977) No. 2 S. 48–51
2.20 Stephan: Eine Dampflokomotive wird geboren – Mit der Kamera zu Besuch in der chinesischen Lokomotivfabrik Da Tong
Jahrbuch für Eisenbahngeschichte (Mainz) 14 (1982) S. 43–49
2.21 Dampflokomotiven aus Da Tong
LOK Magazin (Stuttgart) 22 (1983) Nr. 118 S. 10–11
2.22 Koch: Eisenbahn im Reich der Mitte. Eine Exkursion durch Nordchina
LOK Magazin (Stuttgart) 22 (1983) Nr. 122 S. 334–345
2.23 Hollingsworth: Illustrierte Enzyklopädie Dampflokomotiven S. 128–129 und 204–205
Hollingsworth u. Cook: Illustrierte Enzyklopädie Moderne Lokomotiven S. 146–147
Birkhäuser Verlag Basel 1983 und 1984

3 Dieseltraktion

3.1 Stockklausner: 50 Jahre Diesellokomotiven
Birkhäuser Verlag Basel 1963, Seiten 41, 42, 134, 162, 163, 180, 188
3.2 Large Locomotives for Roumania (060-DA bzw. ND. 2)
Diesel Railway Traction (London) 13 (1959) Nr. 330 S. 403–420
3.3 Hondius: 2100 PS dieselelektrische Lokomotive der Baureihe 060-DA für die Rumänischen Staatsbahnen
Technische Rundschau Sulzer (Winterthur) 41 (1959) Nr. 4 S. 19–34
Eisenbahntechnische Rundschau (Darmstadt) 9 (1960) Nr. 2 S. 64–75 und Nr. 3 S. 133–140
Elektrische Bahnen (München) 31 (1960) Nr. 3 S. 59–70 und Nr. 4 S. 84–88
3.4 Neumann: Des CoCo françaises pour la Chine (ND.4)
La Vie du Rail (Paris) (1973) No. 1400 S. 7–13
3.5 Sauer: 4000 PS dieselhydraulische Lokomotiven für die Eisenbahnen der Volksrepublik China (NY.5)
ZEV-Glasers Annalen (Berlin) 91 (1967) Nr. 6 S. 161–163
3.6 Diesellokomotiven mit 4300 und 5000 PS für die Volksrepublik China (NY.6 und NY.7)
ZEV-Glasers Annalen (Berlin) 96 (1972) Nr. 12 S. 385–386
3.7 Hollingsworth und Cook: Moderne Lokomotiven (DF.4 und BJ)
Birkhäuser Verlag Basel 1984 S. 180 u. 181

4 Elektrotraktion

4.1 China baut 50 Hz-Ignitron-Lokomotiven
ZEV-Glasers Annalen (Berlin) 83 (1959) Nr. 1 S. 16
4.2 Les CC 6Y2 françaises pour la Chine
La Vie du Rail (Paris) (1960) No. 768 S. 12–20
4.3 50 Hz-Zugförderung in China
Elektrische Bahnen (München) 32 (1961) Nr. 4 S. 86 und 33 (1963) Nr. 12 S. 289
4.4 Elektrifizierung mit Endphasen-Wechselstrom 50 Hz in China
ZEV-Glasers Annalen (Berlin) 87 (1963) Nr. 6/7 S. 398
4.5 Locomotives of 5400 kW supplied by France for China's 25 kV main lines
Rail Engineering International 2 (1972) No. 10 S. 370–374
4.6 Caire: Les nouvelles locomotives électriques CC 25 kV 50 Hz 5400 kW des Chemins de Fer Chinois
Revue de l'Association Française des Amis des Chemins de Fer (Paris) (1972) No. 292 S. 10–18
4.6 Des CoCo françaises pour la Chine
La Vie du Rail (Paris) (1973) No. 1400 S. 7–13
4.7 Elektrifizierung in China
ZEV-Glasers Annalen (Berlin) 100 (1976) Nr. 5 S. 183 bis 184
4.8 Prager und Stubenrauch: 20 Jahre Bahnelektrifizierung im Rahmen der 50-Hz-Arbeitsgemeinschaft
ZEV-Glasers Annalen (Berlin) 100 (1976) Nr. 10 S. 315 bis 320
4.9 Müller: Elektrische und dieselelektrische Triebfahrzeuge
Birkhäuser Verlag Basel 1979 S. 167–168
4.10 Middleton: Taiwan switches on the power
International Railway Journal (Falmouth) 18 (1978) Nr. 1 S. 11–29
4.11 Schaefer: Strukturwandel bei den Taiwanesischen Eisenbahnen
Jahrbuch des Eisenbahnwesens (Darmstadt) 31 (1980) S. 130–134
4.12 Li Wenyi: Electric Traction could be dominant in twenty years
International Railway Journal (Falmouth) 21 (1981) Nr. 11 S. 52 u. 55
4.13 Elektrifizierung der Strecke Kowloon – Lo Wu abgeschlossen
ZEV-Glasers Annalen (Berlin) 107 (1983) Nr. 12 S. 427
4.14 «Shao-Shan I» CoCo
in Hollingworth u. Cook: Moderne Lokomotiven S. 156/157
Birkhäuser Verlag Basel 1984
4.15 Boblet: Electrifications La Chine lève panto
La Vie du Rail (Paris) (1986) No. 2054 S. 10–14
4.16 Herisse: Destination Chine Les 8K au départ
La Vie du Rail (Paris) (1986) No. 2054 S. 6–9
4.17 Chinese electrics meet deadline in Europe's biggest loco contract
Railway Gazette International (London) 142 (1986) No. 8 S. 574–575

Index

65
70
75
80
85
45
40
35
30
25
20
Urumqi
Korla
Ha
Golm
Die vorhandenen Eisenbahnstrecken vor dem Jahre 1949
Neugebaute Eisenbahnstrecken nach dem Jahre 1949
Elektrifizierte Strecken
0
180
360
540 km
85
90
95